煤炭行业特有工种职业技能鉴定培训教材

输送机操作工

（初级、中级）

· 第 3 版 ·

煤炭工业职业技能鉴定指导中心　组织编写

应急管理出版社

· 北　京 ·

内 容 提 要

本书以输送机操作工职业标准为依据，分别介绍了初级、中级输送机操作工职业技能考核鉴定的知识要求和技能要求。内容包括机械基础、电钳工基础、机械制图、输送机操作、输送机维护及故障处理等知识。

本书是输送机操作工职业技能考核鉴定前的培训和自学教材，也可作为各级各类技术学校相关专业师生的参考用书。

本书编审人员

主　编　陈洪良

编　写　姜丽华　张元胜　李　瑛　张　雷　薄　涛
　　　　王　斌

主　审　梁茂庆

审　稿　周传省　谭启坤　刘玉泉　袁河津　张文勇

修　订　张宗平　宁尚根

PREFACE 前言

为了进一步提高煤炭行业职工队伍素质，加快煤炭行业高技能人才队伍建设步伐，实现煤炭行业职业技能鉴定工作的标准化、规范化，促进其健康发展，根据国家的有关规定和要求，从2004年开始，煤炭工业职业技能鉴定指导中心陆续组织有关专家、工程技术人员和职业培训教学管理人员编写了《煤炭行业特有工种职业技能鉴定培训教材》，作为国家职业技能鉴定考试的推荐用书。

本套教材以相应工种的职业标准为依据，内容上力求体现"以职业活动为导向，以职业技能为核心"的指导思想，突出职业技能培训特色。在结构上，针对各工种职业活动领域，按照模块化的方式，分初级工、中级工、高级工、技师、高级技师5个等级进行编写。每个工种的培训教材分为两册出版，其中初级工、中级工、高级工为一册，技师、高级技师为一册。

本套教材自2005年陆续出版以来，一直备受煤炭企业的欢迎，现已有近50个工种的初级工、中级工、高级工教材和近30个工种的技师、高级技师教材，涵盖了煤炭行业的主体工种，较好地满足了煤炭行业高技能人才队伍建设和职业技能鉴定工作的需要。

当前，煤炭科技迅猛发展，新法律法规、新标准、新规程、新技术、新工艺、新设备、新材料不断涌现，特别是我国煤矿安全的主体部门规章——《煤矿安全规程》已于2022年全面修订并颁布实施，原教材有些内容已显陈旧，不能满足当前职业技能水平评价工作的需要，因此我们决定再次对教材进行修订。

本次修订出版的第3版教材继承前两版教材的框架结构，对已不适应当前要求的技术方法、装备设备、法律法规、标准规范等内容进行了修改完善。

编写技能鉴定培训教材是一项探索性工作，有相当的难度，加之时间仓促，不足之处在所难免，恳请各使用单位和个人提出宝贵意见和建议。意见建议反馈电话：010-84657932。

煤炭工业职业技能鉴定指导中心
2023年12月

目 录 CONTENTS

职业道德 ………………………………………………………………………… 1
 第一节 职业道德的基本知识 ………………………………………… 1
 第二节 职业守则 …………………………………………………………… 4

第一部分 初级输送机操作工知识要求

第一章 基础知识 ………………………………………………………… 9
 第一节 机械检修基本知识 ……………………………………………… 9
 第二节 机械润滑和摩擦的基本知识 …………………………………… 15
第二章 专业知识 ………………………………………………………… 22
 第一节 带式输送机 ……………………………………………………… 22
 第二节 刮板输送机 ……………………………………………………… 35
 第三节 转载机 …………………………………………………………… 41
 第四节 斗式提升机 ……………………………………………………… 44

第二部分 初级输送机操作工技能要求

第三章 操作技能 ………………………………………………………… 53
 第一节 输送机操作 ……………………………………………………… 53
 第二节 输送机的维护、检修 …………………………………………… 57

第三部分 中级输送机操作工知识要求

第四章 基础知识 ………………………………………………………… 71
 第一节 机械制图 ………………………………………………………… 71
 第二节 电钳工基本知识 ………………………………………………… 82
 第三节 机械传动 ………………………………………………………… 97
 第四节 电气系统工作原理 ……………………………………………… 116
第五章 专业知识 ………………………………………………………… 125
 第一节 带式输送机 ……………………………………………………… 125
 第二节 刮板输送机 ……………………………………………………… 145
 第三节 转载机 …………………………………………………………… 159

第四部分　中级输送机操作工技能要求

第六章　操作技能 ··· 163

　第一节　输送机装配图识读 ·· 163

　第二节　输送机的安装与拆除 ·· 171

　第三节　输送机常见故障处理 ·· 175

参考文献 ··· 184

职业道德

第一节 职业道德的基本知识

一、道德

道德是一种普遍的社会现象。没有一定的道德规范，人类社会既不能生存，也无法发展。什么是道德、道德具有什么特点、什么是职业道德、职业道德具有什么特点和社会作用等，在我们学习职业（岗位、工种）基本知识和操作技能之前，应当对这些问题有个基本了解。

1. 道德的含义

在日常生活和工作实践中，我们经常会用到"道德"这个词。我们或用它来评价社会上的人和事，或用它来反省自己的言谈举止。

道德是一个历史范畴，随着人类社会的产生而产生，同时也随着人类社会的发展而发展。道德又是一个阶级范畴，不同阶级的人对它的理解也不同，甚至互相对立。在我国古代，"道"和"德"原本是两个概念。"道"的原意是道路，"德"的原意是正道而行，后来把这两个词合起来用，引申为调整人们之间关系和行为的准则。在西方，一些思想家也对道德作过多种多样的解释，但只有用马克思主义观点来认识道德的含义和本质才是唯一的正确途径。

马克思主义认为，道德是人类社会特有的现象。在人类社会的长期发展过程中，为了维护社会生活的正常秩序，就需要调节人们之间的关系，要求人们对自己的行为进行约束，于是就形成了一些行为规范和准则。一般来说，所谓道德，就是调整人和人之间关系的一种特殊的行为规范的总和。它依靠内心信念、传统习惯和社会舆论的力量，以善和恶、正义和非正义、公正和偏私、诚实和虚伪、权利和义务等道德观念来评价每个人的行为，从而调整人们之间的关系。

2. 道德的基本特征

（1）道德具有特殊的规范性。道德在表现形式上是一种规范体系。虽然在人类社会生活中，以行为规范方式存在的社会意识形态还有法律、政治等，但道德具有不同于这些行为规范的显著特征：①它具有利他性。它同法律、政治一样，也是社会用来调整个人同他人、个人同社会的利害关系的手段。但它同法律、政治的不同之处在于，在调整这些关系时，追求的不是个人利益，而是他人利益、社会利益，即追求利他。②道德这种行为规范是依靠人们的内心信念来维系的。当然，道德也需要靠社会舆论、传统习俗来维系，这些也是具有外在性、强制性的力量。但如果社会舆论和传统习俗与个人的内心信念不一致，就起不到约束作用。因此，道德具有自觉性的特点。③道德的这种规范作用表现为对人们的行为进行劝阻与示范的统一。道德依据一定的善恶标准来对人们的行为进行评价，对恶行给予谴责、抑制，对善行给予表扬、示范，这同法律规范以明确的命令或禁止的方式来发生作用是不同的。

（2）道德具有广泛的渗透性。道德广泛地渗透到社会生活的各个领域和一切发展阶段。横向地看，道德渗透于社会生活的各个领域，无论是经济领域还是政治领域，也无论是个人生活、集体生活还是整个社会生活，时时处处都有各种社会关系，都需要道德来调节。纵向地看，道德又是最久远地贯穿于人类社会发展的一切阶段，可以说，道德与人类始终共存亡；只要有人，有人生活，就一定会有道德存在并起着作用。

（3）道德具有较强的稳定性。道德在反映社会经济关系时，常以各种规范、戒律、格言、理想等形式去约束和引导人们的行为与心理。而这些格言、戒律等又以人们喜闻乐见的形式出现，它们很容易被因袭下来，与社会风尚习俗、民族传统结合起来，而内化为人们心理结构的特殊情感。心理结构是相当稳定的东西，一经形成就不易改变。因此，当某种道德赖以存在的社会经济关系变更以后，这种道德不会马上消失，它还会作为一种旧意识被保留下来，影响（促进或阻碍）社会的发展。如在我们国家，社会主义制度已经建立起来了，但封建主义、资本主义的道德残余依然存在，就是这个原因。

（4）道德具有显著的实践性。所谓实践性，是指道德必须实现向行为的实际转化，从意识形态进入人们的心理结构与现实活动。我们判断一个人的道德面貌，不能根据他能背诵多少道德的戒律和格言，也不能根据他自诩怀抱多么纯正高尚的道德动机，而只能根据他的实际行为。道德如果不能指导人们的道德实践活动，不能表现为人们的具体行为，其自身也就失去了存在的意义。

二、职业道德

1. 职业道德的含义

在人类社会生活中，除了公共生活、家庭生活，还有丰富多彩的职业生活。与此相适应，用以指导和调节人与社会之间关系的道德体系，也可以划分为三个部分，即社会道德、婚姻家庭道德和职业道德。职业道德是道德体系的重要组成部分，有其特殊的重要地位。

在人类社会生活中，几乎所有成年的社会成员都要从事一定的职业。职业是人们在社会生活中对社会承担的一定职责和从事的专门业务。职业作为一种社会现象并非从来就有，而是社会分工及其发展的结果。每个人一旦步入职业生活，加入一定的职业团体，就必然会在职业活动的基础上形成人们之间的职业关系。在论述人类的道德关系时，恩格斯曾经指出："每一个阶级，甚至每一个行业，都各有各的道德。"这里说的每一个行业的道德，就是职业道德。

所谓职业道德，就是从事一定职业的人们，在履行本职工作职责的过程中，应当遵循的具有自身职业特征的道德准则和规范。它是职业范围内的特殊道德要求，是一般社会道德和阶级道德在职业生活中的具体体现。每一个行业都有自己的职业道德。职业道德，一方面体现了一般社会道德对职业活动的基本要求，另一方面又带有鲜明的行业特色。例如，热爱本职、忠于职守、为人民服务、对人民负责，是各行各业职业道德的基本规范。但是每一种具体的职业，又都有独特的不同于其他职业道德的内涵，如党政机关、新闻出版单位、公检法部门、科研机构等都有自己的职业道德。

2. 职业道德的特征

各种职业道德反映着由于职业不同而形成的不同的职业心理、职业习惯、职业传统和职业理想，反映着由于职业的不同所带来的道德意识和道德行为上的一定差别。职业道德作为一种特殊的行为调节方式，有其固有的特征。概括起来，主要有以下四个方面：

（1）内容的鲜明性。无论是何种职业道德，在内容方面，总是要鲜明地表达职业义务和职业责任，以及职业行为上的道德特点。从职业道德的历史发展可以看出，职业道德不是一般地反映阶级道德或社会道德的要求，而是着重反映本职业的特殊利益和要求。因而，它往往表现为某职业特有的道德传统和道德习惯。俗话说"隔行如隔山"，它说明职业之间有着很大的差别，人们往往可以从一个人的言谈举止上大致判断出他的职业。不同的职业都有其自身的特点，有各自的业务内容、具体利益和应当履行的义务，这使各种职业道德具有鲜明的职业特色。如，执法部门道德主要是秉公执法，而商业道德则是买卖公平，等等。

（2）表达形式的灵活性和多样性。这主要是指职业道德在行为准则的表达形式方面，比较具体、灵活、多样。各种职业集体对从业人员的道德要求，总是要适应本职业的具体条件和人们的接受能力，因而，它往往不仅仅是原则性的规定，而是很具体的。在表达上，它往往用体现各职业特征的"行话"，以言简意明的形式（如章程、守则、公约、须知、誓词、保证、条例等）表达职业道德的要求。这样做，有利于从业人员遵守和践行，有助于从业人员养成本职业所要求的道德习惯。

（3）调节范围的确定性。职业道德在调节范围上，主要用来约束从事本职业的人员。一般来说，职业道德主要是调整两个方面的关系：一是从事同一职业人们的内部关系，二是同所接触的对象之间的关系。例如，一个医生，不但要热爱本职工作，尊重同行业人员，而且要发扬救死扶伤的精神，尽自己最大努力为患者解除痛苦。由此可见，职业道德主要是用来约束从事本职业的人员的，对于不属于本职业的人，或职业人员在该职业之外的行为活动，它往往起不到约束作用。

（4）规范的稳定性和连续性。无论何种职业，都是在历史上逐渐形成的，都有漫长的发展过程。农业、手工业、商业、教育等古老的职业，都有几千年的历史。而伴随现代工业产生的系列新型职业也有几十年或几百年的历史。虽然每种职业在不同的历史时期有不同的特点，但是，无论在哪个时代，每种职业所要调整的基本道德关系都是大致相同的。如，医生在历朝历代主要是协调医患关系。正因为如此，基于调整道德关系而产生的职业道德规范，就具有历史的连续性和较大的稳定性。例如，从古希腊奴隶制社会的著名医生希波克拉底，到我国封建时代的唐代名医孙思邈，再到现代世界医协大会所制定的《日内瓦宣言》，都主张医生要救死扶伤，对患者一视同仁。医生职业道德规范的基本内容鲜明地体现着历史的连续性和稳定性。

3. 职业道德的社会作用

职业道德是调整职业内部、职业与职业、职业与社会之间的各种关系的行为准则。因此，职业道德的社会作用主要是：

（1）调整职业工作与服务对象的关系，实际上也就是职业与社会的关系。这要求从业人员从本职业的性质和特点出发，为社会服务，并在这种服务中求得自身与本职业的生存和发展。教师道德涉及教师和学生的关系，医生道德涉及医生和患者的关系，司法道德涉及司法人员与当事人的关系。哪种职业为社会服务得好，哪种职业就会受到社会的赞许，否则就会受到社会舆论的谴责。

（2）调整职业内部关系。包括调整领导者与被领导者之间、职业各部门之间、同事之间的关系。这诸种关系之间都要保持和谐共进、相互信任、相互支持、相互合作，避免互相拆台、互相掣肘，从而实现社会关系的协调统一。

（3）调整职业之间的关系。通过职业道德的调整，使各行业之间的行为协调统一。社会主义社会各种职业的目的都是为实现全社会的共同利益服务的。各行业之间的分工合作、协调一致，是社会主义职业道德的基本要求。除此之外，职业道德在促进职业成员成长的过程中也有重要作用。一个人有了职业，就意味着这个人已经踏入社会。在职业活动中，他势必要面对和处理个人与他人、个人与社会的关系问题，并接受职业道德的熏陶。由于职业道德与从业人员的切身利益息息相关，人们往往通过职业道德接受或深化一般社会道德，并形成一个人的道德素养。注重职业道德的建设和提高，不仅可以造就大批有强烈道德感、责任心的职业工作者，而且可以大大促进社会道德风尚的发展。

第二节 职业守则

通常职业道德要求通过在职业活动中的职业守则来体现。广大煤矿职工的职业守则有以下几个方面：

1. 遵纪守法

煤炭生产有它的特殊性，从业人员除了遵守《煤炭法》《安全生产法》《煤矿安全生产条例》《煤矿安全规程》外，还要遵守煤炭行业制定的专门规章制度。只有遵法守纪，才能确保安全生产。作为一名合格的煤矿职工，应该遵守煤矿的各项规章制度，遵守煤矿劳动纪律，尤其是岗位责任制和操作规程、作业规程，处理好安全与生产的关系。

2. 爱岗敬业

热爱本职工作是一种职业情感。煤炭是我国当前的主要能源，在国民经济中占举足轻重的地位。作为一名煤矿职工，应该感到责任重大、使命光荣；应该树立热爱矿山、热爱本职工作的思想，认真工作，培养职业兴趣；干一行、爱一行、专一行，既爱岗又敬业，创造性地干好本职工作，为我国的煤矿安全生产多作贡献。

3. 安全生产

煤矿生产是人与自然的斗争，工作环境特殊，作业条件艰苦，情况复杂多变，危险有害因素多，稍有疏忽或违章，就可能导致事故发生，轻者影响生产，重则造成矿毁人亡。安全是煤矿工作的重中之重。没有安全，生产就无从谈起。作为一名煤矿职工，一定要按章作业，抵制"三违"，做到安全生产。

4. 钻研技能

职业技能，也可称为职业能力，是人们进行职业活动、完成职业责任的能力和手段。它包括实际操作能力、业务处理能力、技术能力以及相关理论知识水平等。

经过新中国成立以来几十年的发展，我国的煤炭生产也由原来的手工作业转变为综合机械化作业，正在向智能化开采迈进，大量高科技产品、科研成果被广泛应用于煤炭生产、安全监控之中，建成了许多世界一流的现代化矿井。所有这些都要求煤矿职工在工作和学习中刻苦钻研职业技能，提高技术能力，掌握扎实的科学知识，只有这样才能胜任自己的工作。

5. 团结协作

任何一个组织的发展都离不开团结协作。团结协作、互助友爱是处理组织内部人与人之间、组织与组织之间关系的道德规范，也是增强团队凝聚力、提高生产效率的重要法宝。

6. 文明作业

爱护材料、设备、工具、仪表，保持工作环境整洁有序；着装整齐，符合井下作业要求；行为举止大方得体。

第一部分
初级输送机操作工知识要求

第一章 基础知识

第一节 机械检修基本知识

一、机械检修常用装备

机械检修的常用装备是指从事检修工作时常用的工具、机械设备和辅助设施。主要包括以下几种。

1. 钳台和装卸工作台

钳台也叫钳工案子，用于安装虎钳，放置工具和工件。钳台的型式有多种，图1-1所示是其中一种。钳台用木材制成，大都在下部还附有存放工具的小抽屉或小柜。钳台的高度为800~900 mm，面板厚70~80 mm，宽和长随需要而定。

装卸工作台不装虎钳，一般不设抽屉和小柜，用于中、小部件的装、卸。装卸工作台可采用钢结构，但上面要垫以橡胶板。

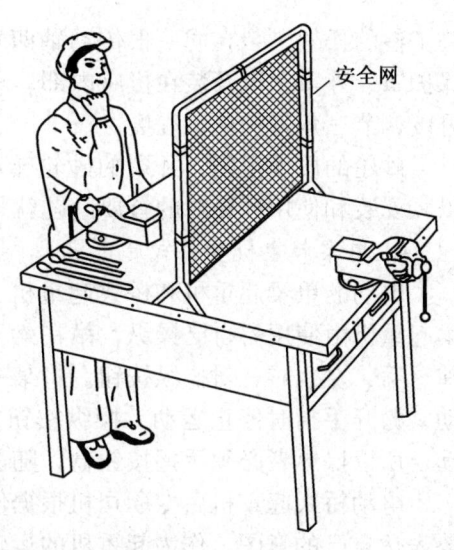

图1-1 钳台

2. 虎钳

虎钳装在钳台上用来夹持工件，有固定式和回转式两种，如图1-2和图1-3所示，当顺（或逆）时针方向转动手柄7时，可带动螺杆使活动钳身向固定钳身靠近（或离

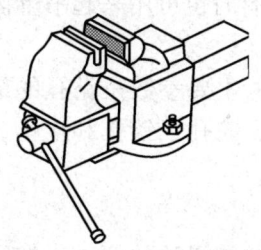

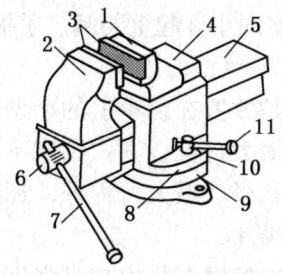

1—固定钳身；2、5—活动钳身；3—钳口；4—砧座；6—丝杠；
7—手柄；8—转盘；9—底座；10—紧定螺钉；11—转动手柄

图1-2 固定式台虎钳　　　图1-3 回转式台虎钳

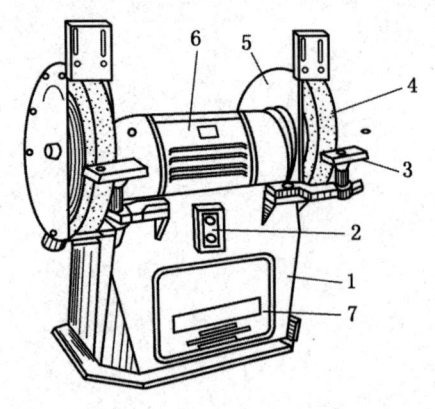

1—机座；2—控制按钮；3—托架；
4—砂轮；5—保护罩；6—外罩；7—盖板

图1-4 砂轮机

开），通过钳口将工件夹紧（或放松）。钳口用沉头螺钉固定，工作表面开有交叉的浅槽，以防止工件滑动。

回转式虎钳的底座用螺栓紧固在钳台上。当逆时针方向转动手柄将紧定螺钉松开后，转盘以上的部件可用手扳动在底座上回转。

固定式虎钳的底座直接用螺栓紧固在钳台上，上部不能转动。

虎钳的规格用钳口的长度来表示，有 100 mm、130 mm、150 mm、180 mm 几种。

3. 砂轮机

砂轮机有多种型式，图 1-4 所示是固定安装的砂轮机。砂轮机的主要部分有机座、控制按钮、支持工件的托架、装在同一根传动轴两端的两个砂轮（通常一个粒度较粗，另一个较细）、保护罩、外罩，以及装在机座内部、经三角带传动砂轮轴的电动机。打开机座上的盖板，可以调节三角带的松紧程度。

砂轮的质地很脆，开裂的砂轮转动或转动中的砂轮碎裂都可能造成严重的危害。所以，安装和使用砂轮时的首要问题就是确保安全，防止对人员造成伤害。

4. 单梁起重机和桥式起重机

电动的单梁起重机和桥式起重机（俗称吊车）是修理厂厂房内用来吊运重物的。单梁起重机由使用者自己操纵，吊在梁下运动的工作部分称作电动葫芦，一般都有上、下，前、后，左、右三对操纵按钮。将某一按钮用手指压住不放，吊钩就朝相应的方向连续运动，松开手指时停止运动。操纵按钮盒悬吊在离钩不远的适当高度，并随吊钩作水平运动，所以操纵者必须手握按钮盒，随吊钩在地面上走动。

电动桥式起重机由专职司机根据使用者的手势来操纵，使用者必须能熟练无误地用手势表达自己的意图，作为起重机的运转信号。

5. 千斤顶和手动葫芦

千斤顶适用于升降高度不大的重物。常用的有螺旋千斤顶、油压千斤顶等。常用的千斤顶均为手动的。

手动葫芦有手拉葫芦和手扳葫芦两种。手拉葫芦是一种使用简单、携带方便的手动起重机械，一般用于室内小件起重装卸。手扳葫芦主要用于重物的拖拽，有时也可用来起吊重物。

6. 台式钻床和立式钻床

台式钻床是放置在台子上的小型钻床，只能用直柄钻头钻孔，主要参数是钻孔的最大直径和主轴的最大行程。立式钻床不仅用于钻孔，还可用来扩孔、锪孔、铰孔和攻丝。主要参数除最大孔径、最大行程外，还有主轴端锥孔的号数。

7. 棕绳和绳扣

棕绳又称白棕绳，是由较高强度植物纤维编成的绳索，有干的和浸油的两种。棕绳适用于人力抬运物体和用起重机吊运不过重的物体，常用棕绳的绳径为 12~24 mm。棕绳与被吊物体、吊钩和抬杠之间要用绳结来连接。

绳扣是两端有绳环的短钢丝绳，在用起重机吊运重物时使用，绳环大都是起重工编插成的。钢丝绳有冷拉成的高强度钢丝编成，起重用的多为6股，每股19丝（当绳径小时）和6股、每股37丝（当绳径较大时）两种。绳扣用的钢丝绳直径多为 8.7~24 mm。

二、起重和搬运工作常识

1. 放置物体时的注意事项

（1）大物体不许堆放或互相接触；不太大的非精加工零件在外形允许时可以适当分类堆放，但必须注意防止滑落、滚动或倾倒，并妥善保护加工面，特别注意保护外螺纹。

（2）经常检修的设备中需要妥善保护的较大零、部件（如液压支架的立柱等），可制作结构适当的专用支撑架来存放，或支撑着进行检修作业。

（3）物体的加工面要用软材料（如木板、塑料等）均匀支撑，较重时用方木支撑。如需要从物体底面下边穿绳索时，不论底面是否加工都要用方木支撑。底面周边和方木都不许悬空，以保持稳定。

（4）长零件应在多处支撑。如截面均匀，在两处支撑时，支点距端面约 $2/9L$（L 为全长）；三处支撑时，两端的支点距端面约 $1/8L$，支点间距相等；四处支撑时，两端的支点距端面约 $1/8L$，支点间距相等。这样，支撑时由自重引起弯曲的挠度接近于最小。细小物体最好竖立存放或悬吊。

（5）圆截面的物体两侧下方要用木楔或高度略小于直径 $1/4$ 的木块挤住，确保其不会滚动。

2. 起重、搬运工作中的注意事项

（1）机具不超载。事先应估计重物的重量，必须在机具允许的载荷以下。

（2）准备和检查机具。所有机具都必须在工作前仔细检查，确认安全可靠后才允许工作。

（3）准备放置地点。事先确定放置地点，清理出物体放置和人员工作的必需空间，准备好承载用的物品。

（4）检查搬运路线，清除通道上的障碍，保证重物和人员顺利通过。

（5）绳索固定位置适当，捆绑可靠。

（6）物体上如有可动部分，必须卸下或绑扎牢固，防止起吊时的动作使物体重心偏移或危及人员。

（7）试吊试抬。正式吊（抬）起物体前，对其各部位进行全面检查，再稍微将物体吊（抬）起，检验全部工作的正确性和可靠性，确认安全可靠后再正式吊起。

（8）禁止在受载状态下改变绳索的位置。

（9）防止被吊运物体对人或其他物体造成损害。

（10）物体下放时的位置要正确。必要时在靠近垫木的时候停止，调整垫木位置。垫木受力后再停止下放，检查物体是否垫实，是否平稳，绳子松开后再检查一次。

3. 使用吊车时的注意事项

（1）吊运较大物体有多人合作时，要有一人统一指挥。指挥人员只有在征得所有操作人员同意并确认安全可靠后，才能发出使吊车动作的信号或指令。

（2）用自行操作的吊车时，要由专人负责操纵。操纵人员必须复述指挥人员的要求，而且凭自己的观察并确认安全可靠后方可启动吊车，在吊放物体的过程中，对有关工作人员意义不清的手势或呼喊都应看作是停止信号，立即停车。

（3）不许吊车长期受载。

（4）吊车不工作时，吊钩要提到人不会碰到的高度，不许停在人行通道或工作地点的上方。

（5）吊车上每个按钮的功能应在按钮上或钮盒上明显标出，重物下严禁站人或有人行走。

4. 人工搬运时应注意的事项

（1）单人作业时，要握紧、提稳、慢放，防止挤压手指和物件掉落。

（2）多人作业时，必须互相招呼，统一行动。禁止单独行动，禁止突然抬起、放下、起步、加快或停止。严禁自行抛掷。

（3）用抬杠抬运物件时，要两人并肩前进，身体稍向内侧倾斜，相距不要过远，步伐要小、稳而且一致。

（4）没有充分把握或没有别人帮助时，不允许抬着重物后退。

三、钳工常用工量和量具

（一）钳工常用工具

1. 手锤

手锤是钳工常用的工具之一。锤头是用优质碳素钢或中、高碳钢制成，锤头的两端经过淬火硬化、磨光等处理。一般锤头的质量有 0.25 kg、0.5 kg、0.75 kg、1.0 kg 等几种。锤柄用坚硬的木材制成。手握处的端面成椭圆形，以便锤头定向和防止挥锤时锤柄转动。

2. 手锯

常用手锯的锯弓有固定式和可调式两种。固定式锯弓是整体的，只能装配一种规格的锯条。可调式锯弓可以装配几种长度规格的锯条，使用较方便。

锯条一般用工具钢或合金钢制成，经淬火处理。锯条一般长 300 mm（两安装孔的间距），也有 200 mm、250 mm 的。

3. 锉刀

锉刀是用高碳工具钢 T12 或 T13 制成，并经过淬硬的一种切削工具，硬度一般为 HRC62~67。锉刀按断面形状划分主要有方锉、板锉、三角锉等，应按照加工工件的表面形状的不同选用。

4. 凿子

凿子一般用碳素工具钢（T7 或 T8）锻制而成。锻好的凿子，切削部分一定要经过淬火后才能使用。凿子一般分为扁凿、尖凿和油线凿等几种。凿子主要用于不便机械加工的场合。

（二）钳工常用量具

1. 普通量具

（1）钢尺。钢尺是钳工最常用的量具之一，一般用不锈钢制成，常用的钢尺有钢板尺（直尺）、钢卷尺和钢折尺。钢板尺按其长度有 150 mm、300 mm、500 mm、600 mm 和

1000 mm 几种。用钢尺测量工件尺寸时，由于尺寸刻度不均匀、钢尺放位不对或视线歪斜等原因，容易产生误差。

（2）角尺（弯尺）。角尺是钳工常用的测量工具，用中碳钢经过精确的锉削、刮研制成，有整体角尺和组合角尺两种，如图1-5所示。不论哪种角尺，均由尺苗（长边）和尺座（短边）两部分组成。要求角尺的两直角边具有较精确的90°角。

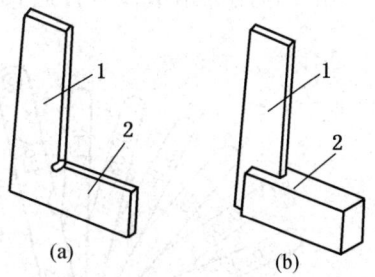

1—尺苗；2—尺座

图1-5 角尺

2. 精密量具

（1）游标卡尺。游标卡尺是一种应用较广的比较精密的量具，能直接量出工件的内径、外径、长度、宽度和深度等尺寸。游标卡尺的构造如图1-6所示。它的主尺和固定卡脚制成一体，副尺和活动卡脚制成一体。它们依靠弹簧压片，使主尺和副尺相贴合，副尺能沿主尺滑动。

游标卡尺的读数方法是，首先，查出副尺零线前主尺上毫米整数，其次查出副尺上第几条刻线与主尺上的刻线相对齐，最后把主尺上的整数值和副尺的小数值相加即可得出所测尺寸。

（2）外径百分尺（分厘卡）。外径百分尺是常用的精密量具之一。它使用灵活，操作方便，测量范围较广，精度比游标卡尺高，可达0.01 mm，能准确地测读尺寸。

外径百分尺的构造如图1-7所示。

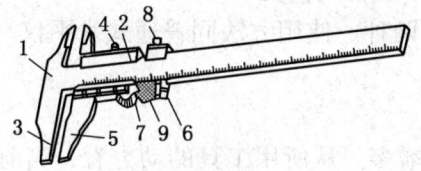 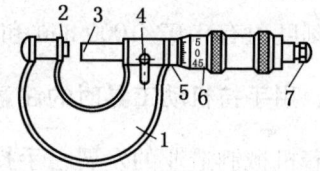

1—主尺；2—副尺；3—固定卡脚；4—紧固螺钉；5—活动卡脚；6—微动装置；7—螺杆；8—螺钉；9—转动螺母

图1-6 游标卡尺的构造

1—弓架；2—测砧；3—活动测轴；4—制动销；5—固定套筒；6—活动套筒；7—棘轮

图1-7 外径百分尺的构造

百分尺的读数方法：先读出活动套筒边缘在固定套筒上尺寸毫米数，再看活动套筒上哪一条刻线和固定套筒上的基准线重合（实际格数×0.01 mm），然后将这两个数相加就是被测量工件的尺寸。

（3）塞尺。塞尺是由一些不同厚度的薄钢片组成的测量工具，如图1-8所示，每片上都标有厚度数字，在设备的安装和检修中，常用于测量间隙间距。

塞尺的长度规格有50 mm、100 mm和200 mm 3种，其厚度是0.03~0.1 mm，中间每片间隔为0.01 mm；如果厚度为0.1~1 mm，每片间隔为0.05 mm。

由于塞尺很薄，容易生锈，使用时应细心，不允许硬插，以免弯曲或折断。用完后要马上擦干净，妥善保管。

（4）水平仪（水平尺）。水平仪是机械制造和安装设备工作中用以检查工件的平直度、机械相对位置平行度及设备安装的水平和垂直度位置的仪器。

钳工常用的水平仪有普通式和框式两种，如图1-9所示。

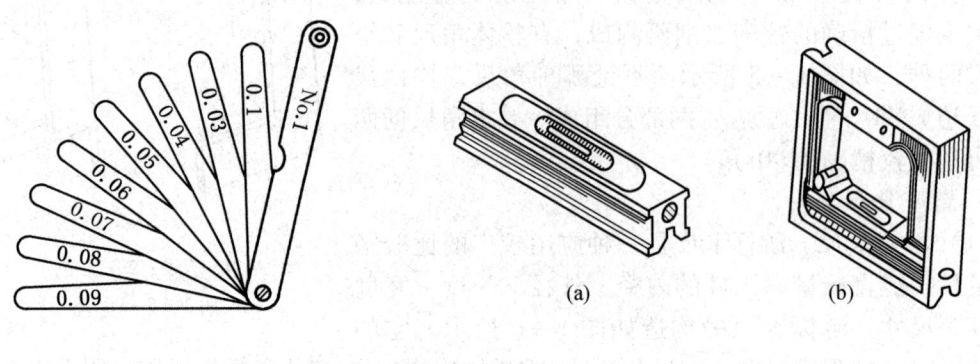

图1-8 塞尺　　　　　　　　　　图1-9 水平仪

普通式水平仪由V形测量基面用的金属主体和读数用的水准器组成，在略带弧形的封堵的玻璃管内留有一小气泡，其表面有刻度。水平仪放在标准水平位置时，水准器的气泡静止在刻度线的中间位置；当被测平面略有倾斜时，水准器的气泡向高处移动。从水准器的刻度上可读出两端的高低差值。

框式水平仪是由四个相互垂直的工作面组成的正方形，它有纵向和横向两个水准器。用它既能检查平直度，还能检验工件的垂直度和水平度。它的规格有150 mm×150 mm、200 mm×200 mm、300 mm×300 mm等3种，其中最常用的是200 mm×200 mm的框式水平仪，刻度值有0.02/1000 mm和0.05/1000 mm两种。使用方法同普通式水平仪一样。

四、用手持机动工具时的注意事项

随着机械制造业的发展，手持机动工具日益增多。从所用工具的动力看，当前主要是电动和风动两种。

使用手持机动工具时的注意事项见表1-1。

表1-1 使用手持机动工具的一般注意事项

序号	电动工具	风动工具
1	使用前由电工对电气部分进行检查，按规程规定将电缆通过开关与电源连接。经试运转确认性能正常，转向正确	使用前进行检查，将工具的软管接到固定的压缩空气管道上。接管前先放出固定管道中的积水，放水时身体要避开。接好后不能漏气，软管受压时无局部隆起现象
2	电缆（或软管）不许有损伤，长度要大于工作中所需要的最大长度，连接可靠	
3	要妥善选择电缆（或软管）经由的路径，最好悬挂在空中。只能从地面经过时，应采取保护措施，以防损坏	
4	高处作业时，工具要用不太长的绳子可靠地拴在妥善地点，禁止用电缆（或软管）来吊挂	

表 1-1（续）

序号	电动工具	风动工具
5	移动作业时要持握工具本身，不要拖拽电缆（或软管），保证工具与电缆（或软管）的连接处不受拉力	
6	外壳上的绝缘层要保持完整。工作时要戴绝缘手套，穿着绝缘胶靴，并站在绝缘垫上	
7	工具的开关闭合（或阀门开启）后不启动或工作中自行停止，都要把开关（阀门）转到不工作位置；明显过载时要减少载荷，电动机的外表温度高于60℃时应停止工作	
8	人员离开工作地点前，工具应妥善放到安全地点，切断电源侧开关，或者关闭固定管道上的阀门	

注：一般电动工具的电气部分不具备防爆性能，禁止在有瓦斯、煤尘或其他有机纤维及粉尘的环境中工作。

第二节　机械润滑和摩擦的基本知识

一、摩擦

当两物体表面直接接触（也可以有其他介质使两表面分开，如润滑油等）并作相对运动（或有相对运动趋势）时，由于分子间的相互吸引和接触表面啮合，将使运动受阻，这种阻力叫作摩擦力。

由于产生摩擦的条件不同，可以按不同的标准对摩擦分类。比较常见的是根据摩擦面间有无润滑剂存在的状态，把摩擦分为干摩擦、液体摩擦、边界摩擦和混合摩擦4种。

1. 干摩擦

两个摩擦表面之间没有润滑剂介入，面直接接触时产生的摩擦，称为干摩擦，如闸瓦式制动器的闸瓦与制动轮之间的摩擦等。

干摩擦除了少数场合（如制动器、钢绳索引等）被利用外，在大多数情况下都是非常有害的因素，如机器中的烧瓦、研轴等现象，均是由干摩擦造成的。干摩擦产生的机理如图1-10所示。

2. 液体摩擦

两个相对运动表面被润滑油膜完全隔开时产生的摩擦，称为液体摩擦。液体摩擦产生的机理如图1-11所示。

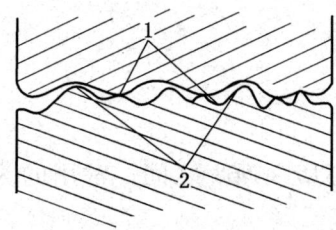

1—黏着点；2—啮合点

图1-10　干摩擦机理示意图

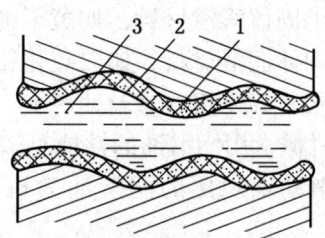

1—摩擦表面；2—边界油膜；3—流动油膜

图1-11　液体摩擦机理示意图

液体摩擦不是产生在摩擦面的接触中，而是产生于润滑油的内部，摩擦仅由润滑油分子间的吸引构成，因而摩擦力很小，摩擦表面也几乎不受磨损。

3. 边界摩擦

两摩擦面间存在一层由润滑剂构成的边界膜时而产生的摩擦，称为边界摩擦。

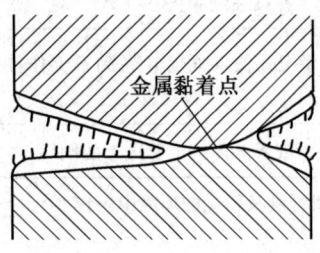

图 1-12 边界摩擦机理图

边界摩擦是介于干摩擦和液体摩擦之间的最普遍的摩擦。如普通的滑动轴承、汽缸与活塞环之间的摩擦，均属于边界摩擦。边界摩擦产生的机理如图 1-12 所示。

4. 混合摩擦

上述三种摩擦中，同时有两种摩擦存在于两个相对运动表面的摩擦，称为混合摩擦。它分为半干摩擦和半液体摩擦。半干摩擦为干摩擦和边界摩擦同时存在的摩擦，半液体摩擦是液体摩擦和边界摩擦同时存在的摩擦。不充分的边界摩擦将导致半干摩擦，不充分的液体摩擦将导致半液体摩擦。

二、机械零部件的主要磨损形式

物体表面的物质在相对运动中不断损耗的过程，称为磨损。产生磨损的主要原因是摩擦。磨损不但能造成材料的消耗，而且能改变机件的形状和尺寸的大小，破坏机件间的配合性质，降低机器的工作性能和机件的使用寿命。

1. 正常磨损

在正常工作条件下，机件经过长时间运行，逐渐产生的磨损，称为正常磨损。这种磨损是不可避免的，只要机件运动就会有这种磨损产生。

2. 非正常磨损

非正常磨损多为事故磨损，如不按操作规程操作、过载或是机件质量低劣等情况，将使机件在很短的使用时间内产生大量的磨损，甚至被损坏，这种磨损多半是人为造成的，是可以避免的。

三、润滑材料

1. 常用的润滑材料

（1）液体润滑材料，如润滑油。

（2）半固体润滑材料，如黄干油等。

（3）固体润滑材料，如二硫化钼、二硫化钨、石墨等。

2. 煤矿机械常用润滑油的性能

煤矿机械常用润滑油的性能见表 1-2。

一般滑动轴承用的润滑油为机械油，常用牌号在 N15~N68 之间，常用的为 N32 和 N46。

齿轮传动用的润滑油为齿轮油，可根据传动方式和负荷大小从表 1-2 中选用。

3. 煤矿机械常用润滑脂的性能

煤矿机械常用润滑脂的性能见表 1-3。

表1-2 煤矿机械常用润滑油的性能

名称	牌号	运动黏度/(mm²·s⁻¹)			闪点下限(开口)/℃	黏度指数下限	凝点上限/℃	酸值上限(KOH)/(mg·g⁻¹)	残炭上限/%	灰分上限/%	水分上限/%	机械杂质上限/%
		40℃	50℃	100℃								
机械油 (GB/T 443—1989)	N10	9.00~11.00			125		-10		—	0.005		GB/T 443—1989中的代号为HJ
	N15	13.5~16.5			165		-15		0.15	0.007		
	N22	19.8~24.2			170		-15		0.15	0.007		
	N32	28.8~35.2			170		-15		0.15	0.007		
	N46	41.4~50.6			180		-10		0.25	0.007		
	N68	61.2~74.8			190		-10		0.25	0.007		
	N100	90.0~110			210		0		0.5	0.007		
	N150	135~165			220		0		0.5	0.007		
汽轮机油	N32	28.8~35.2			180	90	-7	0.3		0.005		
	N46	41.4~50.6			180	90	-7	0.3		0.005		
	N68	61.2~74.8			195	90	-7	0.3		0.005		
	N100	90.0~110			195	90	-7	0.3		0.005		
饱和汽缸油	HG-11			9~13	215		5	0.25				
	HG-24			20~28	240		15	—				
车轴油 (SH 0139—1995)	HZ-23		20~25		145		-40					
	HZ-24		36~52		150		-12					
压缩机油 (企业指标)	HS-13			11~14	215			0.15		0.015		0.007
	HS-19			17~21	240			0.10		0.010		0.007
	N68	61.2~74.8			220		-9	0.05		痕迹		0.01
	N100	90.0~110			230		-9	0.05		痕迹		0.01
	N150	135~165			240		-9	0.05		痕迹		0.01
齿轮油	HL-20			2.7~3.2恩氏	170		-20					痕迹 0.10
	HL-30			4.0~4.5恩氏	180		-5					痕迹 0.10
中负荷工业齿轮油 (GB/T 5093—2009)	N68	61.2~74.8			180	90	-8					
	N100	90~110			180	90	-8					
	N150	135~165			200	90	-8					
	N220	198~242			200	90	-8			痕迹		0.02
	N320	288~352			200	90	-8					
	N460	414~506			200	90	-8					
	N680	612~748			220	90	-8					

表1-2（续）

名称	牌号	运动黏度/(mm²·s⁻¹)			闪点下限(开口)/℃	黏度指数下限	凝点上限/℃	酸值上限(KOH)/(mg·g⁻¹)	残炭上限/%	灰分上限/%	水分上限/%	机械杂质上限/%
		40℃	50℃	100℃								
硫铅型极压工业齿轮油	50		45~55		170		-5					0.01
	70		68~75		170		-5					0.01
	90		80~100		190		-5					0.01
	120		110~130		200		-5					0.01
	150		130~170		200		-5					0.01
	200		180~220		200		-5				痕迹	0.01
	250		230~270		220		-5					0.01
	300		280~320		220		-5					0.02
	350		330~370		220		-5					0.02
硫磷型极压工业齿轮油	90		80~100		195		-10					
	120		110~130		200		-10					
	150		130~170		210		-8					
	200		180~220		210		-8					
	250		230~270		210		-8					
	300		280~320		210		-8					
	350		330~370		210		-5					
双曲线齿轮油	HL57-22			16.1~28.4			-20		硫分≥1.5	无		0.1
	HL57-28			24.5~32.4			-5			无		0.1
HL液压油	N15	15			160		-9					
	N22	22			180		-9					
	N32	32			180	90	-6		0.05	痕迹		0.005
	N46	46			180		-6					
	N68	68			200		-6					
	N100	100			200		-6					
YA普通液压油	N32	28.0~35.2										
	N46	41.4~50.6										
	N68	61.2~74.8			170	90	-10				无	无
	N32G	28.8~35.2										
	N68G	61.2~74.8										
HM级高级抗磨液压油	N22	22			160		-15					
	N32	32			180		-15					
	N46	46			180	95	-9				痕迹	无
	N68	68			200		-9					
	N100	100			200		-9					
	N150	150			200		-9					

表1-3 煤矿机械中常用润滑脂的性能

名称	代号	滴点下限/℃	针入度/25℃	皂分上限/%	水分上限/%	灰分上限/%	杂质上限/%	备注
钙基润滑脂 (GB/T 491—2008)	ZG-1 ZG-2 ZG-3 ZG-4 ZG-5	80 85 90 95	310~340 265~295 220~250 175~205		1.5 2.0 2.5 3.0	3.0 3.5 4.0 4.5		
复合钙基润滑脂	ZFG-1 ZFG-2 ZFG-3 ZFG-4	180 200 220 240	310~340 265~295 220~250 175~205		痕迹			
钠基润滑脂 (GB 492—1989)	ZN-2 ZN-3 ZN-4	140 140 150	265~295 220~250 175~205	10~18 14~22 18~26	0.4 0.4 0.4	4.0 4.5 5.0	无 无 无	
钙钠基润滑脂	ZGN-1 ZGN-2	120 135	250~290 200~240		0.7 0.7			
锂基润滑脂 (GB/T 7323—2019)	ZL-1 ZL-2 ZL-3 ZL-4	175 175 180	310~340 265~295 220~250					
石墨钙基润滑脂	ZG-S	80		12	2			
二硫化钼 钙基润滑脂	ZFG-1E ZFG-2E ZFG-3E ZFG-4E	180 200 220 240	310~350 260~300 210~250 160~200					
二硫化钼锂基脂	1 2 3 4 5	175 175 175 175 175	310~340 265~295 220~250 175~205 130~160		无			
矿用拖辊锂基脂	Ⅰ Ⅱ	175 175	265~295 265~295				无	

最常用润滑脂的部位是：滚动轴承；低速或低速而又重载的滑动轴承；轴销；开式齿轮的齿面；连接用螺纹及金属零件表面防锈等。可根据不同情况从表1-3中选用。

四、润滑方式

1. 手工润滑

手工润滑是将润滑剂用油壶、油枪（脂枪）、油杯（脂杯）等用具注入润滑部位的方法。

2. 油环润滑

油环润滑如图 1-13 所示，套在轴颈上的油环（圆环）有一部分被浸在油池中。当轴颈旋转时，油环也随之旋转，把油池中的润滑油带到轴颈的工作表面上去，实现润滑。采用这种方式润滑时，应注意轴颈的转速，轴颈的转速太低，油环不能带起油池中的润滑油，使润滑失效；轴颈的转速太高，油环上的油在离心力的作用下被甩掉，同样使润滑失效。一般这种润滑方式适用于转速为 100～2000 r/min 的场合。如某些多级离心式水泵及中小型离心式风机的滑动轴承，均采用油环润滑方式进行润滑。

3. 飞溅润滑

飞溅润滑如图 1-14 所示，它是将转动零件适当地浸入油池中，该零件在转动时把润滑油带到轴承中去。这种方法简单可靠，但应注意零件的转速不能太快。这种润滑方式常用在闭式齿轮传动及曲轴轴承的润滑中，如煤矿设备中齿轮传动箱多数都是采用飞溅润滑方式进行润滑的。

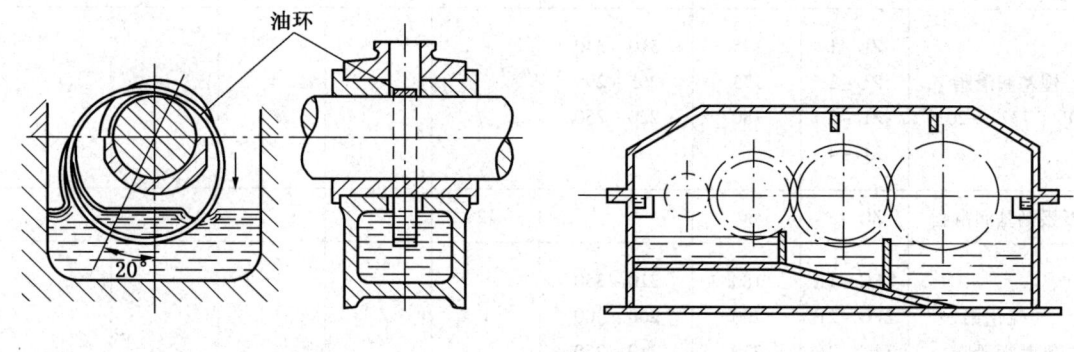

图 1-13　油环润滑　　　　　　　图 1-14　飞溅润滑

4. 油雾润滑

利用压缩空气将润滑油以雾状喷入润滑部位的方法，称为油雾润滑。如煤矿凿岩机的汽缸就采用了油雾润滑方式。

5. 油绳、油垫润滑

油绳、油垫润滑主要适用于低速轻载的场合，它是利用液体的虹吸现象及毛细管作用原理实现润滑的。这种润滑方式在煤矿设备中应用的不多。

6. 压力循环润滑

压力循环润滑是用油泵通过管道把润滑油压入润滑部位，润滑后的油液回到油箱，经过冷却和过滤后再供循环使用的一种润滑方式。这种润滑方式即能保证润滑的连续性，又能调节供油量的大小，即使是在高速重载的情况下，也能保证机器的良好润滑。但这种润滑方式的供油设备较多，润滑系统复杂，使用和维护不如其他润滑方式简便。

压力循环润滑方式在煤矿设备中也是比较常用的一种润滑方式，如矿用提升机的主轴滑动轴承、大中型空压机的连杆轴瓦和十字头、大型采煤机截割部摇臂齿轮箱等，均采用了压力循环润滑方式进行润滑。

7. 强制润滑

强制润滑是利用柱塞泵将油箱中的润滑油压入润滑部位的一种润滑方式。这种润滑方式具有供油量可以调节，机器开动润滑开始、机器关闭润滑停止的特点。强制润滑在煤矿设备润滑中也有应用，如矿用空压机的汽缸润滑就采用了强制润滑方式。

第二章 专业知识

第一节 带式输送机

一、带式输送机的工作原理及类型

带式输送机具有运量大、能适应较大倾角（一般向上运输煤炭18°，向下运输煤炭15°，大倾角上运带式输送机向上运输煤炭达到25°）、运距长及连续作业的特点。许多煤矿从采掘工作面、采区上下山、运输大巷直到地面运煤系统都采用了带式输送机。

在煤矿中常用的带式输送机主要有：钢丝绳牵引带式输送机、DX型钢丝绳芯带式输送机、TD型普通带式输送机、吊挂式带式输送机及可伸缩式带式输送机。

带式输送机的工作原理：输送带（或钢丝绳）连接成封闭环形，用张紧装置将它们张紧，在电动机的驱动下，靠输送带（或钢丝绳）与驱动滚筒（或驱动轮）之间的摩擦力，使输送带（或钢丝绳）连续运转，从而达到将货物从一个地方运到另一个地方的目的。钢丝绳牵引带式输送机的工作原理如图2-1所示。滚筒驱动带式输送机工作原理如图2-2所示。

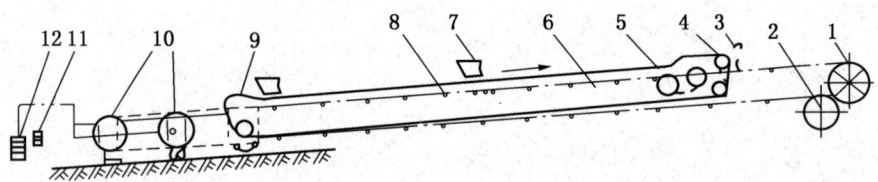

1—传动轮；2—导绳轮；3—卸载漏斗；4—输送带导向滚筒；5—输送带；6—牵引钢丝绳；7—给煤机；8—托绳轮；9—带式张紧轮；10—钢绳张紧车；11、12—拉紧重锤

图2-1 钢丝绳牵引带式输送机工作原理示意图

二、带式输送机结构

1. 驱动装置

（1）电动机，一般采用交流电动机，电压等级一般采用660 V/1140 V。随着技术不断进步，矿井带式输送机的电机也逐步采用了6000 V高压电动机。电动机是带式输送机的原动力。

第二章 专 业 知 识

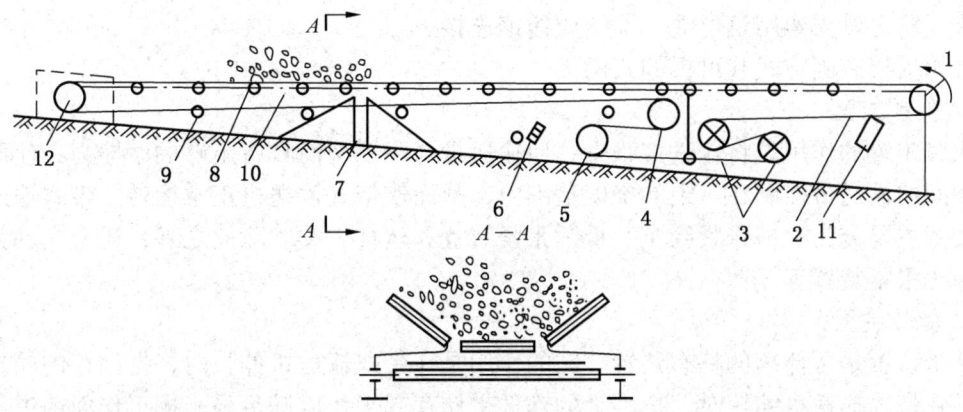

1—卸煤滚筒；2—输送带；3—传动滚筒；4—导向滚筒；5—拉紧滚筒；6—拉紧装置；
7—紧绳装置；8—上托辊；9—下托辊；10—机身钢丝绳；11—清扫器；12—机尾滚筒

图2-2　SPJ-800带式输送机工作原理示意图

（2）联轴节，带式输送机通常采用液力联轴节和柱销联轴节。

（3）减速器，是将电动机传动的高转速低扭矩，通过齿轮传递，使驱动滚筒获得低转速高扭矩的装置。

（4）制动器，安装在倾斜巷道内的带式输送机，为了防止停机后由于载荷的作用发生飞车而设置的一种装置。电磁闸瓦式制动器是带式输送机常用的一种制动装置。

（5）逆止器，用在倾斜向上运输的带式输送机上。它的作用是防止停机后由于载荷的作用发生逆转飞车事故。

带式输送机常用的逆止器有带式逆止器和滚柱逆止器两种。

（6）驱动滚筒与导向滚筒。驱动滚筒的作用是靠滚筒的外缘与输送带的摩擦力来牵引输送带运动。驱动滚筒有单滚筒和双滚筒。

导向滚筒的作用是增大驱动滚筒的围抱角及改变输送带运动方向，从而使驱动滚筒有足够的牵引力，把物料按要求从一个地点运到另一个地点。导向滚筒应根据驱动滚筒的设置及现场条件来设置。

2. 输送带

输送带既是承载部件，又是牵引部件。

输送带种类很多。按带芯结构材料分为钢丝绳芯输送带、尼龙芯输送带、维棉芯输送带和帆布芯输送带；输送带按覆盖层所用材料分为橡胶输送带、橡塑输送带和塑料输送带；按用途分为耐热输送带、耐寒输送带、耐油输送带、耐酸输送带、耐碱输送带和花纹输送带等；按阻燃性能分为非阻燃输送带和阻燃输送带；按强度分为强力输送带（钢丝绳芯）和普通输送带两种。

3. 托辊

托辊安装在带式输送机的支架上，是带式输送机的承载和导向部件。带式输送机的主要托辊有：承载托辊、回程托辊、调心托辊、缓冲托辊。

4. 支架

用以固定托辊，并支撑托辊、输送带及货载重量。支架常用角钢或槽钢焊接而成。吊挂式带式输送机支架用钢丝绳、锚链或槽钢连接。

常用支架有固定式和可拆卸式两类。

5. 张紧装置

张紧装置的作用是将输送带张紧，使输送带与驱动滚筒具备足够的摩擦力，使两托辊组支架间的输送带控制在一定的挠度范围内，从而使带式输送机正常运转。带式输送机的张紧装置主要分为机械张紧绞车、重锤张紧装置和丝杠三类。除此之外，还有电动张紧装置和液压张紧装置等。

6. 储带装置

储带装置是可伸缩的特有装置。它的作用是在带式输送机伸长时，把储存的输送带吐出来，在带式输送机缩短时，把多余的输送带储存起来，以满足采、掘工作面前进或后退的需要。储带装置是靠张紧小车、行走小车及滚筒进行工作的。根据固定折返滚筒和可移动滚筒的个数不同，储带装置有储存两层、四层和六层输送带 3 种形式。

三、带式输送机的技术特征

（一）TD 型普通带式输送机

因其通用性强而被广泛地在煤炭、冶金、交通、水电等部门中用来输送散状物料与成件物品，现有系列产品 TD-75 型（T——通用，D——带式，75——定型时间是 1975 年），根据其结构与使用特点并结合煤矿实际条件，主要用于煤矿地面生产系统、选煤厂和井下运输巷道。

（二）绳架吊挂式带式输送机

目前，我国生产的 SPJ-800 绳架吊挂式带式输送机具有很多优点，已成为采区运输的主要设备。主要用于煤矿井下采区顺槽和集中运输巷中作为煤炭运输设备，在条件适宜的情况下，也可用于采区上、下山运输。

1. 主要特点

（1）机身结构为绳架式，即用两根纵向平行布置的钢丝绳代替一般带式输送机的刚性机架。机身结构简单，节省钢材，安装、拆卸、调整方便，并可利用矿井运输换下来的钢丝绳。

（2）上托辊组一般采用三托辊铰接。由于钢丝绳具有弹性，铰接托辊成槽角可随负载大小而变化，因而可提高运输能力和减少撒煤，并可减轻大块煤通过托辊时产生的冲击，延长输送带和托辊的使用寿命。

（3）机身吊挂在巷道支架上，也可架设在巷道底板上，机身高度可调节，能适应底板不稳定的巷道条件。

（4）可用双电机驱动，也可用单电机驱动，以适应各种运输量和运输长度对功率的需要。传动装置有液力偶合器，以改善输送机的启动性能，保证双电动机的功率分配趋于平衡。电动机和减速器可根据具体条件装设在机头的任一侧。

（5）输送带的拉紧装置设在机头部，利用蜗轮、蜗杆传动和钢丝绳将拉紧滚筒拉紧，操作省力，便于司机及时调整输送带的松紧程度。

2. 主要技术特征

运输能力　　　　　　　　　　　　　　　　　　　　　　　　　　　350 t/h

运输长度	300 m
输送带运行速度	1.63 m/s
输送带规格	
型式	普通型输送带
带宽	800 mm
帆布层数	6
抗拉强度	560 N/cm 层
主动滚筒	
数目	2
直径	450 mm
围包角	473°
托辊直径	108 mm
上托辊间距	1500 mm
吊架和下托辊间距	3000 mm
机身钢丝绳直径	22 mm
拉紧滚筒最大行程	2600 mm
电动机	
型号	BJO_264-4 和 BJO_272-4
功率	17;30;17+30 kW
电压	380 V

输送机在不同功率和运输能力下的最大水平铺设长度见表2-1。

表2-1 最大水平铺设长度

运输能力/(t·h^{-1})	电动机功率/kW		
	17	30	17+30
250	140	300	440
350	100	200	300

(三) 可伸缩带式输送机

国产可伸缩带式输送机主要有3种:第一种是钢丝绳吊挂式可伸缩带式输送机,如SD-150型、SD-80型;第二种是落地架式可伸缩带式输送机,如SJ-80型、SSP-1000型;第三种是落地吊挂混合式可伸缩带式输送机,如SDJ-150型、DSP系列可伸缩带式输送机。

可伸缩带式输送机主要技术特征见表2-2。

表2-2 可伸缩带式输送机主要技术特征表

型号	SJ-80	SD-80	SDJ-150
运输能力/(t·h^{-1})	400	400	630
运输距离/m	600	600	700

表 2-2（续）

型号	SJ-80	SD-80	SDJ-150
输送带宽度/mm	800	800	1000
输送带运行速度/(m·s^{-1})	2	2	1.9
储带长度/m	50	100	50
转载机行走距离/m	12	12	12
电动机功率/kW	2×40	2×40	2×75
电压/V	380/360		660
电动机转速/(r·min^{-1})	1470	1480	1480
液力偶合器型号	YL-400	YL-400	YL-450
减速比	18.4494	18.4494	24.3758
拉紧绞车功率/kW	4	4	4
卷带方式	电动	电动	电动
机器质量/kg	47000	31283	66521

四、电气系统

输送带、输送机均属于连续运输机械，适用于连续生产条件，是煤矿井下主要运输机械之一。随着我国采煤机械的迅速发展，产量的不断提高，要求具有连续的、高强度和大运输量的带式输送机，以满足生产需要。可伸缩带式输送机适用于煤矿井下 114 V 或 660 V 的电压等级，能满足带式输送机的各种要求，SD 型可伸缩带式输送机主要有控制系统、信号系统、保护系统。

1. 控制系统

在主机运转前，首先检查张紧绞车的张紧力是否合适。如果不合适，则需张紧绞车正转（张紧）或反转（放松），直至张力合适为止。控制系统一般包括：启动、停车、沿线停车、缩输送机、收输送带、伸输送机、放输送带。

2. 信号系统

（1）启动预告信号。

（2）联络信号，每个拉线开关上均装有信号按钮，可按事先规定的电码进行联络。

3. 保护系统

（1）跑偏停车，在机头、机尾各设一队跑偏停车装置。当输送带跑偏时，跑偏开关常闭触点打开，继电器断电，主机停车。

（2）游动小车限位和收带到头限位。

（3）速度保护，当输送带由于过载、张力不足、输送带破断等原因而长期速度过低或根本不转动时，前者延时动作，后者瞬时动作，切断主电机电源，这均由 XJSBH-70/150 速度继电器来实现。

五、带式输送机安全运行保护装置

（一）断带、打滑保护装置

断带、打滑保护装置，又叫防滑保护装置。它的作用是带式输送机在运转中发生断带或输送带与驱动滚筒打滑时控制带式输送机停机，从而避免发生输送带着火等恶性事故。

1. 管式断带打滑保护装置

管式断带打滑保护装置由速度传感器及控制箱构成。磁铁安装在机头导向滚筒轮辐侧面上，速度传感器安装在支架上，与磁铁对正。如图2-3所示。

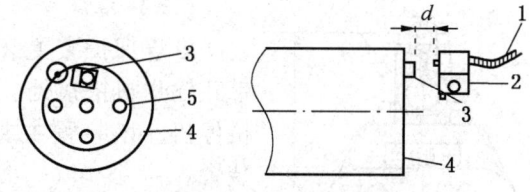

1—传感器引线；2—传感器的固定装孔；3—磁铁；
4—导向滚筒；5—导向滚筒端盖固定螺钉（$d \leqslant 20$ mm）

图2-3 速度传感器结构与布置图

带式输送机的滚筒每转一周，安装在滚筒端面的磁铁就转一周并经过速度传感器一次，通过磁力作用，送入一个脉冲信号给保护装置。当发生断带、打滑时，机头导向滚筒转速降低，当达到设定值时（如滚筒的转速低于正常转速的70%时），控制箱控制带式输送机停机。

2. 滚轮式断带打滑保护装置

滚轮式断带打滑保护装置，由滚轮传感器和控制箱组成。正常运转时，在输送带的带动下，滚轮保持一定速度，保护装置不动作。当发生断带打滑时，输送带运行速度减慢或停止，当滚轮速度达到设定值时，发出开关信号，带式输送机停止运转。其结构及安装方式如图2-4所示。

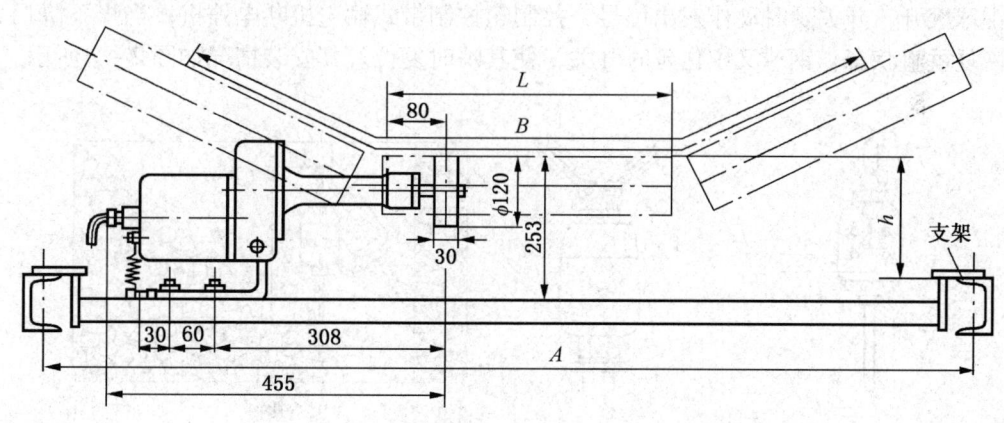

图2-4 滚轮式断带打滑保护装置示意图

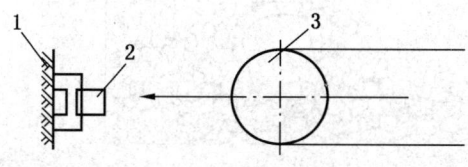

1—固定触头；2—按钮（动触头）；3—张紧滚筒

图2-5 断带保护装置示意图

3. 行程开关式断带保护装置

行程开关式断带保护装置，由一个固定触头和一个动触头组成。当断带后，滚筒朝箭头方向移动，压迫按钮，动触头与固定触头接触，断电停机。一般安装在滚筒前方的机架上。其结构及安装方式如图2-5所示。

(二) 防跑偏保护装置

带式输送机大多采用行程开关防跑偏保护装置。它由防跑偏传感器和控制箱组成，当输送带跑偏时，输送带将立辊推向外侧使传感器的动触头和固定触头接触，控制箱控制带式输送机断电停机。

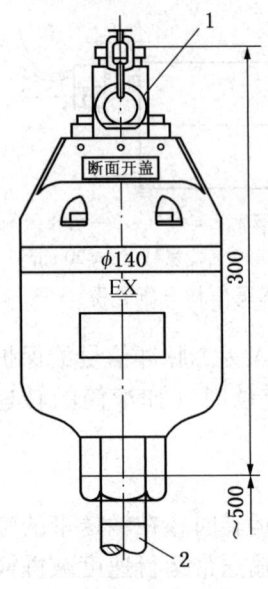

1—悬挂链；2—探杆
图 2-6 偏摆式传感器

(三) 堆煤保护装置

堆煤保护装置又叫煤位保护装置。它安装在煤包上口或两部带式输送机搭接处。当发生堆煤时，堆煤保护装置控制带式输送机停机。该装置主要有碳极式堆煤保护装置和偏摆式堆煤保护装置。

1. 碳极式堆煤保护装置

碳极式堆煤保护装置由堆煤传感器和控制箱构成。堆煤传感器（一条电缆或特制的煤位探头）安装在煤包上口或两部带式输送机的搭接处，作为固定触头，当煤达到一定位置时，与堆煤传感器相接触，控制箱控制带式输送机断电停机。

2. 偏摆式堆煤保护装置

偏摆式堆煤保护装置，由偏摆式传感器和控制箱构成。偏摆式传感器的结构如图 2-6 所示。

偏摆式传感器安装在煤包上口或两部带式输送机的搭接处。偏摆式传感器内有一钢球和延时开关，悬挂的传感器处于垂直状态时，钢球压在延时开关上。当煤上升使传感器倾斜超过动作角度时，钢球滚开，开关延时动作发出信号，控制箱控制带式输送机断电停机；当煤下降后，传感器恢复垂直状态，钢球又压住延时开关，使其瞬时复位。其安装情况如图 2-7 所示。

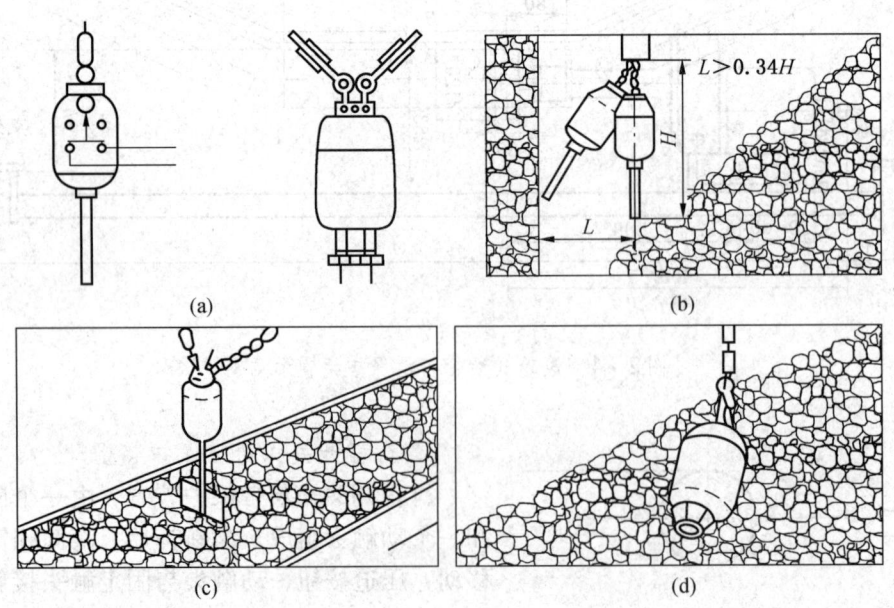

图 2-7 偏摆式堆煤保护装置安装使用图

（四）防撕裂保护装置

由防撕裂传感器和控制箱构成。防撕裂传感器通常安装在给煤机前方几米处的上输送带下方。煤矿中常用 DJS - BA - 1 型输送带纵向撕裂保护装置。其结构如图 2 - 8 所示。其作用是当带式输送机发生输送带纵向撕裂事故时，及时控制带式输送机停机，防止撕裂事故扩大。

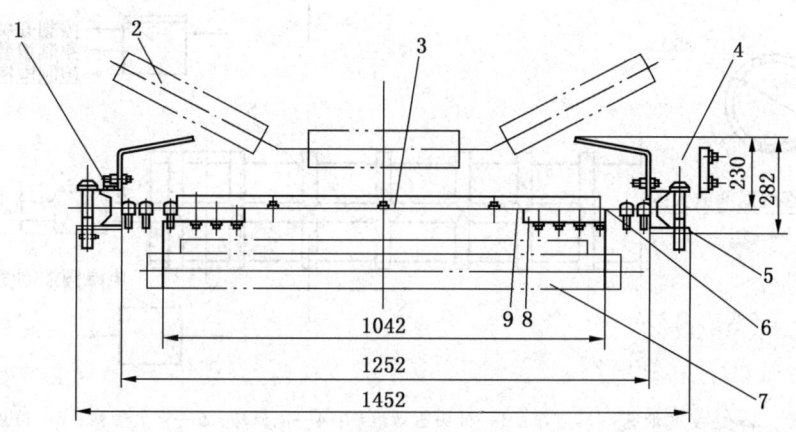

1—槽钢（机体）；2—上托辊；3—传感器；4—检测器；5、6—固定架；
7—下托辊；8—电极印刷板；9—导电橡胶键

图 2 - 8　纵向撕裂传感器安装示意图

当发生纵向撕裂的输送带经过纵向撕裂传感器上方时，输送带上面的煤沿纵向撕裂的缝隙撒落在传感器上，导电橡胶板被压变形，贴靠在电极印刷板上，将常开的触点闭合，通过控制箱控制输送机停机。这种防撕裂装置的缺点是，当输送带发生纵向撕裂而输送带上无煤时，就不能起到防止输送带撕裂事故扩大的作用。

（五）烟温报警灭火系统装置

烟温报警灭火系统装置能够连续监测矿井带式输送机系统温度和烟雾变化情况。当带式输送机周围温度和烟尘浓度达到设定值时，装置中的报警器发出声光报警，同时断电停机，洒水灭火。

该装置主要由控制箱、传感器、声光报警器和喷水装置所组成。一般安装于输送机巷道顶板，沿输送机全程，每隔 20 m 安装一烟温报警灭火传感器，其总体布置如图 2 - 9 所示。

烟温报警灭火装置电气控制原理示意如图 2 - 10 所示。

（六）沿线保护装置

沿线保护装置的作用是在带式输送机的任何部位都可以人为地停止运转，及时控制带式输送机事故的发生和扩展。

1. 按钮式沿线保护装置

每隔 40～50 m 安装一个按钮，并接入带式输送机控制系统。通常安装在带式输送机巷道碹帮上。

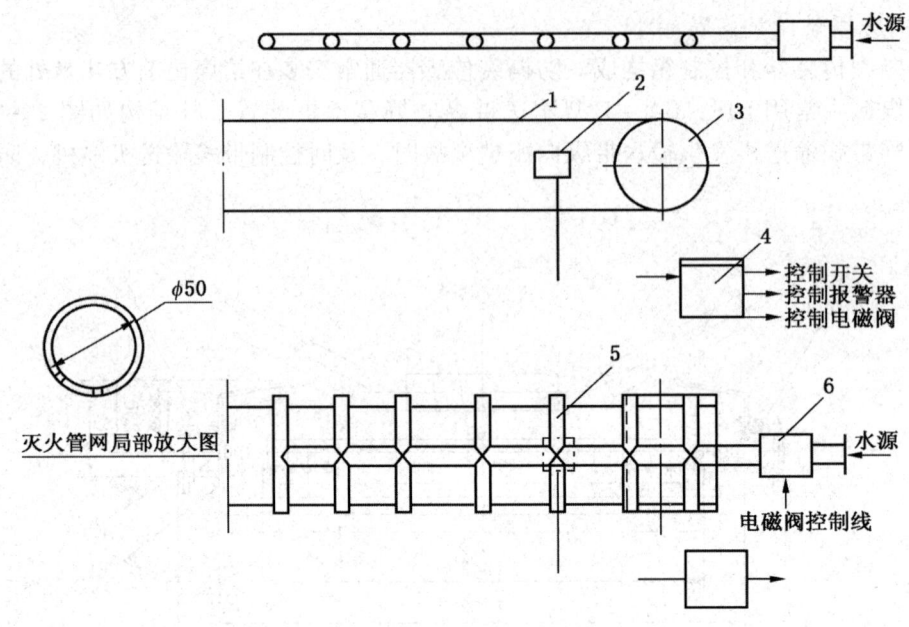

1—输送带；2—温度（烟雾）感应器；3—机头驱动滚筒；4—电源箱；5—灭火管网；6—防爆电磁阀

图 2-9　矿用带式输送机超温（烟雾）报警灭火装置图

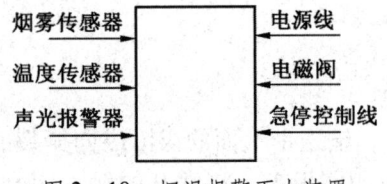

图 2-10　烟温报警灭火装置
电气控制原理示意图

2．拉线式沿线保护装置

拉线式沿线保护装置又称沿线急停开关。它是由铁丝或细钢丝绳控制一个小的行程开关，行程开关接入带式输送机控制系统。这种保护装置通常安装在带式输送机机架靠人行道一侧。

（七）逆止保护装置

煤矿带式输送机上采用的逆止保护装置主要有两种：一种是塞带式逆止保护装置；一种是滚柱式逆止保护装置。它们主要用在上运带式输送机上。逆止保护装置的作用就是防止倾斜上运的带式输送机发生逆转飞车事故。

1．塞带式逆止保护装置

当带式输送机正向运行时，塞带逆止器允许下带通过，当带式输送机发生逆转时，塞带逆止器的输送带塞入滚筒，阻止带式输送机逆转。

2．滚柱式逆止保护装置

当带式输送机正向运行时，滚柱被控制在棘轮爪中间部位；当带式输送机发生逆转时，滚柱在离心力的作用下被甩到棘轮爪与外套的缝隙卡住棘轮，由于外套安装在固定的支架上，带式输送机停止运转，如图 2-11 所示。

（八）飞带保护装置

飞带保护装置用在倾斜下运的带式输送机上。其作用是

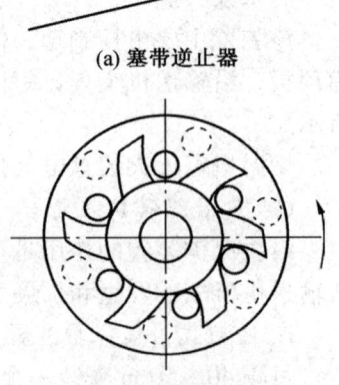

(a) 塞带逆止器

(b) 滚柱式逆止器

图 2-11　逆止保护装置

在下运带式输送机失控的情况下或在制动后输送带与滚筒打滑的情况下，及时捕捉输送带，防止发生飞车事故。液压式飞带捕捉器由液压系统、滚筒和橡胶轮组成，其结构如图2-12所示。

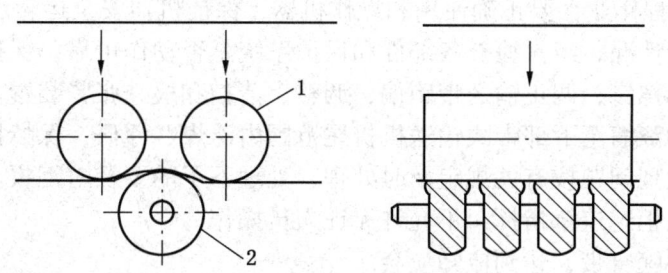

1—滚筒；2—橡胶轮

图2-12 液压式飞带捕捉示意图

这种飞带捕捉器是用油压来控制，当带速超过额定值时，控制系统打开油路阀，橡胶轮带动液压泵将油通过油路排到油缸内，推动液压缸内活塞使缸体向下运动，缸体与滚筒相连，从而推动滚筒向下运动。橡胶轮固定不动，输送带被压在滚筒与橡胶轮之间，因此，增大了输送带的运行阻力，降低了输送带的运行速度，起到了防止输送带运行超速和飞带事故发生的作用。当输送带速度降至额定速度时，控制系统关闭油路阀，在弹簧的作用下，滚筒抬起来，输送带由受压变形状态恢复成自由直线状态。

（九）综合保护与集中控制装置

随着煤炭生产的需要和科学技术的发展，我国先后研制出多种带式输送机综合保护与集中控制装置。它由各种传感器和集中控制台构成。可实现低速、超速、断带、纵向撕裂、堆煤、跑偏、急停、烟雾、温度等保护，并可执行洒水降温。它具有电动机功率、输送带运行速度、紧急停车开关动作位置、跑偏开关动作位置、主电动机温度等数字显示功能以及各种设备工作状态及故障状态的显示，可配合CTS等软启动系统工作，同时对主电动机、给煤机和闸电动机等设备实施控制和保护。

KPTB-1型带式输送机综合保护监控仪是语言型的综合保护装置。具有集中控制和单机控制两种操作方式。集中控制时具有连锁保护功能，即某一台停机时，向其供煤的带式输送机连锁停机，具有逆煤流延时顺序起车功能。装置在手动控制方式下，配接开停传感器可实现顺煤流延时顺序起车。无论在集控方式或手动方式下，该装置均有起车延时功能、语言预警功能、故障停车保护功能、故障显示功能、故障语音报警功能、故障自锁及解锁功能、全线系统状态对位显示功能、全线联系及对讲功能。

（十）软启动装置

软启动装置的作用是使带式输送机平稳启动，可以减少启动电流对电网的冲击，减轻启动力矩对负载带来的机械振动。主要有CST软启动装置、可调型液力偶合器、QJR1-300/1140型软启动装置、RQJS型软启动装置、KDK4型软启动装置。

六、带式输送机的安全运行

带式输送机司机必须经过培训，考试合格后持证上岗，严格按《安全操作规程》的要求认真进行操作。

1. 带式输送机司机岗位要求

（1）要熟悉设备性能和构造，达到会操作，会保养，会排除一般故障；坚守工作岗位，严格按操作规程作业，要正确使用和操作机器，保证机器安全运转。

（2）掌握运转情况，经常检查各部件和保护系统是否动作可靠，保持设备完好状态。

（3）紧固各部螺钉，调正输送带跑偏，调整、清扫和检查张紧装置。

（4）清除驱动滚筒至下部带式输送机机尾范围内浮煤、浮矸，保持机头部设备清洁。

（5）操作中发现问题按有关规定及时处理，处理不了的要及时汇报。

（6）司机有权拒绝违章指挥，不允许无证人员操作。

（7）司机证要随身带，达到应知应会。

2. 严格执行交接班制度

（1）交接班必须按时在现场进行。

（2）交班时必须把本班运转及查验情况向接班人交代清楚，并有记录。

（3）交班时如发现接班人醉酒、病异等不正常现象时，不能进行交班，应报告上级处理。

（4）接班人必须与交班人核对运转及查验情况，当发现问题时应提出。

（5）双方同意后，在交接簿上进行交接签字。

（6）接班时应对信号、安全保护装置进行试验。

3. 开车前的准备工作

（1）检查各部件是否有损坏，是否紧固，有无障碍物。

（2）检查驱动滚筒及托辊处有无浮煤和其他障碍物，一旦发现要及时清理。检查带式输送机滚筒、轴承座是否牢固。

（3）检查各部油量是否符合规定。

（4）将机器空运转一周，检查输送带的接头是否牢固完整，输送带是否跑偏，张紧程度是否正常，托辊是否转动灵活。

4. 带式输送机司机在上岗时应遵守的操作纪律

（1）操作期间禁止睡觉，禁止与人闲谈和打闹。

（2）操作时精神集中，不得擅自离岗。

（3）值班期间，不许做与本职工作无关的工作。

5. 带式输送机司机巡回检查时的工作内容

带式输送机司机巡回检查时要严格按照巡回检查图表进行，并注意以下检查重点：

（1）各发热部位温度是否符合要求。

（2）制动系统是否工作正常，间隙是否合格。

（3）电动机和减速器运转有无异响。

（4）安全保护装置是否动作可靠。

6.《煤矿安全规程》有关规定

采用滚筒驱动带式输送机运输时，应当遵守下列规定：

（一）采用非金属聚合物制造的输送带、托辊和滚筒包胶材料等，其阻燃性能和抗静电性能必须符合有关标准的规定。

（二）必须装设防打滑、跑偏、堆煤、撕裂等保护装置，同时应当装设温度、烟雾监测装置和自动洒水装置。

（三）应当具备沿线急停闭锁功能。

（四）主要运输巷道中使用的带式输送机，必须装设输送带张紧力下降保护装置。

（五）倾斜井巷中使用的带式输送机，上运时，必须装设防逆转装置和制动装置；下运时，应当装设软制动装置且必须装设防超速保护装置。

（六）在大于16°的倾斜井巷中使用带式输送机，应当设置防护网，并采取防止物料下滑、滚落等的安全措施。

（七）液力偶合器严禁使用可燃性传动介质（调速型液力偶合器不受此限）。

（八）机头、机尾及搭接处，应当有照明。

（九）机头、机尾、驱动滚筒和改向滚筒处，应当设防护栏及警示牌。行人跨越带式输送机处，应当设过桥。

（十）输送带设计安全系数，应当按下列规定选取：

1. 棉织物芯输送带，8~9。
2. 尼龙、聚酯织物芯输送带，10~12。
3. 钢丝绳芯输送带，7~9；当带式输送机采取可控软启动、制动措施时，5~7。

七、带式输送机的维护与保养

1. 带式输送机司机应作的日常维护检查

带式输送机司机应按时按巡回检查路线图进行检查，对检查出的问题及时进行处理，司机不能处理的问题，及时向上级汇报。司机在日常维护检查时应按以下几方面进行：

（1）每日至少进行一次全线主要设备及部件外观检查。观察（听或触的方法）电动机、减速器、联轴节等是否运转正常，有无异响及振动。

（2）检查各部紧固件是否松动，如发现有松动现象，应及时紧固。

（3）检查输送带的拉紧程度，以空段输送带略成弧形为宜。检查拉紧是否灵活有效，张紧小车是否掉道，轨道是否淤塞；重锤拉紧装置悬挂是否被煤掩埋或托起；对于淤塞、堆煤部位进行清理，使张紧小车在轨道上有效地工作，输送带张紧程度调整合适。

（4）检查输送带及接头部位是否脱胶，接头处是否变形、破裂，金属卡子连接的输送带接头根部是否有横向裂纹，金属卡子是否被刮变形，若发现输送带接头变形或破裂，司机应及时向主管人员汇报并由主管人员安排处理。

（5）检查输送带是否有跑偏及打滑等不正常的工作状态，输送带上是否有大块物料及铁器等。若发现输送带跑偏、打滑等不正常的工作状态，应协助维护工进行处理；对于输送带上的大块物料及铁器等杂物，应及时停机清除。

（6）检查滚筒、托辊是否有变形、损坏、缺油，轴承部位温度是否超过标准，转动是否灵活，对于严重变形的或损坏的滚筒托辊，应由主管人员安排组织更换。缺油部位，应当及时注油。

（7）检查减速器、轴承的润滑情况，是否漏油或缺油。应对漏油部位进行处理，若缺油应及时补充。

（8）检查清扫器和各种保护装置是否工作正常，要使清扫装置与输送带接触良好，安全保护装置动作可靠。

（9）检查溜煤板是否牢固，卸料板位置是否正确。应把溜煤板、卸料板位置调整合适，固定牢固。

2．带式输送机司机维护保养胶面滚筒的方法

（1）经常清扫滚筒表面。在滚筒处除安装清扫器外，可以用工具或者用水洗、风吹等办法清除滚筒表面附着物，使滚筒表面始终保持清洁。

（2）滚筒的胶面有破损或包胶严重脱离滚筒表面的情况，可用刀具把破损或脱离部分割除，防止破损或脱离状况蔓延扩大。

（3）当胶面脱离滚筒表面面积较大较严重时，应更换包胶或送厂家重新铸胶。

（4）及时紧固包胶松动的螺钉，以保证包胶的每个部位与滚筒外壳牢牢贴紧。对于磨薄露出螺钉头的包胶，应及时更换包胶。

3．带式输送机司机配合维修工维护、保养托辊的方法

（1）坚持巡回检查制度，按时检查，发现有异响或不转的托辊及时更换，将换下来的托辊及时修好，准备再用。

（2）分段或整机拆检更换托辊。应根据使用经验，确定出检修周期，集中人力，分段或整机拆检更换托辊。

（3）经常清除托辊间夹杂的煤及杂物，使托辊保持转动灵活。

（4）对于缺油的托辊及时注油，以延长托辊的使用寿命。

4．带式输送机司机与维修工配合维护、保养输送带的方法

（1）在条件允许的情况下，尽量减小给煤嘴与输送带的距离，减缓物料对输送带的冲击和磨损。

（2）严格控制水煤、大块物料及铁器给到输送带上。已经给到输送带上的大块物料及铁器被发现后，要及时停机，将大块物料及铁器搬离输送带后再开机。

（3）对输送带边部损坏、中部纵向撕裂和脱胶部位及时修补。

（4）对于输送带接头严重变形、破裂，金属卡子变形、损坏，要及时重新接头、整形或更换金属卡子。

（5）增设必要的调心托辊，防偏保护，断带、打滑保护，以保证输送带正常工作，使带式输送机在事故运转中能及时自动停机，防止事故扩大，从而保护输送带。出现一般的输送带跑偏现象，调心托辊可以调正输送带运行方向。

（6）严格按操作规程操作带式输送机。

（7）有淋水的带式输送机，应采取防水措施。

5．带式输送机司机维护、使用带式输送机的方法

（1）必须保持带式输送机有良好的、清洁的工作环境，保证电动机、液力联轴器和减速器具有良好的散热条件。机头、机身和机尾部的煤粉应及时清扫干净。

（2）应尽量避免频繁启动带式输送机，正常情况下应空载启动。在双电动机驱动时可按先后顺序启动，也可同时启动2个电机。

（3）每班工作前必须检查液力联轴器有无漏油现象，易熔塞是否合格，并检查液力联轴器的充液量，发现液量不足应及时按规定补充。补充后的液量应达到液力联轴节说明书的要求。带式输送机在运转过程中禁止取下液力联轴器的保护罩。

（4）经常检查机身钢丝绳的张紧程度，发现有松弛现象应及时张紧，紧绳后应注意观察输送带是否跑偏，若跑偏应及时调整。

（5）应定期检修托辊，检修时密封圈内必须加适量的润滑脂，转动不灵活或损坏的托辊应立即更换。

（6）不允许输送带在传动滚筒上有打滑现象，发现输送带松弛要及时拉紧。

（7）发现输送带跑偏应立即调整，不允许产生磨输送带边缘的现象。

（8）经常检查输送带接头，发现局部损坏要及时修理或更换接头。

（9）清扫器要保持良好的工作状态，若部件磨损到一定程度（指输送带条）应及时更换。

（10）绳卡上斜楔必须打紧，防止输送带跑偏时划破输送带。

（11）装载点应保持货载装在输送带正中，不允许从很高的高度上直线装载，以防止大块煤砸坏输送带。

6. 带式输送机运行中出现下列情况应立即停车处理

（1）输送带打滑。

（2）电机冒烟、闷车。

（3）输送带上有人，有大型物件（如超重、超长物件等）。

（4）机械设备声音异常，轴承等部位温度超过规定数值。

第二节　刮板输送机

一、发展概况及使用范围

刮板输送机俗称溜子，它主要用于缓倾斜采煤工作面中运输煤炭，也可用作采区顺槽与上下山、辅助巷道、联络眼、中间平巷以及掘进工作面的运输设备。

工作面刮板输送机的发展大致经历了3个阶段：

第一阶段为拆卸式刮板输送机，如SGD-11型、SGD-20型输送机等。此种类型的单链刮板输送机在工作面只能直线铺设，且随工作面的推进需人工拆卸搬移。

第二阶段为可弯曲式刮板输送机，如SDW-44型输送机等。此种类型的双链刮板输送机在工作面与采煤机（或刨煤机）、金属摩擦支柱配合使用，可实现采煤、装煤和运煤的普通机械化。这种可弯曲刮板输送机不仅能沿垂直和水平方向弯曲2°~4°，还可随工作面的推进而实现蛇形自移，不需拆卸。该输送机还可作为采煤机的运行轨道，使采煤机始终贴煤壁，缩短了控顶距，有利于顶板管理。此外，由于机械化采煤的运输量增大，故这种输送机采用了双牵引链和多台电动机传动，也相应地使用了液力偶合器，中部槽也有较大的改进，刮板链由板式改为圆环链。

第三阶段的刮板输送机从结构上看是第二阶段的延续，如SGW-150型、SGW-250型刮板输送机就属于第三阶段的产品。它与滚筒采煤机和液压支架配套使用，使采煤机工作面全部生产过程（落煤、装煤、运煤和支护）实现了机械化。

刮板输送机可用于水平运输，也可用于倾斜运输。沿倾斜向上运输时，煤层倾角不得超过25°；向下运输时，倾角不得超过20°。若煤层倾角较大时，应采取防滑措施。

随着采煤工作面生产能力的不断提高，刮板输送机朝着短机头、大功率、高强度中部槽、单链、高速链等方向发展。

二、刮板输送机的组成及工作原理

国内外使用的刮板输送机的类型很多，其各组成部件的形式和布置方式不尽相同，但其主要结构和基本组成部件是相同的。以 SGW-150C 型刮板输送机为例，其组成部分如图 2-13 所示，它由机头（包括机头架、传动装置和链轮组件等）、中部槽（分别是中间标准中部槽 3、调节中部槽 6、7 和连接中部槽 2、8）、挡煤扳 4 和铲煤扳 5、刮板链 11 及机尾 9 组成。此外，还安装有可供移动输送机用的液压推移装置 10。

刮板输送机的工作原理是：启动电动机后，经液力偶合器、减速器、主动链轮而驱动刮板链，使一条无极刮板链连续在上、下中部槽里进行循环转动，将装在中部槽上的煤炭不断地送到下顺槽。

刮板输送机在采煤工作面运输中之所以能得到广泛的应用和发展，是由于和其他运输设备相比它具有以下优点：运输能力不受货载的块度和湿度影响；机身低，便于装载；机身伸长或缩短方便；容易移置；机体坚固耐用；适应性强，既能用于炮采工作面，又可与煤机、单体液压支柱或自移式液压支架组成普采或综采工作面设备。但它也存在一定的缺点：工作阻力大，耗电量大，中部槽磨损严重，使用和维修不当时容易断链，运输距离也受到一定的限制。

三、刮板输送机的主要类型及技术特征

国内外生产和使用的刮板输送机的类型很多，分类方法各不相同。按中部槽的布置方式和结构，可分为并列式和重叠式两种，而重叠式中部槽又分为敞底式及封底式两种。重叠式刮板输送机是将两中部槽上下重叠放置，上面的中部槽里装运货载，称为工作槽；下面的中部槽只用作回链，称为回链槽。重叠式刮板输送机应用最多。并列式刮板输送机的工作槽和回链槽并列放置，其特点是机身矮，适合在薄煤层中使用，但宽度较大，对控制顶板不利。按链条数目及布置方式，可分为单链、双边链、对中心链和三链 4 种刮板输送机。主要类型见表 2-3。

国产各种类型刮板输送机的主要技术特征见表 2-4。

四、刮板输送机的操作注意事项

1. 操作注意事项

（1）启动前必须发出信号，向工作人员示警，然后断续启动，如果转动方向正确，又无其他情况，方可正式启动运转。

（2）防止强制启动。一般情况下都要先启动刮板输送机，然后再往输送机的中部槽里装煤。机械化采煤工作面，同样先启动刮板输送机，然后开动采煤机。

（3）在进行爆破时，必须把整个设备，特别是管路保护好。

（4）不要向中部槽里装入大块煤或矸石，如若发现就应立即处理，以防损坏刮板链或引起采煤机掉道等事故。

（5）一般情况下不准输送机运送支柱和木料等物。必须运输时，要制定防止顶人、顶机组和顶倒支柱的安全措施，并通知司机。

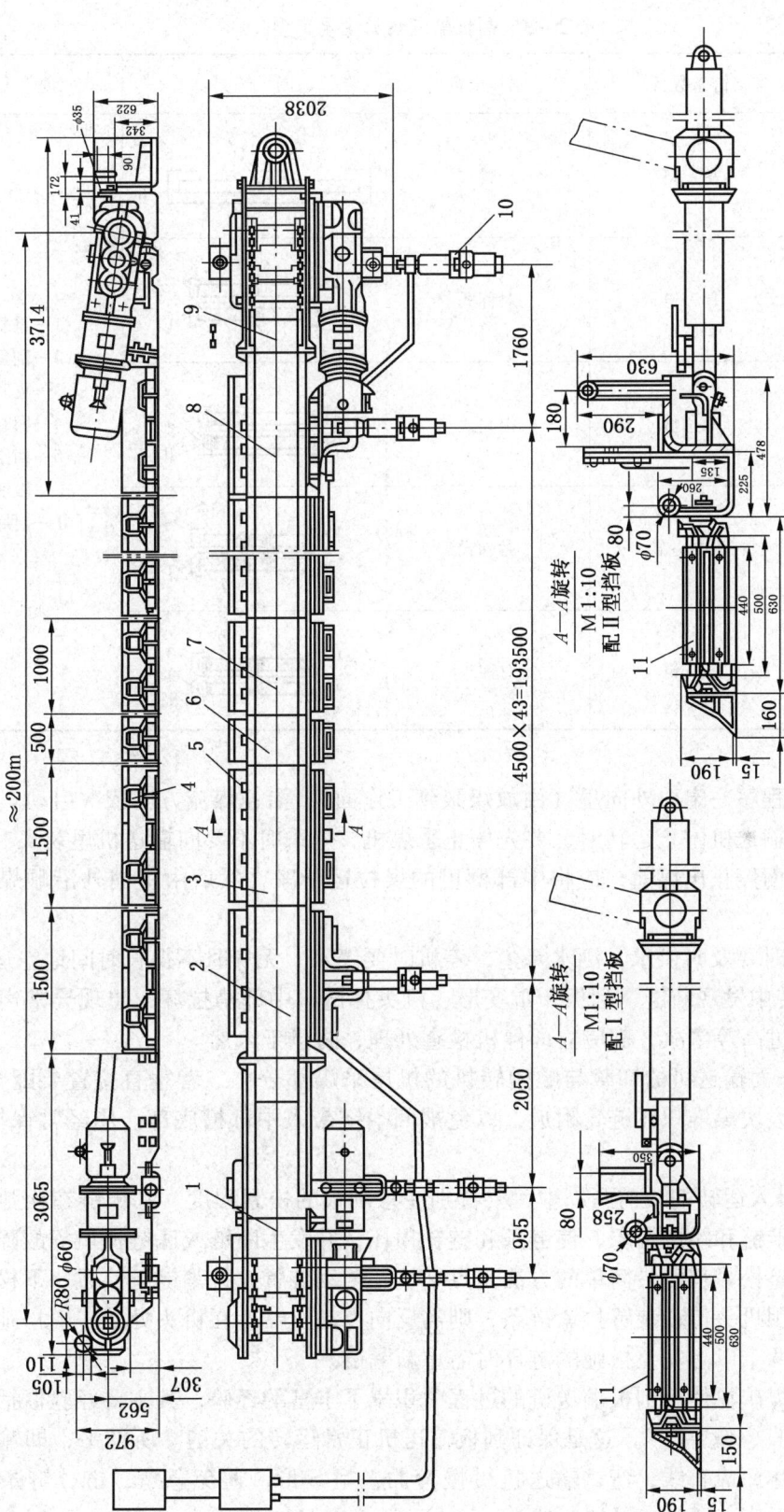

图2-13 SGW-150C型可弯曲刮板输送机

表2-3 刮板输送机的主要类型

类型	链条数目	刮板位置	图例	说明
并列式	单链	悬臂式		1—重载槽 2—刮板 3—重载链 4—回空链 5—回空槽 Ⅰ—敞底式 Ⅱ—封底式
重叠式	单链	对称式		
重叠式	双边链	中间式		
重叠式	双中心链	对称式		
重叠式	三链	对称式		

（6）启动程序一定由外向里（由放煤眼到工作面），沿逆煤流方向依次启动。

（7）刮板输送机停止运转时，要先停止采煤机，炮采时不要向输送机里装煤。

（8）工作面停止出煤前，应将中部槽里的煤拉运干净，然后由里向外沿顺煤流方向依次停止运转。

（9）运转时要及时供水，洒水降尘，停机时要停水。无煤时不得长时间地空运转。

（10）运转中发现断链、刮板严重变形、机头掉链、中部槽拉坏，出现异常声音和有关部位的油温过高等事故，都应立即停机检查处理，防患于未然。

（11）工作面输送机的卸载与顺槽转机的机尾采煤部分，二者垂直位置要配合适当，不能使煤粉、大块煤堆积在链轮附近，以免被回空链带入中部槽底部。应经常保持机头、机尾的清洁。

（12）在投入运转的最初两周中，要特别注意刮板的松紧程度。刮板链在松弛状态下运转时会出现卡链和跳链现象，使链条和链轮损坏，并发生断链或底链掉道等故障。

检查刮板链松紧程度最简单的方法是点动机尾传动装置，拉紧链条，数一下松弛链环的数目。如果用机头传动装置拉紧链条，则需反向点动机器，在机头处数一下松弛链环的数目。当出现两个以上完全松弛的链环时需重新紧链。

我国许多煤矿在使用刮板输送机的过程中积累了丰富的经验，其主要经验概括为4个字，即"平、直、弯、链"，这是保证刮板输送机正常运转的关键。所谓平，即输送机铺得平；直，工作面成直线；弯，输送机缓慢弯曲，呈S形，避免急弯；链，链条装配正确，松紧程度适当，不能过松或过紧。

表 2-4 国产各种类型刮板输送机的主要技术特征

型号		SGD-5.5	SGB-13	SGWD-17	SGD-20B	SGW-44A	SGW-$\frac{40}{80}$T	SGW-150B	SGW-250	SGW-350
运输能力/(t·h⁻¹)		40	30	40	100	150	150	250	600	600
出厂长度/m		40	100	80	120	120	100/160	200	200	200
电动机	功率/kW	5.5	13	17	22	22	40/80	75	125	100+125
	数量/台	1	1	1	1	2	1/2	2	2	1+2
链速/(m·s⁻¹)		0.5	0.4	0.59	0.5	0.8	0.854	0.868	1.0625	0.85
牵引链	型式	片式	模锻	圆环	模锻	圆环	圆环	圆环	圆环	圆环
	数目	1	1	1	1	2	2	2	2	2
	节距/mm	38.1	80	φ14×50	80	φ18×64	φ18×64	φ18×64	φ24×86	φ22×86
	破断力/kN		220	230	220	350	350	350	720	670
	质量/(kg·m⁻¹)		13.2		13.2	19.2	19	18.8	52.08	29
联轴器	型式	木销联轴器	弹性联轴器	胶带联轴器	弹性联轴器	液力偶合器	液力偶合器	液力偶合器	液力偶合器	液力偶合器
	规格					YL-360	YL-400	YL-450	YL-500	750
中间溜槽	尺寸(长×宽×高)/(mm×mm×mm)	2000×317×196.5	2000×282×80	1500×320×140	2500×610×264	1500×620×180	1500×620×180	1500×630×190	1500×750×250	1500×900×240
	槽帮型式	压制V型	压制⌒型	压制∑型	压制⌒型	轧制∑型	轧制∑型	轧制∑型	轧制∑型	轧制∑型
适用范围		0.5 m以上薄煤层短工作面；掘进头；小煤矿	0.5 m以上薄煤层工作面	0.5 m以上薄煤层炮采和机采工作面	0.8 m以上薄煤层炮采工作面	0.75 m以上薄煤层炮采机采工作面	0.8 m以上中厚煤层炮采和机采工作面	0.9 m以上中厚煤层采和综采工作面	1 m以上中厚和厚煤层综采工作面	1.2 m以上中厚和厚煤层综采工作面

2. 刮板输送机的润滑

注油是刮板输送机维护工作的重要一环，因此对各传动部上的润滑点应及时注入规定的润滑油。在注油时应特别注意防止煤粉、杂物等进入减速器等部件内。

液力偶合器的轴承是靠其中的工作油来进行润滑的，工作油为 22 号汽轮机油。

3. 《煤矿安全规程》有关规定

使用刮板输送机运输时，必须遵守下列规定：

（一）采煤工作面刮板输送机必须安设能发出停止、启动信号和通讯的装置，发出信号点的间距不得超过 15 m。

（二）刮板输送机使用的液力偶合器，必须按所传递的功率大小，注入规定量的难燃液，并经常检查有无漏失。易熔合金塞必须符合标准，并设专人检查、清除塞内污物；严禁使用不符合标准的物品代替。

（三）刮板输送机严禁乘人。

（四）用刮板输送机运送物料时，必须有防止顶人和顶倒支架的安全措施。

（五）移动刮板输送机时，必须有防止冒顶、顶伤人员和损坏设备的安全措施。

五、刮板输送机伤人事故的原因及预防

1. 刮板输送机伤人事故的原因

（1）人被转动部分绞伤。转动部分未装设保护罩，机尾未装设保护盖板，人员麻痹大意，不注意安全，或靠近转动部位时违章作业而被转动部分绞伤。

（2）用刮板输送机输送材料时，由于放料和取料的操作方式不当，人被挤在木料和支架、煤壁之间，造成挤伤或撞伤。

（3）人员违章乘坐刮板输送机或在中部槽内行走，当刮板链因某种原因卡住，致使机头或机尾向上翘起，带动刮板链突然向上跳动，将机尾槽内行走或乘坐的人员打伤。

（4）在刮板输送机停止运转时，司机擅自启动输送机，使在中部槽中行走和逗留的人员摔倒，被拉入采煤机或搭接的机头架下面造成人身伤亡事故。

2. 刮板输送机伤人事故预防措施

（1）凡转动或传动部分应按规定设置保护罩或保护栏杆；机尾应设盖板；需横越输送机的行人处必须设置过桥。

（2）不准在输送机中部槽内行走，更不准乘坐刮板输送机。当需要运送长料时，必须制定安全措施。其操作顺序是：放料时，要顺输送机运行方向，先放长料的前端，后放尾端；取料时，先取尾端，严禁先取前端。大件过机头必须停机。

（3）严格执行处理故障、停机检修的制度。停机后开关处要挂上"有人作业禁止开机"牌，并与采煤机闭锁。严禁在运行中清扫刮板输送机。在处理漂链时，不准用脚蹬刮板链。

（4）采煤工作面刮板输送机，必须沿着输送机安设能发出停止或启动的信号装置，发出信号点的间距不得超过 12 m。开机前先发出信号，要使刮板输送机附近的所有人员（包括作业、逗留和行走）都知道，并躲到安全地点后点动试车，待观察没有异常情况时再正式开机。

（5）推移刮板输送机的液压装置必须完整可靠。推移刮板输送机时，必须有防止冒顶

或片帮伤人、损坏设备及挤伤人员的安全措施。刮板输送机机头、机尾必须打牢锚固柱。

（6）刮板输送机两侧电缆要按规定认真吊挂，特别是随工作面移动的电缆要管理好，防止落入中部槽内被刮坏或拉断而造成事故。

（7）必须有维护保养制度，保证设备性能完好。

（8）刮板输送机机头、机尾面积较大，必须按作业规程进行支护。移动机头、机尾时需要回撤的支柱不要回撤得过早，并且移过后要立即补上该支柱。在使用推移千斤顶推移机头、机尾时要缓慢地操作前进，不能挤倒煤壁侧的支柱，以防止发生冒顶伤人。

第三节 转 载 机

一、转载机的工作原理

转载机是机械化采煤运输系统中普遍采用的一种中间转载设备，实际上是一种纵向弯曲、长度较小的重型刮板输送机，此设备呈桥形，故称为桥式转载机。它布置在采煤工作面的下顺槽内，把采煤工作面刮板输送机运出的煤炭转运到顺槽可伸缩带式输送机上，随着工作面的推进和带式输送机的伸缩而整体移动。

转载机与可伸缩带式输送机配套使用时，带式输送机每伸长或缩短一次的距离，应等于转载机与可伸缩输送机的有效搭接长度。当转载机移动（后退或前进）到极限位置时，必须将带式输送机伸长或缩短，转载机才能继续移动与带式输送机配合工作。

随着采煤工作面的推进，顺槽桥式转载机和可伸缩带式输送机要不断地移动和伸缩。由于可伸缩带式输送机的不可伸缩部分长度（全部拆除可伸缩部分后的最小长度）为 50 m 左右，所以当顺槽运输距离小于 60 m 时，不能继续使用可伸缩带式输送机。此时，可将转载机的水平装载段接长，在机头部再增加一套传动装置，单独完成顺槽中的运输任务。有时可将可伸缩带式输送机的储带装置逐段拆除，不必接长转载机的水平装载段，当最后全部拆除可伸缩带式输送机时，可由转载机单独完成顺槽中的运输任务。

二、转载机的结构

目前，我国生产和使用的顺槽转载机主要有两种型号。即 SZQ – 40 型和 SZQ – 75 型桥式转载机，其符号的意义是：S—输送，Z—转载，Q—桥式，40 或 75—电动机功率为 40 kW 或 75 kW。

SZQ – 40 型桥式转载机的结构如图 2 – 14 所示。

SZQ – 40 型桥式转载机主要由机头部、机身部和机尾部等部分组成。机头部搭接在可伸缩带式输送机的结尾两侧的轨道上，并沿此轨道整体移动，机尾部和机身部的水平装载段沿巷道底板滑行。

1. 机头部

机头部是动力源部分，它是由导料槽、机头小车、机头传动装置、链轮、机头架和盲轴组件等部分组成的。机头传动装置由电动机、液力偶合器及减速器组成，用 16 条螺栓连接在一起，再用螺栓将减速器固定在机头架的侧板上。盲轴组件用螺栓固定在机头架另一侧的侧板上。机头架架在机头小车上。

第一部分 初级输送机操作工知识要求

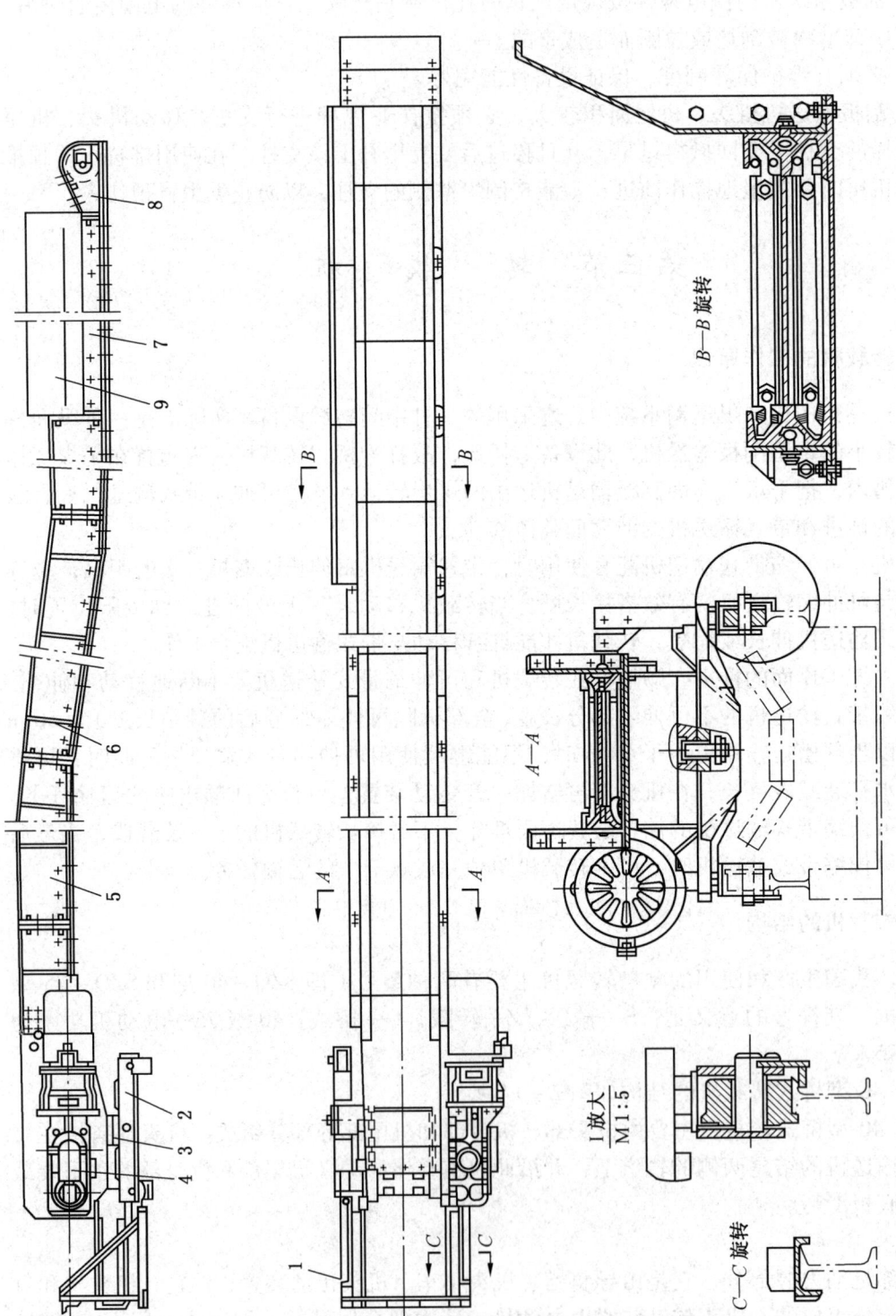

图 2-14 SZQ-40 型桥式转载机

1—导料槽；2—车架；3—横梁；4—机头；5—悬拱段；6—爬坡段；7—水平段；8—机尾；9—挡板

2. 机身部

机身部是由刮板链、中部槽和桥部结构组成。在桥部结构的转折处安装的凹形中部槽和凸形中部槽，以使刮板链能平稳过渡，减少运行阻力和磨损。

3. 机尾部

机尾部由机尾架、机尾轴和压链板等组成。

三、转载机的操作注意事项

1. 转载机司机岗位责任制

（1）司机必须熟悉所操作的转载机的技术特征及安全规程、操作规程及作业规程。

（2）检查工作地点周围的顶板、煤帮、支护及其他安全情况。

（3）按规定检查转载机。

（4）开车时精神要集中，注意启动、停止信号及前部带式输送机的运转情况，及时开停转载机。

（5）注意转载机运煤情况，发现漏煤要及时处理。

（6）发现转载机有异常声响及事故时要及时停机处理。

（7）清理带式输送机机尾和滚筒处的煤粉。

（8）准备零部件及其他易消耗品。

（9）配合检修工人拉转载机。

（10）上井后填写好工作日志。

2. 转载机的操作注意事项

（1）转载机司机必须与工作面刮板输送机司机和运输巷带式输送机司机密切合作，按顺序开机、停机。

（2）开机前必须发出信号，确定对人员无危险后方可启动。

（3）转载机的机尾保护等安全装置失效时，必须立即停机。

（4）检修、处理转载机故障时，必须切断电源，闭锁控制开关，挂上停电牌。

（5）转载机联轴节的易熔塞或易炸片损坏后，必须立即更换，严禁用木头或其他材料代替。

（6）移动转载机前要清理好机尾、机身两侧及过桥下的浮煤、浮矸，保护好电缆、水管、油管并将其吊挂整齐，要检查巷道支护并确保安全的情况下移动转载机。

（7）移动转载机时要保持行走小车与带式输送机机尾架接触良好，不跑偏。移设后，转载机机头、机尾保持平、直、稳，千斤顶活塞杆及时收回。

四、破碎机结构及其工作原理

破碎机是架设于平巷转载机上用来破碎硬煤和大块矸石的一种设备。其作用是防止硬煤和大块矸石砸坏、砸偏带式输送机，保证可伸缩带式输送机的正常运行。

目前，我国煤矿广泛使用的破碎机主要有锤式破碎机、颚式破碎机和轮式破碎机3种。下面以LPS－1000型轮式破碎机为例介绍其结构、工作原理及主要技术特征。

1. LPS－1000型轮式破碎机结构

LPS－1000型轮式破碎机主要由进料部、破碎箱、破碎部、三角输送带、调节器和出料部等组成。

2. LPS-1000 型轮式破碎机工作原理

LPS-1000 型轮式破碎机与转载机配套使用。在煤矸通过转载机输送的过程中，破碎机中部的破碎轴在电动机通过传动比为 3.15∶1 的一对输送带传动装置和 6 条输送带驱动下，呈水平轴线旋转，装在轴上的 4 个破碎刀齿不停地敲打输送过来的大块煤矸，即把煤矸击碎到所要求的块度。根据破碎的块度可以通过调节破碎轴的高度来调整，每挡 40 mm。

3. LPS-1000 型轮式破碎机主要技术特征

破碎能力	1000 t/h
最大输入块度	700 mm × 700 mm
转动惯量	1140 kg·m²
破碎锤数量	4 个
最大输出块度	≤300 mm
破碎主轴转速	468.3 r/min
破碎刀头冲击速度	22.6 m/s
电动机功率	110 kW
外形尺寸（长×宽×高）	4500 mm × 1970 mm × 1819 mm
煤流间隙调节范围	150~350 mm
破碎机总质量	13.92 t

4. 破碎机使用注意事项

（1）破碎机应在无负载条件下启动。首先启动带式输送机，再启动破碎机，然后启动转载机和刮板输送机；停车顺序与启动顺序相反。停车前，必须先空转一段时间，使煤从带式输送机内清除干净，便于设备的检修和下次启动。

（2）在破碎机使用的第一周内，三角输送带的张力应按"安装调试说明书"中有关条款的规定每日进行检查，以后每周检查 2 次。

（3）每天检查夹板（压紧装置）的压紧程度，在工作时不允许有松动现象。每天还应检查破碎刀齿的压紧螺栓和防松垫的松紧程度。

（4）每周应检查 3 次滑动离合器的运转情况，以保证运行的安全。

（5）定期检查轴承的温度，不允许轴承在高于 120 ℃ 条件下工作。在温度高于 80 ℃ 时就需要检查轴承径向游隙。如果轴承径向游隙超过规定值的 10%~17% 时，则需通过调整螺母处理。

第四节　斗式提升机

斗式提升机是一种重要的煤炭运输设备，在煤矿适用于大倾角或垂直提升输送物料，在选煤厂还兼有输送和脱水两种功能。

一、斗式提升机的分类

斗式提升机就其结构和使用范围可分为两种类型：一类是单一运输物料的提升机，或称之为非脱水斗式提升机。它主要用于选煤厂原煤准备车间提升物料。另一类是既运输又脱水的提升机，也可称脱水斗式提升机。它主要与跳汰机或斗子捞坑配合使用，提运选后产品，并进行脱水。

二、斗式提升机的安装使用要求

非脱水斗式提升机斗链提升速度一般在 0.4 m/s 左右，安装倾角可以在 80°以上，如果倾角过小，则杓斗内物料不易卸空。

脱水斗式提升机斗链提升速度常用的有两种，即 0.16 m/s 和 0.27 m/s。提升机安装倾角一般为 55°~70°，提升高度按设计要求安排，斗链均为间隔装配。提升机速度与倾角不宜过大，因为选后产品在提升过程中尚需一定时间和距离进行脱水，前一个杓斗的水不能淋到下一个杓斗中去，以免影响脱水效果。

用于捞坑的脱水式提升机，斗链的安装大部分是连续的，其速度一般均在 0.25 m/s 左右。

三、非脱水式斗式提升机的结构及工作原理

非脱水式斗式提升机主要由五大部件组成，即机头部、箱体、过桥轮、斗链组件和机尾部，如图 2-15 所示。提升机通过电动机和减速机，经一对齿轮驱动机头轮转动，斗链沿着箱体内的轨道绕过机头轮进行物料的提升运输。

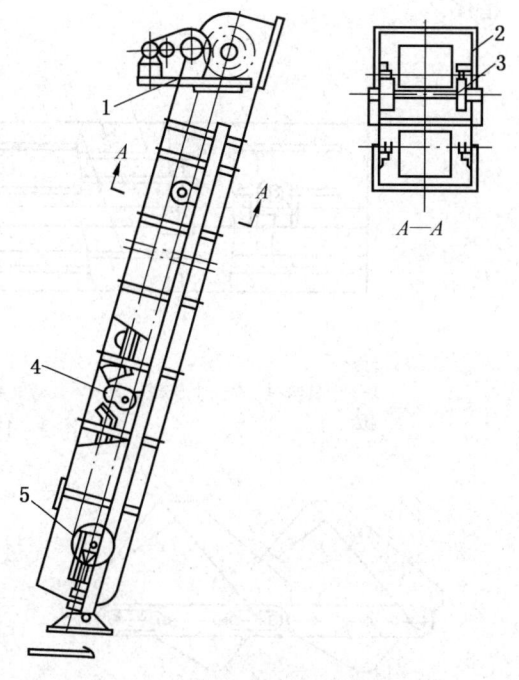

1—机头部；2—箱体；3—过桥轮；
4—斗链组件；5—机尾部

图 2-15 非脱水式斗式提升机

1. 机头部的结构与工作原理

机头部包括头部箱体、机头轮组件和传动系统 3 个部分，如图 2-16 所示。机头轮依靠传动轴两端的滑动轴承座支持，在轴的左端装有棘轮制动器。当提升机中途突然带负荷停车时，棘爪便可制动棘轮，使机头轮部发生倒转，这样可以避免斗链下滑而造成机尾填煤和胀坏箱体等事故发生。在传动轴的右端有一个大齿轮与减速机出轴齿轮相啮合。电动机与减速机的输入轴之间装有安全联轴器，能通过保险销把动力传递给机头轮，驱使其转动。如果设备突然卡阻或超负荷运转时，保险销即被切断，电动机空转，避免发生机械事故。

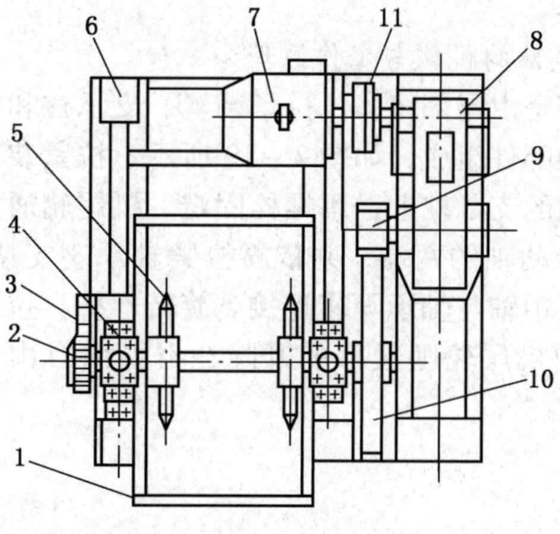

2. 箱体和过桥轮的结构与工作原理

箱体与过桥轮是提升机斗链的主要运行和

1—头部箱体；2—棘轮；3—棘爪；4—轴承座；
5—机头轮；6—机架；7—电动机；8—减速机；
9、10—齿轮；11—安全联轴器

图 2-16 机头部

支撑部件，如图2-17所示。箱体由钢板、角铁和槽钢等焊接而成，并分成若干节段，便于运输和安装。固定上下轨道的角铁安装于箱体内的两侧，用螺栓分别与槽钢连接在一起，轨道和扁钢则用平头螺栓与角钢固定。当轨道磨损后，便可卸掉螺栓进行更换。在上层轨道的上方还装有角钢，使链条在轨道和角钢之间运行，以防止其打叠或折曲后损坏箱体。

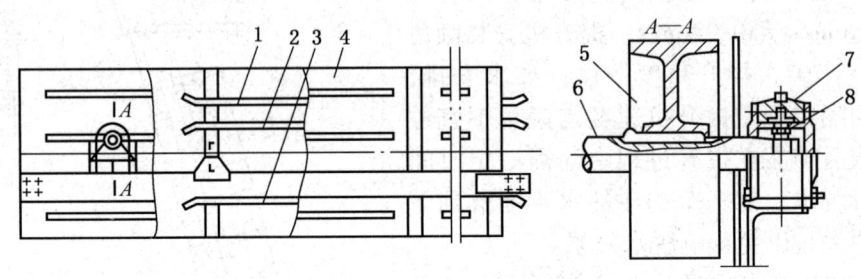

1—压链角铁；2—上轨道；3—下轨道；4—箱体；5—过桥轮；6—轴；7—轴承座；8—轴承

图2-17 箱体和过桥轮

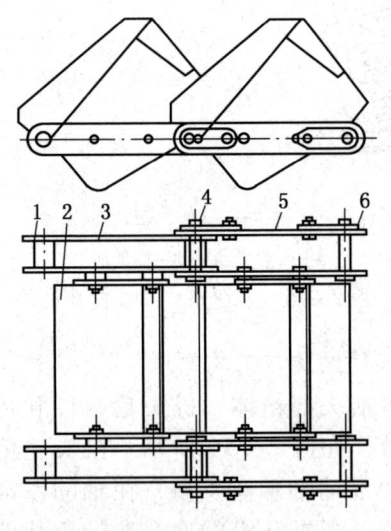

1—小套；2—杓斗；3、5—连接板；
4—小轴；6—止动板

图2-18 斗链组件

在上轨道各连接端之间装有过桥轮，并通过轴承座与斗箱两侧槽钢固定，它是支撑斗链部件之一，并可起到减小运行时斗链与轨道之间的摩擦阻力的作用。

3. 斗链组件的结构与工作原理

斗链组件包括斗子与链条两部分，如图2-18所示。杓斗由螺栓和链条的连接板固定在一起，而链条则由连接板、小轴、小套和止动板与螺栓连接成一个整体。

4. 机尾部的机构与工作原理

机尾部是由尾部箱体、拉紧装置、支承柱和机尾轮等主要部件组成，如图2-19所示。拉紧装置安装在机尾的支承柱上，用螺栓固定。机尾轮通过键安装在传动轴的两端，并依靠拉紧轴承座支持。拉紧丝杆由销轴与轴承耳座连接。旋转丝杆，拉紧轴承座连同机尾轮随丝杆的升降在滑槽内自由移动，以调整斗链的松紧度。

四、脱水式斗式提升机的结构及工作原理

脱水式斗式提升机主要由机头部、箱体、斗链组件和机尾部4个主要部件组成，如图2-20所示。

脱水式斗式提升机通过电动机和减速机，经由滚子链轮与链条带动机头轮转动。斗链沿着箱体内的轨道绕过机头轮进行选后产品的脱水与运输。

第二章 专业知识

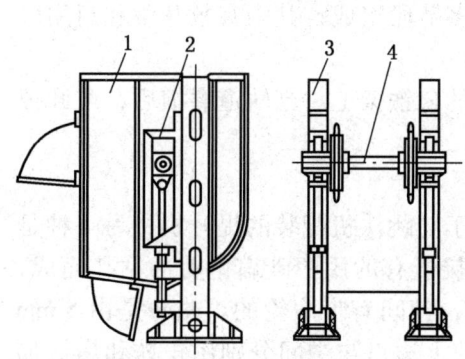

1—机尾箱体；2—拉紧装置；
3—支承栓；4—机尾轮

图 2-19 机尾部

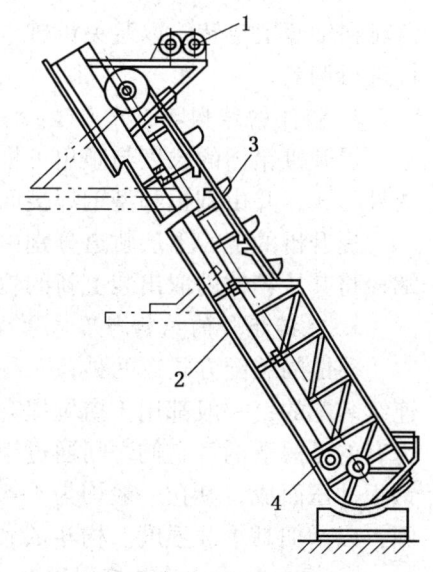

1—机头部；2—箱体；
3—斗链组件；4—机尾部

图 2-20 脱水式斗式提升机

1. 机头部的结构与工作原理

机头部主要包括传动系统、拉紧装置和机架 3 个部分，如图 2-21 所示。传动系统包括电动机、减速机、主动和从动滚子链轮、机头轮等部件。拉紧装置安装于头部机架上。机头轮依靠拉紧轴承座支承。在机头轴的右端装有滚子链轮，并通过链条与减速机输出轴链轮相连接。电动机通过弹性联轴器，经由滚子链轮相连接，并驱使机头轮转动。

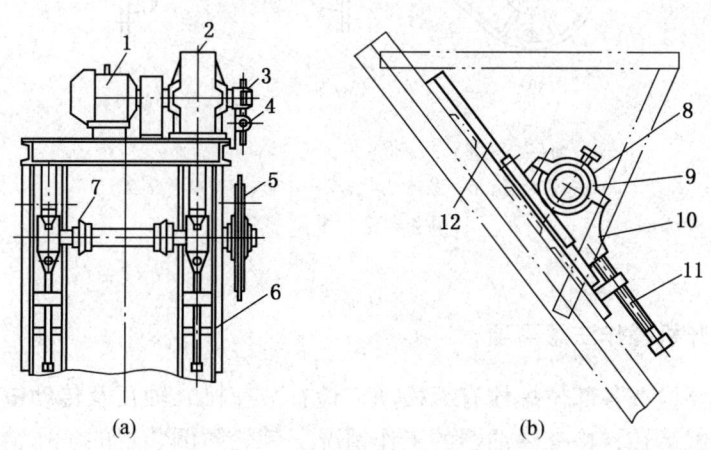

1—电动机；2—减速机；3—主动链轮；4—压紧链轮；5—从动链轮；6—机架；
7—机头轮；8—轴；9—轴瓦；10—轴承座；11—拉紧丝杆；12—导轨

图 2-21 机头部

机头部的传动滚子链轮安装在轴套上，并通过保险销相连接，而轴套则用键与机头轴配装在一起。因此，当提升机超负荷运行或卡斗链时，便会立即切断保险销，使滚子传动链轮在轴套上空转,以避免机械事故的发生。脱水式斗式提升机链条可依靠拉紧装置的丝杆进行调节。

2. 箱体的结构与工作原理

提升机箱体的长度与倾角可根据使用单位要求由多节段组成,其中有敞开段和封闭段两种形式,并由钢板和型钢焊接而成。

提升机的上、下层轨道分别由螺栓固定在箱体内的角铁架上。当轨道磨损后,可卸掉螺栓将其从箱体内取出装上新的轨道和角钢。

3. 斗链组件的结构与工作原理

斗链的装配方式有两种,一种是间隔的,主要用于与跳汰机配装的提升机;另一种是连续装配的,一般都用于捞坑提升机。杓斗链条的连接板有的用中碳扁钢剪冲钻孔而成,也有的是锻造的。它们之间通过销轴或轴套连成一体,其间有带滚轮的。杓斗是由 5 mm 钢板冲压而成,其孔一般均为 4×20 mm 长孔。杓斗的上边口与中间分别用角铁和扁铁加固,以增加其承载强度。杓斗依靠螺栓与链条内侧的连接板固定在一起。

4. 机尾部的结构与工作原理

机尾部包括机尾斗箱和机尾轮两大部分,如图 2-22 所示。机尾轮是斗链的导向装置,它由轴承座支撑。轴承座安装于轮轴的两端,并与机尾斗箱连接,在内孔镶有铜套,以减少多轴的磨损。

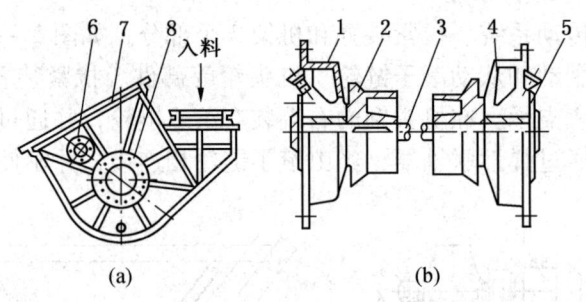

1—轴承座;2—机尾轮;3—轴;4—轴套;
5—密封盖;6—放水法兰;7—斗箱;8—轴承法兰

图 2-22 机尾部

五、斗式提升机操作注意事项

开机前司机要检查各部位螺栓有无松动,检查减速机、轴瓦及传动链条的润滑情况。

开机后,先试运转,检查注油器的工作情况、棘轮防倒装置的工作情况、斗链及传动链条的松紧程度、杓斗紧固情况等,确认带负荷运转无问题后,方可通知给料。

运转过程中司机应站在提升机一侧观察有无刮帮、卡位、堵塞及超负荷运行,并注意链板的运行情况,当发现链板轴脱销时应立即汇报,停机处理。运行中要经常注意倾听电动机、减速机及其他各部位的声响是否正常,发现问题及时汇报处理。

停机前,必须先停止向杓斗给料,待杓斗内物料排净后方可停机。一般情况下脱水式斗式提升机不准带负荷停机。

六、斗式提升机的维护

1. 斗式提升机班检、周检的主要内容

每班必须逐个检查各连接板、销轴与枓斗连接情况。出现窜轴、脱链时，应立即停机处理。当枓斗和链板出现严重变形与弯曲时，应及时更换。每周定班清理机尾箱体内堆积的物料和杂物，以防挤坏枓斗。

2. 斗式提升机运转过程中的维护

斗式提升机在运转过程中，操作人员及检修人员必须严格执行操作规程与检修规程，确保设备正常运转。特别要注意以下几点：

（1）当超负荷运转或卡斗等原因切断保险销时，应按要求更换新的保险销，不能用螺栓代替使用，其材质和加工要求均符合图纸规定。在安装保险销时，两保险销套平面间隙一般应为 0.2~0.5 mm。间隙过大易造成保险销被切断。

（2）枓斗的链条使用一段时间后，便会产生不同程度的磨损。当链条过松造成枓斗刮底，或链条绕过机头轮两侧间隙不一致时，均应通过拉紧装置进行不定期的调整，以保持设备在良好状态下运行。

（3）当斗链使用一段时间后，其销轴和链板孔径磨损超过设备完好标准的规定时，应全部更换。

七、斗式提升机的一般故障处理

（1）斗式提升机枓斗压住或卡住时，必须立即停机处理。处理时，枓斗正面不得站人，以防物料坠落及斗链脱链伤人。

（2）斗式提升机保险销切断时，应立即停止给料，并停机更换。

（3）斗式提升机链板断裂时，应及时停机更换，枓斗两侧链板应同时更换。

第二部分
初级输送机操作工技能要求

第三章

操 作 技 能

第一节 输 送 机 操 作

一、带式输送机的操作

带式输送机司机应做到"三知""四会",即知设备结构、知设备性能、知安全设施作用原理;会操作、会维修、会保养、会排除一般故障。

带式输送机司机必须经过培训,考试合格,持证上岗,必须牢固树立安全第一的思想,严格按《安全操作规程》的要求认真进行操作,严格执行交接班制度,设备交接时要试运转,严格执行岗位责任制。

(一) 带式输送机司机岗位责任制的主要内容

一坚守:坚守工作岗位。

二做到:做到设备清洁完好,做到巷道清洁卫生、无杂物。

三勤快:维护保养要勤快,处理输送带跑偏要勤快,清理机头机尾要勤快。

要熟悉设备性能和构造,达到"四会"要求;掌握运转情况,经常检查各部件和保护系统是否动作可靠,紧固各部螺钉,调正输送带跑偏,调整、清扫和检查张紧装置,保持设备完好状态;清除驱动滚筒至带式输送机机尾范围内浮煤、浮矸,保持机头部设备清洁。

四严格:严格遵守操作规程,严格执行岗位交接班制度,严格执行巡回检查制度,严格遵守劳动纪律。有权拒绝违章指挥和不允许无证人员操作。

(二) 一般带式输送机操作规程的主要内容

1. 开车前应检查的项目与要求

(1) 各部位螺栓齐全紧固。

(2) 清扫器齐全,清扫器与输送带的距离不大于 2~3 mm,并有足够多的压力,接触长度应在 85% 以上。

(3) 机架连接牢固可靠,机头、机尾固定牢固。

(4) 托辊齐全,并与带式输送机中心线垂直。

(5) 输送带张紧力合适(不得打滑、不得超过出厂规定)。

(6) 输送带接头平直、合格。

(7) 油位、油质和油封必须符合规定。

(8) 通信、信号系统可靠无故障。

(9) 各种保护装置齐全、灵敏可靠。

2. 启动运行

(1) 启动前必须与机头、机尾及各装载点取得信号联系，待收到正确信号，所有人员离开转动部位后方可开机。

(2) 注意输送带是否跑偏，各部温度、声音是否正常。

(3) 保证所有托辊转动灵活，机头、机尾无积煤、浮煤。

(4) 操作工离开岗位时要切断电源。

(5) 停机前，应将输送带上的煤拉空。

(三) 大型（强力）带式输送机操作规程的主要内容

1. 熟练掌握信号的使用方法

带式输送机司机必须熟练地掌握信号的使用方法，并按信号要求操作。如收到信号不正常、不明确、有怀疑或收到信号与口头联系不符时不能开机。开机前必须与机头、机尾及各装载点信号人员取得联系，待收到正确信号后方可开机。

2. 根据使用情况决定带式输送机运行速度

(1) 运送煤炭速度：最高不超过原设计速度。

(2) 运送物料速度：最大不超过 2 m/s。

(3) 运送人员（指带式输送机按人设计的）速度：一般为 1 m/s，最大不超过 1.6 m/s。

(4) 根据需要打倒车时的运行速度：最大不超过 1.6 m/s。

3. 带式输送机运行中应注意的问题

(1) 观察指示仪表（特别是电流表）是否正常。

(2) 注意各部位运转声音有无异常。

(3) 根据运行情况及时调整负荷及运行速度。

(4) 运行中发现下列情况应紧急停车：①出现紧急信号；②加、减速过程中出现意外情况；③主要操作机构失灵时，要及时断电停车；④其他意外严重情况。

4. 严格执行巡回检查制度

带式输送机司机执行班中巡回检查制度时，要有固定的时间（每小时一次）、固定的线路、固定的内容。重点检查项目是：

(1) 各高低压开关柜、仪表指示情况。

(2) 快速开关、稳压电源等辅助盘工作情况。

(3) 各发热部件的温度（滑动轴承不大于 65 ℃，滚动轴承不大于 75 ℃）。

(4) 冷却风扇运转情况。

(5) 制动系统是否正常，制动闸间隙是否合适。

(6) 驱动轮、导向轮运转有无异常。

(7) 减速器、联轴器运转是否正常。

(8) 电动机运转状态、整流器工作情况。

(9) 钢丝绳（指钢丝绳牵引输送带输送机）通过驱动轮情况（如断股情况）。

5. 安全注意事项

(1) 每班必须配正、副司机各一人，一人操作，一人监护。

（2）发生紧急停车事故，司机应立即查明情况，情况不清时严禁开机，待事故查清并排除后方可开机。

（3）禁止超负荷运行（以电流不超限为准），如超载应及时调整装煤量。

（4）处理事故时，司机不可擅离岗位。

（5）因停电而停机时，除及时汇报上级外，所有电气设备应打到零位，并坚守岗位。

（6）停机前，应将输送带上的煤卸空。

（四）带式输送机启动、运行、停止时的安全操作事项

（1）启动前先发出信号，警告人员离开带式输送机转动部位。

（2）启动时先点转 1~2 次，听声音，看状态，确认无异常后方可连续运行。

（3）运转中做到三注意：一要注意输送带张紧情况，发现打滑立即处理，处理不了的及时汇报；二要注意输送带运行情况，发现跑偏等异常情况立即处理或及时汇报；三要注意开机、停机信号，不得出现误操作。

（4）停机后应将隔离开关置于零位。

二、刮板输送机的操作

刮板输送机司机必须由经过培训，熟悉和掌握所使用的刮板输送机的性能、结构、工作原理，了解操作规程及维护保养制度，并经考试合格持有司机操作资格证的人员担任。

（一）刮板输送机司机操作规程

1. 准备工作

（1）认真检查传动装置中各部螺栓是否齐全、牢固。

（2）检查通信信号系统是否畅通，操作按钮是否灵敏可靠。

（3）检查减速器油量是否符合规定，检查联轴节及减速器有无渗漏现象。

（4）点动输送机，无问题后试运转 1 圈，细听各部声音是否正常。检查所有链条、刮板连接螺栓有无丢失、松动和弯曲过大等现象。

（5）检查备品、备件是否齐全。

（6）检查文明生产情况。

2. 运行中的注意事项

（1）听清信号，信号不清不准操作。

（2）经常注意电动机减速器的运转声音，如发现异常响声，应立即停机检查，处理后方准重新启动。

（3）经常观察链条、连接环、托叉、护板等的状态，发现问题及时处理。

（4）联轴节的易熔塞不准使用其他材料代替或堵住。

（5）利用输送机运大件时，必须按安全技术措施执行，严禁损坏设备，避免伤人。

3. 停机后的工作

（1）应把刮板输送机中的煤、货输送完毕再停机。

（2）清理机头机尾各部位，不得压埋电动机、减速器，保持良好的文明生产环境。

（3）认真填写工作日志，把当班输送机的运转情况向接班人交代清楚。

（二）刮板输送机司机岗位责任制

（1）熟悉本机的技术特征、安全规程、操作规程，经培训考试合格后，持证上岗操作。

（2）开工前检查好本岗位地点的安全情况，按操作规程的要求检查刮板输送机的各部件。

（3）开机时要点动 1~2 次后再正常启动，防止刮板输送机内有人被拉倒或有卡链吃劲的地方发生断链事故。

（4）在工作中司机要精神集中，时刻注意信号及前部输送机的运转情况，及时开停输送机。

（5）对输送机各部件实行"四检"。

三、斗式提升机的操作

（1）开车前认真做好各项检查工作，检查各部位螺栓有无松动，检查减速器、各轴轴瓦及传动链条的润滑情况，先加油后开车。

（2）检查一切正常后，听准信号才可开机。经试运转，检查注油器工作情况，棘轮防倒装置是否可靠，斗链及传动链条松紧程度，杓斗紧固情况，确认带负荷运转无问题时方可通知给料。

（3）停车前必须先停止向杓斗给料，待斗式提升机内物料排净后方可停机。一般情况下，脱水式斗式提升机不准带负荷停车。斗式提升机停机一段时间后再次启动以捞净沉淀煤泥。

（4）运转过程中，操作人员应站在斗式提升机一侧观察斗式提升机有无刮帮、卡位、堵塞及超负荷运载，并注意链板的运行情况，当发现链板轴有脱销时应立即汇报，停车处理。

（5）运转中要经常注意倾听电机、减速器及斗式提升机各部声响是否正常，发现问题及时汇报处理。

（6）运行中严禁人体或工具触及转动部件。停机时，严禁继续给料。

（7）每班须对链板、小轴、杓斗检查一次，定期对斗式提升机各部位进行检修。

四、转载机的操作

1. 转载机的移动

（1）转载机在采煤工作面巷道中使用时，可按照采煤工艺进行整体移动，当采空区运输巷道进行沿空留巷时，在工作面推进 5 m 的过程中，不必移动转载机；当采空区运输巷随采煤而回撤时，则转载机应与工作面输送机同步前进。由于转载机可伸缩带式输送机的有效搭接长度为 12 m，所以转载机移动 12 m 后，必须缩短带式输送机后才能继续移动。

（2）转载机在采煤工作面平巷中使用时，其移动方法可以由绞车牵引、液压支架的水平油缸和专设推移油缸推移。专设推移油缸放置在平巷的适当地方，推移油缸活塞与转载机连接，另一端与固定在顶底板间的锚固座相连。操纵推移油缸实现转载机的整体移动。

（3）转载机在掘进巷道中使用时，可用绞车牵引移动，也可由掘进机牵引移动。当转载机机头行走小车及传动装置移动到带式输送机机尾末端时，须伸长带式输送机后，转载机才能继续移动。

2. 转载机的安全运行

（1）桥式转载机与破碎机、刮板输送机配套使用时，须按照破碎机、转载机、刮板输送机的顺序依次启动。停车时应按相反顺序进行操作。为了利于转载机的启动，应首先使刮板输送机停车，待卸空转载机溜槽上的物料后，才能使转载机停车。

（2）当转载机溜槽内存有物料时，无特殊原因不应反转。

（3）减速器、链轮轴组、联轴节和电动机等传动装置处必须保证清洁，以防止过热。否则会引起轴承、齿轮和电动机等零部件的损坏。

（4）链条的松紧程度必须合适。

（5）机尾与工作面刮板输送机的搭接位置应保证正确。因转载机机尾卸载处与刮板输送机机头机械铰接在一起，拉移时必须保证输送机过渡段推移同步或超前转载机拉移，否则会造成事故。拉移转载机时，保证行走部在输送带输送机的导轨上顺利移动，若歪斜则必须及时调整。

（6）每次锚固时锚固柱柱窝必须选择在顶底板坚固处，锚固必须牢固可靠。转载机严禁运送材料。

第二节　输送机的维护、检修

一、带式输送机的维护、保养

1. 开车前的检查工作

（1）检查机头、机尾及整台带式输送机的支护情况，支护应完好、牢固，无浮煤、杂物，否则必须经班长、支护工处理后，方准进行工作。

（2）检查电动机、减速器和液力偶合器等各部分的螺栓是否齐全、完整和牢固，有无渗油现象，油位是否正常。

（3）检查清扫装置和各种保护装置是否可靠正常。

（4）检查输送带接头是否良好，输送带上有无割伤输送带的硬物和卡堵现象。

（5）检查输送带拉紧装置是否正常，张紧程度是否合适。

（6）检查各导向滚筒、主动滚筒、托架、吊架和上、下托辊等部件是否可靠、齐全和牢固。

2. 运转维护中应注意的事项

（1）尽量避免频繁启动电动机，一般情况要空载启动。如采用双电动机驱动时，可按前后顺次启动电动机，也可同时启动电动机。为保证两台电动机的实际功率分配合理，必须调整液力偶合器的相应充油量。

（2）带式输送机周围一定要保持清洁，保证电动机、液力偶合器和减速器有良好的散热条件。工作中，电动机的温升不得超过80 ℃，液力偶合器的温升不得超过110 ℃，减速器及各轴承的温升不得超过65 ℃。

（3）在启动运行时应注意：

第一，发出开车信号，示意将开动输送机，以引起带式输送机附近人员的注意。司机应点动2次，再正式运行。对于未使用集中控制的多台带式输送机联合运转时，应按逆煤流方向逐台启动。

第二,送电开车后,司机要随时观察设备运行是否平稳、有无异常,各部运转声音是否正常、有无异响,输送带有无跑偏现象,输送带张紧程度是否适当,各运转部位是否灵活。

第三,经常保持清扫装置工作可靠,巷道无浮煤。

第四,按规定要巡回检查电动机、轴承和减速器的温度。发现输送带上有大块煤、矸石或易割伤输送带的硬物要及时处理,以防损伤输送带和堵卡煤仓(漏斗)。

第五,听清信号,不准误操作。

(4)停机时应注意:

第一,听到停车信号后,应立即停车,以防事故的发生。无信号自动停车时,要将输送带上的煤卸净后再停机。

第二,停机后,司机要认真检查机头部各部件的情况,若发现问题应及时处理。

第三,司机离开工作岗位时,要切断电源,将开关打到零位并进行闭锁,并挂上停电牌。

3. 输送带跑偏和调整

输送带跑偏是最常见的故障,产生跑偏的原因是由于输送带在运行中横向受力不平衡造成的。影响输送带跑偏的因素较多,如装载物偏于一侧、托辊或滚筒安装不正、输送带接口不平直等,都可能造成输送带的跑偏,使输送带一侧边缘与机架相互摩擦而过早地损坏,或使输送带脱离托辊掉下来,造成重大事故。因此,在输送机的安装、运转和维护中,对输送带的跑偏问题应予以足够的重视,发现问题要及时进行调整。其调整的方法是:

(1)应在空载运转时进行调整。一般是从机头部卸载滚筒开始,沿着输送带运行方向先调整回空段,后调整承载段。

(2)当调整上托辊和下托辊时,要特别注意输送带运行的方向。若输送带向右跑偏,那就要在输送带开始跑偏的地方,顺着输送带运行的方向,向前移动托辊轴右端的安装位置,使托辊右边稍向前倾斜,如图3-1a所示。注意,切勿同时移动托辊轴的两端。在调整时要适当多调几个托辊,每个少调一点,这样要比只调1~2个托辊来纠正跑偏的效果好一些。

(3)若输送带在换向滚筒处跑偏,输送带往哪边跑,就把哪边的滚筒轴逆着输送带运行的方向调动一点,也可以把另一边的滚筒轴顺着输送带运行的方向调动一点,如图3-1b所示。每次调整后,应运转一段时间,看其是否调好。确认调好后,还应重新调整刮板清扫装置。

4. 停机时应做的检查工作

(1)机头及储带装置所用连接件和紧固件应齐全、牢靠,防护罩齐全,各滚筒、轴承应转动灵活。

(2)液力偶合器的工作介质液量合适,易熔塞和防爆片应合格。

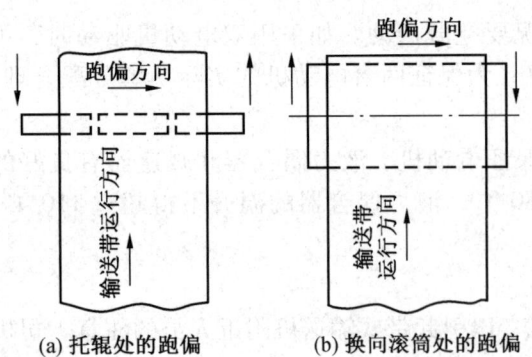

图3-1 输送带跑偏的调整

(3) 制动器的闸带和闸轮接触严密，制动有效。
(4) 减速器内油量适当，无漏油。
(5) 机身各托辊齐全、转动灵活，托架吊挂装置完整可靠，托架平直。
(6) 承载部梁架平直，承载托辊齐全，转动灵活，无脱胶。
(7) 机尾滚筒转动灵活，轴承润滑良好。
(8) 带式输送机前后搭接符合规定。
(9) 输送带接头完好，卡子无折断、松动（硫化热补接头无开胶现象），输送带无撕裂、伤痕。
(10) 输送带中心与前后各机的中心保持一致，无跑偏，松紧合适，挡煤板齐全完好。
(11) 动力、信号、通信电缆吊挂整齐，无挤压、刮碰。
(12) 煤仓上口的栅栏、箅子应完整牢固。
(13) 消防灭火、喷雾灭尘设施齐全有效。

二、带式输送机的检修

带式输送机在使用过程中应进行定期检查，发现问题，及时处理，以保证其正常运行。

1. 司机在交接班时应检查的内容
(1) 检查机头部、张紧装置和机尾附近的浮煤、杂物是否被打扫干净，有无积水。
(2) 检查各传动和转动部分的零件是否齐全、完整和紧固。
(3) 检查减速器的油位是否正常。
(4) 检查输送带的张紧程度是否合适，有无撕裂破坏现象。
(5) 检查机头各部件有无严重变形、开裂和断裂现象。
(6) 空运转 10 min，观察各部件是否正常，各种保护装置是否可靠，控制信号是否良好。
(7) 检查运转日志填写得是否清楚齐全。
(8) 检查工具和零配件是否齐全、完整。

2. 日检
(1) 检查通过传动装置的输送带运行是否正常，有无卡、磨、偏等现象。
(2) 检查减速器、液力偶合器、电动机及所有滚筒轴承的温度是否正常。
(3) 检查清扫装置与输送带接触是否正常。
(4) 检查减速器和液力偶合器是否漏油。
(5) 检查输送带接头是否良好，其张紧程度是否适当，需要时应进行调整。

3. 周检
除包括日检内容外，还应检查以下各项：
(1) 检查减速器的油量，及时补充润滑油。
(2) 检查各连接部位是否正常，检查钢丝绳的磨损情况和滑轮组的转动情况，并清理脏物。
(3) 清理和检查机道。

4. 月检

除包括周检内容外，还应检查以下各项：

（1）检查整个输送机的结构是否完好。

（2）检查上、下托辊的转动情况及连接情况。

（3）检查张紧装置及滑轮的润滑情况，检查钢丝绳的损坏情况与连接情况。

5. 半年检或年检

半年检或年检项目取决于输送机的工作条件，如工作条件较差，对机头部、机尾部、拉紧绞车及张紧绞车等部件，在运转半年后可送地面检查并做必要的修理；当工作条件较好时，对上述部件及卸载滚筒等，在运转1年后可送地面进行年检。

三、带式输送机常见故障及处理

带式输送机常见故障及处理方法见表3-1。

表3-1 带式输送机常见故障及处理方法

故障	原 因	处理方法
电动机启动后主动滚筒空转，输送带打滑	1. 输送带张紧力太小 2. 负载过大	1. 拉紧输送带 2. 减轻负载
减速器漏油	1. 密封圈损坏 2. 减速器箱体结合不严 3. 各轴承盖螺钉不紧	1. 更换 2. 拧紧和调整 3. 拧紧或换垫
托辊不转动	1. 轴承损坏 2. 托辊损坏 3. 托辊内进入杂物	1. 更换 2. 更换 3. 清扫及注油
输送带跑偏	1. 货载装偏 2. 上托辊或下托辊一端移位 3. 输送带接头不平直 4. 机头、机尾滚筒与输送带间有煤等脏物 5. 机头、机尾滚筒的一端有位移 6. 装配不当	1. 装匀货载 2. 调整托辊 3. 更换接头 4. 清理 5. 调整滚筒 6. 按要求重新装配

四、刮板输送机的检修

刮板输送机的定期检修工作是延长机器的使用寿命，保证刮板输送机安全运转的主要手段。检修可分为日检、周检、季检、半年检或大修等几类，其内容如下。

1. 日检

（1）检查减速器的声音正常与否，检查振动、发热和油位情况。要勤摸电动机、减速器、各轴承的温度，一般不超过65℃。

（2）检查减速器和液力偶合器等是否漏油，按规定往各润滑部位注入润滑油脂。

（3）检查刮板链的张紧程度，有无拧麻花现象，链环和连接环有无损坏，刮板有无弯曲和损坏。

（4）检查中部槽的磨损、变形和连接情况。挡煤板和铲煤板有无变形、磨损，连接是否紧固。

（5）检查各部件的连接情况，有无松动和丢损。

2. 周检

除包括日检内容外，还应检查下列内容：

（1）检查减速器的油质是否良好，润滑状况及齿轮啮合情况，以及液力偶合器和减速器等连接螺栓的紧固情况。

（2）查看机头架和机尾架有无损坏、歪斜。

（3）用安培表检查液力偶合器启动是否平稳，各台电动机负荷分配是否均衡，必要时可调整注油量。

（4）测量电动机绝缘，检查开关接头及防爆面的情况。

（5）检查拨链器、压链板的磨损情况，保证正常工作。

3. 季检或半年检

每季度应对橡胶联轴器、液力偶合器、过渡溜槽、链轮和拨链器进行轮换检修一次（拨链器可视磨损情况而定），每半年应对电动机和减速器进行一次全面的检修。

4. 大修

当采完一个工作面后，应将整套设备升井进行全面检修。

5. 刮板输送机的润滑

注油是刮板输送机维护工作的重要一环，因此对各传动部上的各润滑点应及时注入规定的润滑油。在注油时应特别注意防止煤粉、杂物等进入减速器等部件内。液力偶合器的轴承是靠其中的工作油来进行润滑的，工作油是 22 号汽轮机油。刮板输送机各部使用润滑油的规格及注油时间见表 3-2。

表 3-2 刮板输送机润滑油规格及注油时间

机 型	润滑部位	注油点	润滑油牌号	注油时间
SGW-$\frac{40}{80}$T 型	电动机轴承	2	钙钠基润滑脂 ZGN-2	检修时注油
	减速器轴承齿轮	注入箱内	汽缸油 HG-11	检修时注油
	减速器第一轴轴承	1	钙钠基润滑脂 ZGN-2	每月注油一次
	盲轴轴承	1	钙钠基润滑脂 ZGN-2	每月注油一次
	机尾轴承	2	钙钠基润滑脂 ZGN-2	每月注油一次
SGW-150 型	电动机轴承	4	钙钠基润滑脂 ZGN-2	检修时注油
	减速器齿轮	2	汽缸油 HG-11	检修时注油
	减速器第一轴轴承	2	钙钠基润滑脂 ZGN-2	检修时注油
	盲 轴	2	钙钠基润滑脂 ZGN-2	每月注油一次

五、刮板输送机的常见故障及处理

刮板输送机常见故障及处理方法见表 3-3。

表3-3 刮板输送机常见的故障及处理方法

故障现象	产生原因	处理方法
电动机启动不起来	1. 负荷过大 2. 电气线路损坏	1. 减轻负荷，将上槽煤去掉一部分 2. 检查线路，更换损坏零件
电动机发热	1. 超负荷工作时间过长 2. 通风散热条件不好	1. 减轻负荷，缩短超负荷工作时间 2. 清除电动机周围浮煤和杂物
电动机声音不正常	1. 单相运转 2. 接线头不牢	1. 检查处理 2. 接牢
液力偶合器打滑	1. 液力偶合器里的油量不足 2. 中部槽内堆煤过多 3. 刮板链被卡住	1. 补充油量 2. 将中部槽里的煤去掉一部分 3. 检查处理
一个液力偶合器温度过高	1. 两个液力偶合器里的油量不等 2. 联轴器罩内被卡住或涡轮被卡住	1. 调整油量 2. 清除杂物
液力偶合器漏油	1. 注油塞或易熔合金保护塞松动 2. 密封圈及垫圈损坏	1. 拧紧 2. 更换
液力偶合器打滑，温度超过120~140℃，但易熔合金不熔化	易熔合金配方不对	消除打滑原因，更换合格的易熔合金保护塞
减速器声音不正常	1. 齿轮啮合不好 2. 轴承或齿轮磨损或损坏 3. 减速器里润滑油有金属杂物 4. 轴承窜量大	1. 重新调整 2. 修理或更换 3. 清理杂物 4. 调整轴承的轴向间隙
减速器温升过高	1. 润滑油不合格或不洁净 2. 润滑油过多或过少 3. 冷却散热不好	1. 更换合格的润滑油 2. 放出或补充润滑油 3. 清除减速器周围的煤粉和杂物
减速器漏油	1. 密封圈损坏 2. 减速箱体结合面不严，各轴承盖螺钉松动	1. 更换 2. 拧紧螺钉
盲轴轴承温度过高	1. 密封圈损坏，油不洁净 2. 轴承损坏 3. 油量不足	1. 更换 2. 更换 3. 补油
刮板链在链轮处跳牙	1. 连接环安装不正确或圆环链拧麻花 2. 链轮轮齿磨损严重 3. 刮板链过松	1. 重新调整 2. 更换 3. 重新紧链
链子卡在链轮上	拨链器松动、损坏或脱落	1. 拧紧螺栓 2. 更换拨链器

表3-3（续）

故障现象	产生原因	处理方法
刮板链掉道	1. 刮板链过松 2. 刮板弯曲严重 3. 工作面不直，两条链子因受力不均而使刮板倾斜 4. 机身过度弯曲	1. 重新紧链 2. 更换 3. 修直工作面，检查修理刮板链 4. 一次推移距离不要过大，不要有急弯
刮板链过度振动	1. 刮板链运行中受到刮卡 2. 中部槽脱开或连接不平	1. 检查处理 2. 接好中部槽、调平接口

六、斗式提升机的维护与保养

斗式提升机的日常维护非常重要，是正常运转的保证。斗式提升机在运转过程中，操作人员和检修人员必须严格执行操作规程和检修规程，以确保设备正常运转，并注意以下几点：

（1）开车前要认真做好各项检查工作，检查各部位螺栓有无松动，检查减速器、各轴轴瓦及传动链条的润滑情况，先加油后开车。

（2）每班必须逐个检查各连接板、销轴与杓斗连接情况。如出现窜轴、脱链时，应立即停机处理。

（3）当杓斗和链板出现严重变形与弯曲时，应及时更换。在更换时，可先打开机尾箱体盖板或检查孔，把需要更换的斗链通过电动机运到机尾，松落拉紧装置，然后卸掉与杓斗连接的螺栓和链板，取下已变形的斗链，再换上新的。

（4）每周定班清理机尾箱体内堆积的物料与杂物，以防挤坏杓斗。

（5）当超负荷运转或卡斗等原因切断保险销时，应按要求更换新的保险销，不能用螺栓代替使用，其材质和加工要求均要符合图纸规定，在安装保险销时，两保险销套平面间隙一般应在 0.2~0.5 mm 范围之内，如果间隙过大易切断保险销。

（6）杓斗的链条使用一段时间后，便会产生不同程度的磨损。当链条过松造成杓斗刮底时，或链条绕过机头轮两侧间隙不一致时，均应通过拉紧装置进行不定期的调整，以保持设备在良好状态下运行。如果链条过松，当其绕过机头轮时会打滑跳槽，同时也会刮坏杓斗。

（7）当斗链使用一段时间后，其销轴和链板孔径磨损超过设备完好标准的规定时，应全部更换。

七、斗式提升机的检修

斗式提升机的检修内容主要是斗链、链条和保险销的更换。

1. 非脱水式斗式提升机斗链的更换

非脱水式斗式提升机斗链更换的具体步骤是：

(1) 开机尾部箱体的前后盖板。用锤击出尾部链条销轴，并使之脱开。

(2) 从斗式提升机箱体前面把新斗的链条通过销轴与旧斗链条连接。箱体后面的旧斗链用粗麻绳拴住最后一节斗链，用人力往后拉牵。

(3) 正转启动电动机，新斗链沿轨道上引，旧斗链通过人力用氧炔焰割断后运走。然后，再以上述方式连接第二节段新斗链。牵引新的、运走旧的，直至把旧斗链全部拆完，新斗链的最后一个枓斗放在回空段机尾部为止。

(4) 通过销轴汇合机尾部前后枓斗的链条，再填空枓斗，调紧斗链，合上箱体各节段盖板，斗链的更换工作便告结束。

2. 脱水式斗式提升机斗链的更换

脱水式斗式提升机斗链更换的具体步骤是：

(1) 打开机尾检查孔盖板，如图 3-2 所示，把机尾轮 A 处的链板脱开，用钢丝绳将 B 点以下的斗链锁紧在轨道角铁的横担上，再脱开 B 处的链板，这样可以防止 AB 段斗链因脱开而滑落。

(2) 用棕绳拴住 B 点上面的第一节斗链，并设专人用木杠压住电动机的联轴器。

(3) 反转启动电动机，用人力把 B 点以上的斗链往 C 方向拉走，并根据检修空间逐节段将其拆运。在拆卸斗链过程中，应特别注意启动电动机与压杠的两个人步调必须一致。当电动机停转时，压杠人员迅速将联轴器闸住，以免斗链打滑。

(4) 把箱体内回空段 A 点脱开的那节斗链倒至 D 点为止，脱开并运走已卸下的斗链，然后，把 B 点以上斗链与 AB 段斗链连接，去掉原先锁紧在角铁架上的钢丝绳。

(5) 正转启动电动机，继续把 AB 段的斗链从 A 点牵引到 B 点。当 AB 段的最后一节斗链引至 B 点时，应反转电动机，按上述方法分节段卸下并拉走斗链，一直

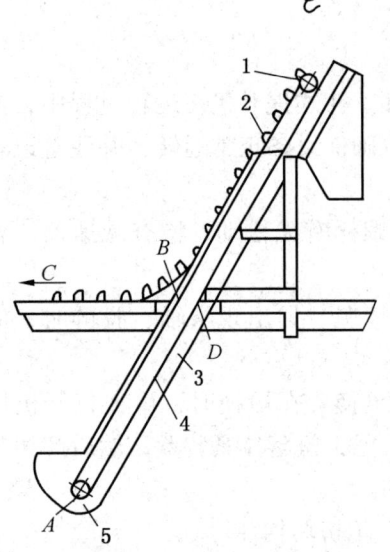

1—机头轮；2—上层斗链；3—箱体；
4—回空段（下层）斗链；5—机尾轮

图 3-2 斗链安装示意图

卸到机头轮斗链回空段只剩 3~4 个枓斗为止。

(6) 用钢丝绳拴住回空段最后一节斗链，并将其在下方留住，然后慢慢松闸，逐渐松放钢丝绳，最后，把剩下的最后一节斗链卸完。

3. 斗式提升机检修应注意的安全问题

(1) 斗式提升机检修时必须严格执行"停电挂牌"制度，必要时需设专人监护或给断电装置加锁。人员进入机壳工作时，上下必须有完善的联系电铃及信号设备，工作时必须有专人负责安全监督工作。

(2) 机壳内进行电焊时下面禁止有人工作。检修完毕后应清理工作现场，清点工作人员及工具，不得将杂物及工具遗留在设备内，经检查确认无误后方可通知有关部门送电试车。

(3) 斗式提升机枓斗压住或卡住时，必须立即停车处理。处理时，枓斗正面不得站

人，以防物料坠落及斗链脱链。

（4）发生保险销切断事故时，应立即停机处理，并向上级汇报。

（5）发现链板断裂时应及时停机更换，杓斗两侧链板应同时更换。

八、破碎机的运行与维护

1. 破碎机的安全运行

（1）严禁操作人员和其他人员靠近正在工作的破碎机，防止转动部分伤人及飞溅的煤、矸石伤人。

（2）破碎机前后都应挂挡帘，以防破碎煤、矸石飞出伤人。

（3）当破碎机被大块矸石或其他杂物卡住时，严禁用手或其他工具去搬撬，一定要先停机，后处理。

（4）当发现破碎机前面有人被转载机拉倒时，应立即停止破碎机和转载机的运转。

（5）检修破碎机或更换破碎刀齿时，一定要先断电。特别是在更换破碎刀齿时，一定要等检修人员更换完毕，并且撤离到安全地点以后再送电试车。在转载机上或在带式输送机检修或处理破碎机问题时，应该停止转载机和带式输送机运转。

2. 破碎机的维护与保养

（1）破碎机应在无负载条件下启动。首先启动带式输送机，再启动破碎机，然后启动转载机和刮板运输机；停机顺序与启动顺序相反。停机前，必须首先空转一会儿，使煤从带式输送机内清除干净，便于设备的检修和下次启动。

（2）在破碎机使用的第一周内，三角输送带的张力应按有关规定每日进行检查，以后每周检查2次。

（3）每天检查各夹紧板（压紧装置）的压紧程度，在工作时不允许有松动现象。每天还应检查破碎刀齿的压紧螺栓和防松垫的松紧程度。

（4）每周应检查3次滑动离合器的运转情况，以保证运行的安全。

（5）定期检查轴承的温度，不允许轴承在高于120℃条件下工作。在温度高于80℃时就需要检查轴承径向游隙。如果轴承径向游隙超过规定值的10%~17%时，则需通过调整螺母来处理。

（6）破碎机的保护网和安全装置应保持完好，在工作过程中要经常检查，如有损坏应立即停机处理。

九、转载机的维护与保养

1. 转载机的运转维护

（1）保持转载机及其他设备、管线路的整洁完好，以便运转、维修和移动。

（2）经常检查刮板链的张紧程度，发现松弛时应立即调整。

（3）经常检查链轮和刮板链的紧固情况，应及时拧紧松动的螺栓，有损坏或变形的，应及时修理或更换。

（4）经常检查悬拱部分和爬坡段有无异常现象，溜槽两侧挡板和封底板的连接螺栓有无松动，如发现上述情况应立即处理。

（5）经常检查机头小车、导料槽的移动是否灵活可靠，带式输送机机尾两侧的轨道是否稳妥，严防机头小车和导料槽发生卡碰和掉道。

（6）用钢丝绳牵引移动转载机时，应使作用力对中，不准把钢丝绳挂钩挂在机头小车的横梁上，一定要挂在机头架两侧板上的孔内。

（7）转载机的水平段应与工作面刮板输送机的卸载位置配合适当，保证煤能准确地装入转载机的水平装载段之内，以防抛撒堆积。

（8）停机前要将溜槽中的煤运完，以避免下次满载启动。

（9）经常检查机头部和机尾部的运转情况，并按规定注油。

2. 转载机的润滑

桥式转载机的注油牌号及注油时间见表3-4（表3-4是按铺设长度60 m，采用双电动机传动时考虑的）。

表3-4 桥式转载机注油表

注油部位	注油点数	润滑油牌号	注油时间
电动机轴承	2	钙钠基润滑脂ZGN-2	检修时注油
减速器齿轮	2	汽缸油HG-24	检修时注油
减速器第一轴承	1	钙钠基润滑脂ZGN-2	每月注油一次
机头轴和盲轴轴承	2	钙钠基润滑脂ZGN-2	每月注油一次
机尾轴轴承	2	钙钠基润滑脂ZGN-2	每月注油一次

十、转载机的检修

1. 检修转载机时的注意事项

（1）在连接刮板链时，刮板链的连接螺栓头应朝运行方向，以增加连接的牢固性。

（2）链条不许有拧麻花的现象，刮板链在上槽时，连接环的突起部分应向上，立链环的焊口应向溜槽中心线，以减少链环的磨损，延长使用寿命。

2. 转载机的班检与日检

班检的内容：

（1）目测检查溜槽、拨链器、护板等有无损坏。检查挡板的连接螺栓，如有松动必须拧紧，如有折断必须更换，保证连接可靠。

（2）目测检查刮板链、刮板、接链环是否损坏，任何弯曲的刮板都必须更换。

（3）目测检查电动机供电电缆有无损坏；检查连接罩内部及通风格内有无异物，有异物时要清理，保持良好的通风。

（4）检查接地保护是否可靠。

日检的内容：

（1）重复班检内容。

（2）参照《安装调试说明书》检查减速器。

（3）运行时目测检查刮板链张力，如果机头下面链条下垂超过2个环，必须重新张紧刮板链。

（4）检查刮板链是否能顺利通过链轮，拨链器的功能是否良好。

（5）检查链轮轴组是否过热。

（6）目测检查减速器有无漏油现象。

3. 转载机常见故障及其处理方法

桥式转载机常见故障及其处理方法见表3-5。

表3-5 桥式转载机常见故障及其处理方法

故 障	原 因	处 理 方 法
液力偶合器严重打滑，转载机无法启动	1. 液力偶合器充油量不足 2. 溜槽里的煤量过多 3. 刮板链被卡住 4. 紧链器处于工作位置	1. 补油 2. 从溜槽里擓出一部分煤炭 3. 处理被卡的刮板链 4. 将紧链器手把扳到工作位置
减速器有明显噪声，箱体发热严重	1. 齿轮啮合不正常 2. 齿轮或轴承过度磨损 3. 润滑油过脏或变质	1. 重新装配 2. 更换磨损件 3. 更换
刮板链在链轮处跳牙	1. 连接环安装不正确 2. 圆环链拧成麻花 3. 链轮轮齿磨损 4. 刮板链过松	1. 重新调整 2. 重新调整 3. 修理或更换 4. 重新紧链
中间悬拱部分有明显下降	1. 连接螺栓松动或脱落 2. 连接挡板焊缝断裂	1. 拧紧或补上 2. 更换
机尾滚筒不转	1. 有物料刮卡 2. 轴承损坏	1. 消除被卡物 2. 更换

第三部分
中级输送机操作工知识要求

第四章 基础知识

第一节 机械制图

一、工程上常用的投影图

1. 透视图

用中心投影法将物体投射到单一投影面上得到的图形称为透视图,如图4-1a所示。透视图与人的视觉习惯相符,能体现近大远小,所以形象逼真,具有强烈的立体感,但作图比较麻烦,且度量性差,常用于绘制机械或建筑工程的效果图,如图4-1b所示。

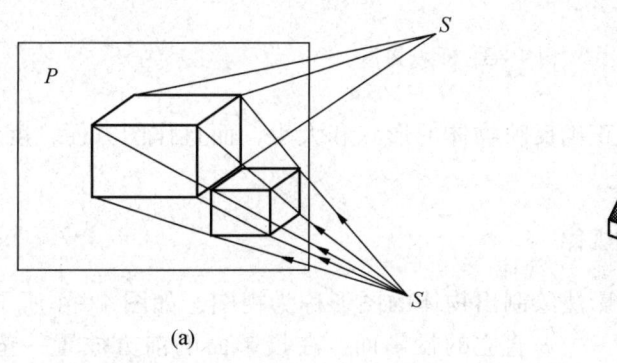

(a)   (b)

图4-1 透视图

2. 轴测图

用平行投影法将物体投射到单一投影面上所得到的图形称为轴测图。

如图4-2a所示,物体上互相平行且长度相等的线段,在轴测图上仍互相平行,长度相等。轴测图虽然不符合近大远小的视觉习惯,但仍具有很强的直观性,所以在工程上特别是机械图样中应用广泛,如图4-2b所示。

3. 多面正投影图

由正投影法所得的图形称为正投影图,如图4-3a所示。用正投影法将物体分别投射到相互垂直的几个投影面上,如V、H、W面,得到三个投影,然后将H、W面旋转,使其与V面在一个平面内。这种用一组投影表达物体形状的图,称为多面正投影图,如图4-3b所示。

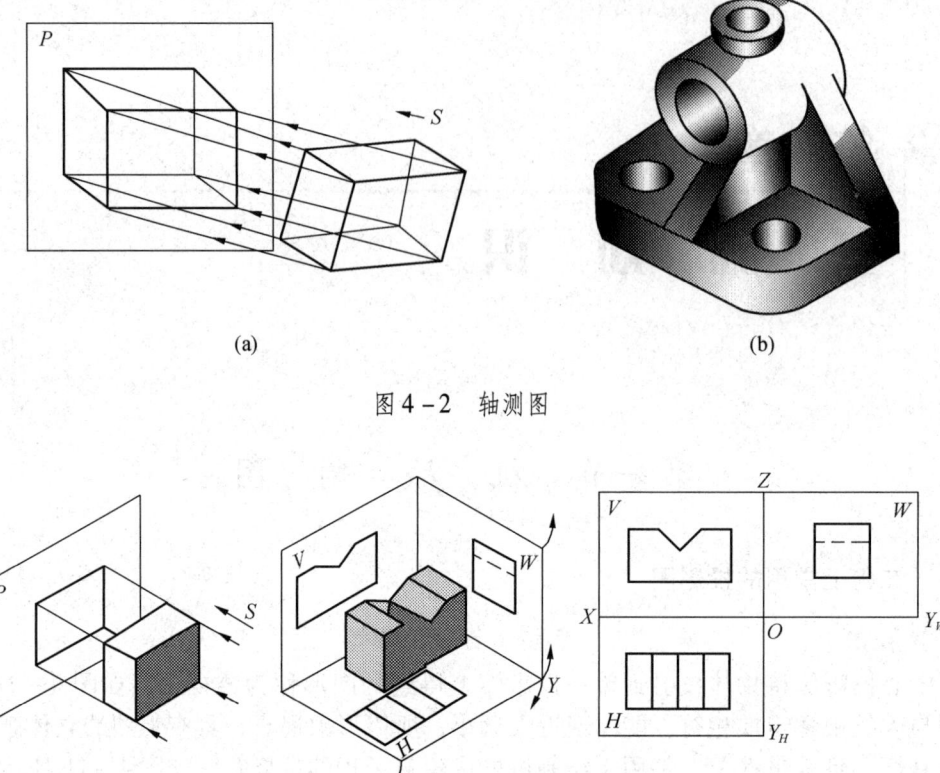

图 4-2 轴测图

图 4-3 正投影图

正投影图直观性不强，但能正确反映物体的形状和大小，而且作图方便，度量性好，在工程上得到广泛应用。

二、正投影和三视图的投影规律

根据有关标准规定，用正投影法绘制出物体的图形称为视图，如图 4-4 所示。设有一直立的投影面，在投影面的前方放置一垫块，并使垫块的前面与投影面平行，然后用一束互相平行的光线向投影面垂直投射，在投影面上得到的图形就称为垫块的正投影。

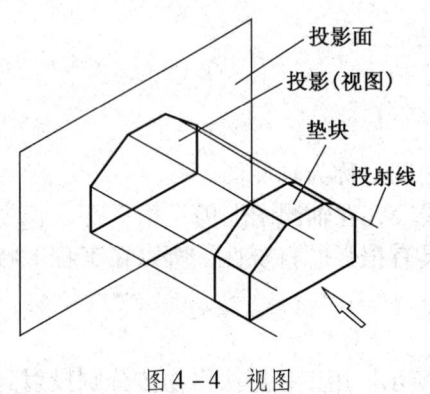

图 4-4 视图

用正投影法在一个投影机上得到的一个视图，只能反映物体一个方向的形状，不能完整反映物体的形状。如图 4-4 所示，垫块在投影面上的投影只能反映其前视面的形状，而顶面和侧面的形状无法反映出来。因此，要表示垫块完整的形状，就必须从几个方向进行投射，画出几个视图，通常用三个视图表示，如图 4-5 所示。

根据三视图之间的投影关系，可归纳出以下 3 条投影规律：

第四章 基础知识

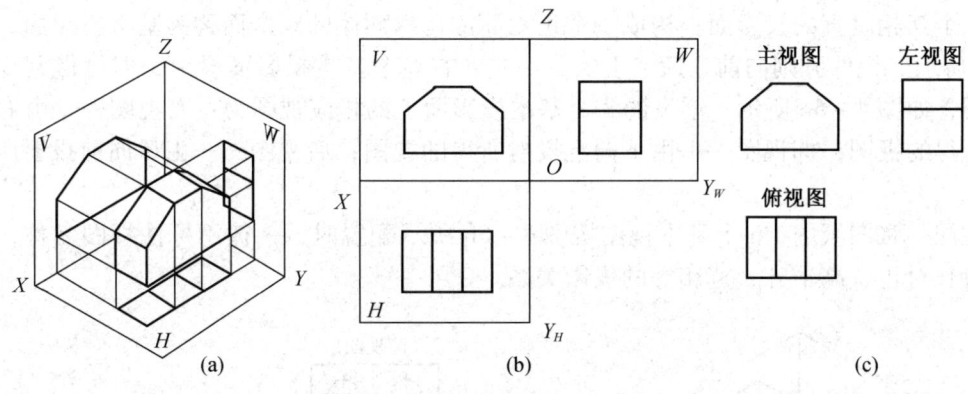

图 4-5 三视图

（1）主视图与俯视图反映物体的长度——长对正；
（2）主视图与左视图反映物体的高度——高平齐；
（3）俯视图与左视图反映物体的宽度——宽相等；
"长对正、高平齐、宽相等"的投影对应关系是三视图的重要特性，也是读图的依据。

三、读图的基本方法

（一）形体分析法

读图的基本方法与画图一样，主要也是运用形体分析法。在反映形状特征比较明显的主视图上按线框将组合体划分为几个部分，然后通过投影关系，找到各线框在其他视图中的投影，从而分析各部分的形状及它们之间的相互位置，最后综合起来，想象组合体的整体形状。

（二）面形分析法

读图时，对比较复杂的组合体中不易读懂的部分，还常应用面形分析法来帮助想象和读懂某局部的形状。

1. 分析面的形状

当基本体或不完整的基本体被投影面垂直面切割时，与截平面倾斜的投影面上的投影成类似形。

2. 分析面的相对位置

视图中每个线框表示组合体上的一个表面，相邻两线框（或大线框里有小线框）通常是物体上不同的两个表面。

四、机件外部形状的表达——视图

视图是根据有关国家标准和规定用正投影法绘制的图形。在机械图样中，主要用来表达机件外部结构形状，一般仅画出可见部分，必要时才用虚线画出不可见部分。视图的基本表示法应遵循 GB/T 17451—1998 的规定。

1. 基本视图

将机件向基本投影面投射所得的视图称为基本视图。在原有 3 个投影面的基础上，再增设3个互相垂直的投影面,构成一个正六面体,六面体的6个面称为基本投影面,如图4-6a所示。机件分别向前、后、上、下、左、右6个基本投影面投射,即可得到6个基本视图,如图4-6c所示。增设的3个基本投影面上的相应视图为:右视图——由右向左投射所得的视图;仰视图——由下向上投射所得的视图;后视图——由后向前投射所得的视图。

在同一张图纸内,6个基本视图按图4-6b所示配置时,一律不标注视图名称,它们仍保持长对正、高平齐、宽相等的投影关系。

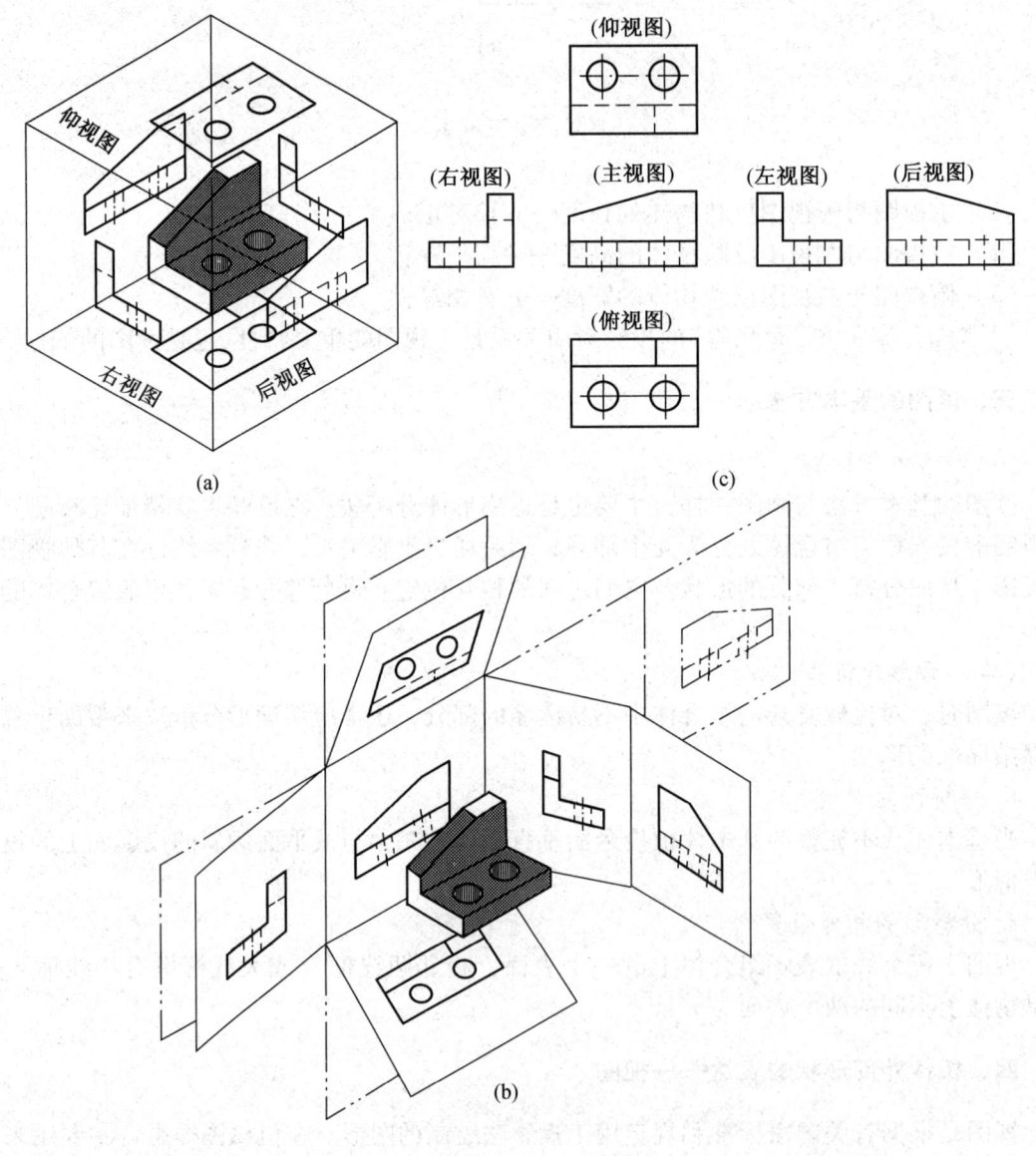

图4-6 基本视图

2. 向视图

向视图是可自由配置的视图。为便于读图,应在向视图的上方用大写拉丁字母标出该向视图的名称，并在相应的视图附近用箭头指明投射方向，注上相同的字母，如图 4-7 所示。

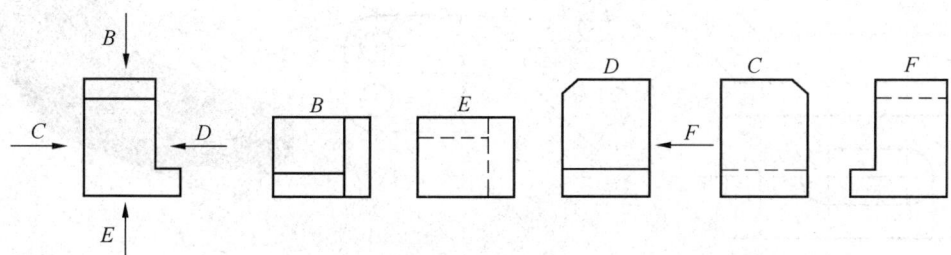

图 4-7 向视图

3. 局部视图

当采用一定数量的基本视图后，机件上仍有部分结构形状尚未表达清楚，而又没有必要再画出完整的其他基本视图，可采用局部视图来表达。

局部视图是将机件的某一部分向基本投影面投射所得的视图，如图 4-8、图 4-9 所示。

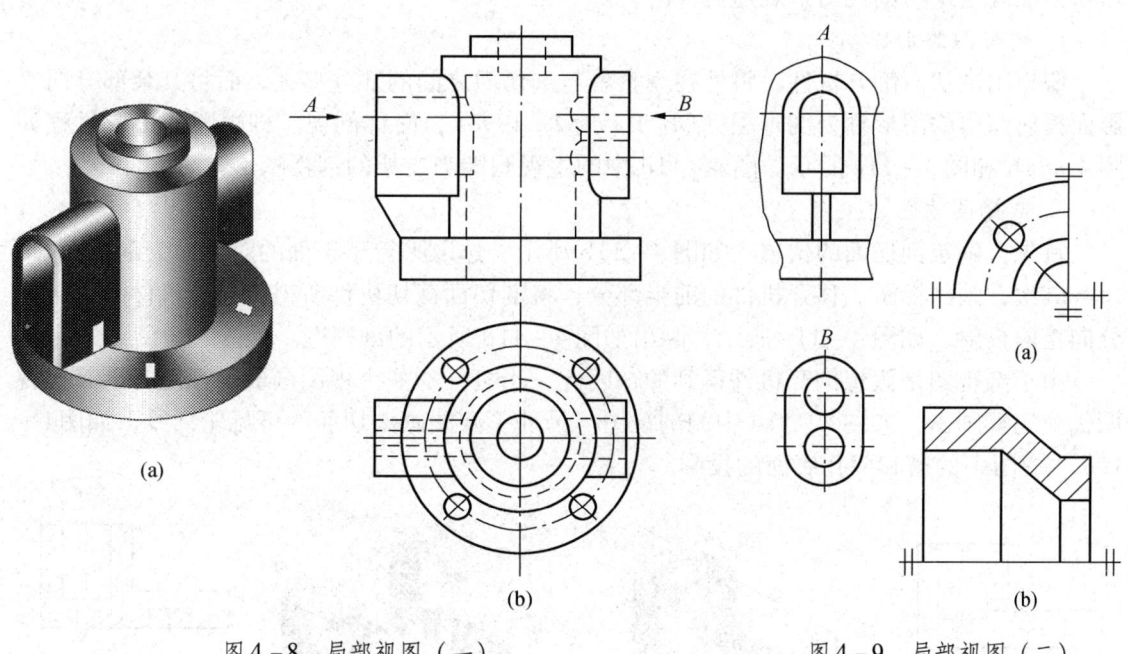

图 4-8 局部视图（一）　　　　图 4-9 局部视图（二）

4. 斜视图

当机件上有倾斜于基本投影面的结构时，为了表达倾斜部分的真实形状，可设置一个与倾斜部分平行的辅助投影面，再将倾斜结构向该投影面投射。这种将机件向不平行于基本投影面的平面投射所得的视图称斜视图，如图 4-10 所示。

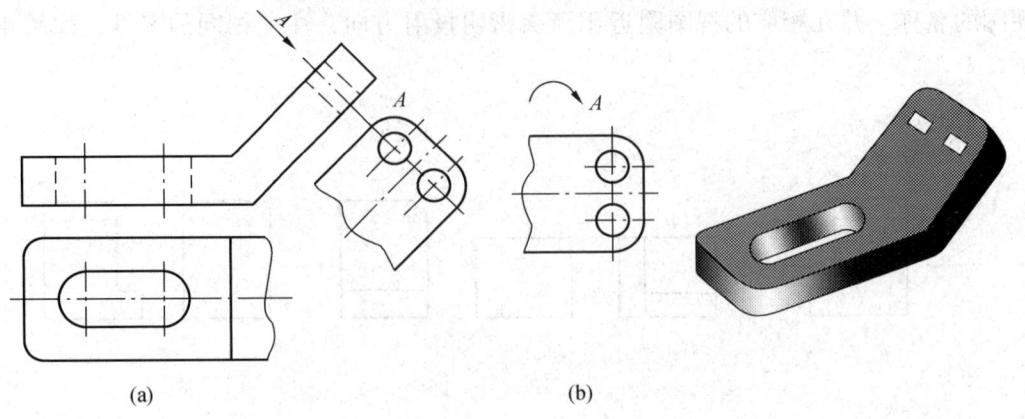

图 4-10 斜视图

五、机件内部形状的表达——剖视图

用视图表达机件形状时，对于机件上不可见的内部结构（如孔、槽等）要用虚线表示，如图 4-11a 所示支架的主视图。但如果机件的内部结构比较复杂，图上会出现较多虚线，有些甚至与外形轮廓重叠，既不便于画图和读图，也不便于标注尺寸。为此，可按国家标准规定采用剖视图来表达机件的内部形状。

1. 剖视图的形成

假想用剖切面剖开机件，将处在观察者与剖切面之间的部分移去，而将其余部分向投影面投射而得的图形称为剖视图（GB/T 17452—1998），简称剖视。剖视图的形成过程如图 4-11b 和图 4-11c 所示。图 4-11d 中的主视图即为支架的剖视图。

2. 剖视图的画法

首先，确定剖切面的位置。如图 4-11b 所示，选取平行于正面的对称面为剖切面。

其次，画剖视图。移开机件的前半部分，将剖切面截切机件所得断面及机件的后半部分向正面投射，如图 4-11c 所示，画出如图 4-11d 所示的剖视图。

由于剖视图是假想剖开机件得到的，因此，当机件的一个视图画成剖视图时，其他视图仍应完整画出，如图 4-11d 中的剖视图。另外不要漏画剖切面的可见轮廓线，如图 4-11d 主视图中的槽和两孔底面的投影。

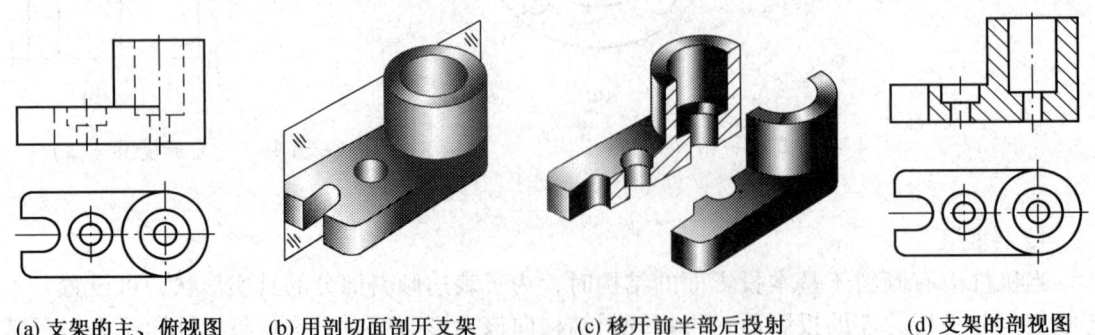

(a) 支架的主、俯视图　(b) 用剖切面剖开支架　(c) 移开前半部后投射　(d) 支架的剖视图

图 4-11 剖视图的形成

最后，画剖面符号。剖视图中，剖切面与机件的接触部分（即断面图形内）要画出与材料相应的剖面符号，国家标准规定了各种材料的剖面符号。

3. 剖视图的种类

根据剖切范围的大小，剖视图可分为全剖视图、半剖视图和局部剖视图。

六、机件断面形状的表达——断面图

假想用剖切面将机件的某处切断，仅画出其断面的图形，称为断面图，简称断面。

如图4-12a所示的轴，为了表示键槽的深度和宽度，假想在键槽处用垂直于轴线的剖切平面将轴切断，只画出断面的形状，并在断面上画出剖面线，如图4-12b所示。

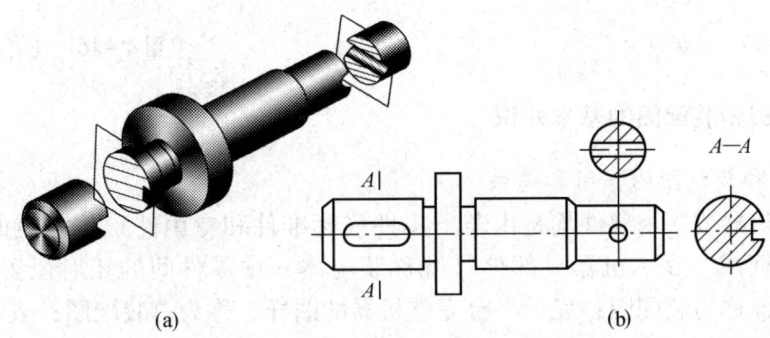

图4-12 断面图

根据断面图配置位置的不同，可分为移出断面和重合断面两种。

七、机件局部细小结构的表达——局部放大图

当机件上某些局部细小结构在视图上表达不够清楚又不便于标注尺寸时，可将该部分结构用大于原图形所采用的比例画出，这种图形称为局部放大图，如图4-13~图4-16所示。

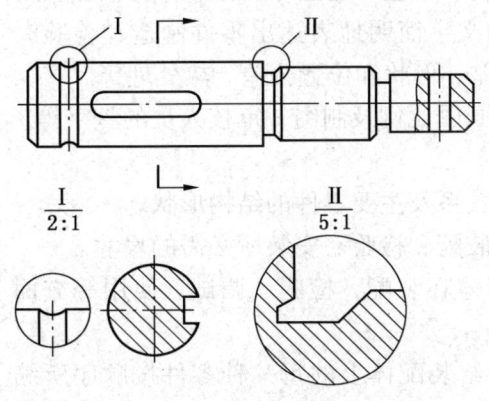

图4-13 局部放大图（一）

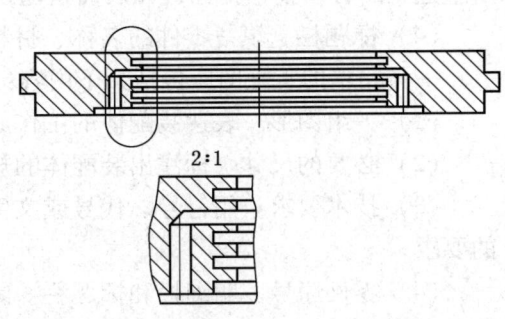

图4-14 局部放大图（二）

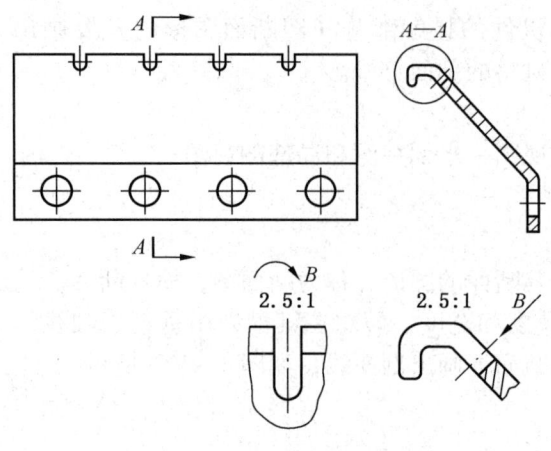
图 4-15 局部放大图（三）

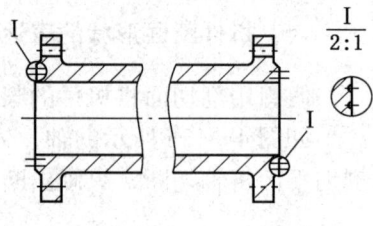
图 4-16 局部放大图（四）

八、零件图和装配图的基本知识

1. 零件图和装配图的作用和关系

任何一台机器或一个部件均是由若干零件（标准件和专用件）按一定的装配关系和使用要求装配而成。表示机器或部件（统称装配体）中零件间的相对位置、连接方式、装配关系的图样称为装配图；表示一台完整机器的图样，称为总装配图；表示一个部件的装配图，称为部件装配图。表示零件结构、大小及技术要求的图样称为零件图。

装配图和零件图是机械图样中两种主要的图样。零件图表达零件的形状结构、尺寸和技术要求，是加工制造零件的依据；装配图表达零件的装配关系、工作原理和技术要求。设计时，先依据使用要求画出装配图，再依据装配图画出零件图。装配时，要根据装配工艺将零件装配成机器或部件。因此，零件图与装配图之间的关系十分密切。

2. 零件图和装配图的内容

零件图和装配图所表达内容各有侧重。一张完整的零件图包括下列内容：

（1）一组图形。选用视图、剖视图、断面图等适当的表示法，将零件的内、外结构形状正确、完整、清晰地表达出来。

（2）全部尺寸。正确、完整、清晰、合理地标注零件在制造和检验时所需要的全部尺寸。

（3）技术要求。用规定的符号、标记、代号和文字简明地表达出零件制造和检验时所应达到的各项技术指标，如表面粗糙度、尺寸公差、形状和位置公差、热处理等。

（4）标题栏。填写零件的名称、材料、质量、画图比例及制图、审核人员的签字等。

一张完整的装配图应包括如下内容：

（1）一组图形。表达装配体的工作原理、装配关系及主要零件的结构形状。

（2）必要的尺寸。标注出装配体的规格性能及装配、检验、安装所必需的尺寸。

（3）技术要求。用符号、代号或文字说明装配体在装配、检验、调试、使用等方面的要求。

（4）零件序号、明细栏和标题栏。零件序号是给装配体上的每一种零件按顺序所编的号。明细栏用来说明对应零件的序号、代号、名称、数量、材料等。装配图的标题栏与零件图的标题栏基本相同。

九、读零件图

零件图是制造和检验零件的依据。读零件图的目的就是根据零件图想像零件的结构形状、了解零件的尺寸和技术要求。读零件图时,应联系零件在机器或部件中的位置、作用,以及与其他零件的关系,才能理解和读懂零件图。识读零件图的一般方法和步骤如下。

1. 概括了解

看标题栏了解零件名称、材料和比例等内容。从名称可判断该零件属于哪一类,从材料可大致了解其加工方法,从比例可估计零件的实际大小,然后对照装配图了解该零件在机器或部件中与其他零件的装配关系等,从而对零件有初步的了解。

2. 视图表达和结构形状分析

分析零件各视图的配置以及视图之间的关系。运用形体分析法和面形分析法读懂零件各部分结构,想象零件形状。零件的结构形状是读零件的重点,组合体的读图方法,仍适用于读零件图。读图的一般顺序是先整体,后局部;先主体结构,后局部结构;先读懂简单部分,再读懂复杂部分,解决难点。

3. 尺寸和技术要求分析

分析零件的长、宽、高三个方向的尺寸基准,从基准出发查找各部分的定型和定位尺寸。分析尺寸的加工精度要求及其作用,必要时还要联系与该零件有关的零件一起分析,以便深入理解尺寸之间的关系,以及所标注的尺寸公差、形位公差和表面粗糙度等技术要求的设计意图。

4. 综合归纳

零件图表达了零件的结构形状、尺寸及其精度要求等内容,它们之间是相互关联的。读图时应将视图、尺寸和技术要求综合考虑,才能对所读零件图形成完整的认识。

十、读装配图

读装配图,要求了解装配图的名称、用途、性能、结构和工作原理,读懂各主要零件的结构形状及其在装配体中的功用,明确各零件之间的装配关系、连接方式,了解装、拆的先后顺序。

读装配图的方法和步骤:

(1) 概括了解。从标题栏中了解装配体的名称和用途。从明细栏和序号可知零件的数量和种类,从而略知其大致的组成情况及复杂程度。从视图的配置、标注的尺寸和技术要求,可知该部件的结构特点和大小。

(2) 了解装配关系和工作原理。分析部件中各零件之间的装配关系,并读懂部件的工作原理,是读懂装配图的重要环节。

(3) 分析零件,读懂零件结构形状。利用装配图特有的表达方法和投影关系,将零件的投影从重叠的视图中分离出来,从而读懂零件的基本结构和作用。

(4) 分析尺寸,了解技术要求。装配图中标注必要的尺寸,包括规格(性能)尺寸、装配尺寸、安装尺寸和总体尺寸。其中装配尺寸与技术要求有密切关系,应仔细分析。

十一、读减速器装配图

减速器装配图如图 4-17 所示。

第三部分 中级输送机操作工知识要求

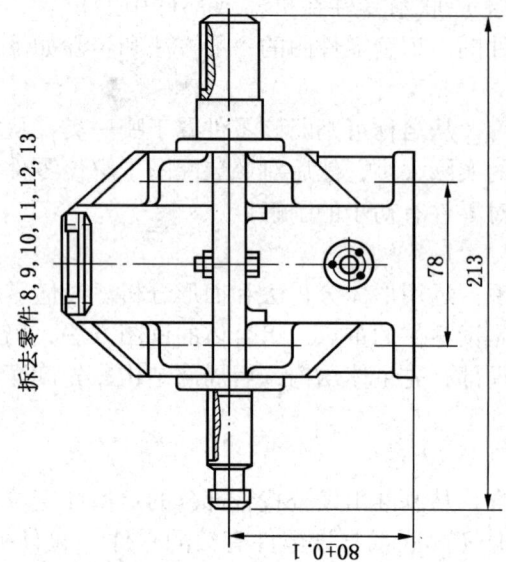

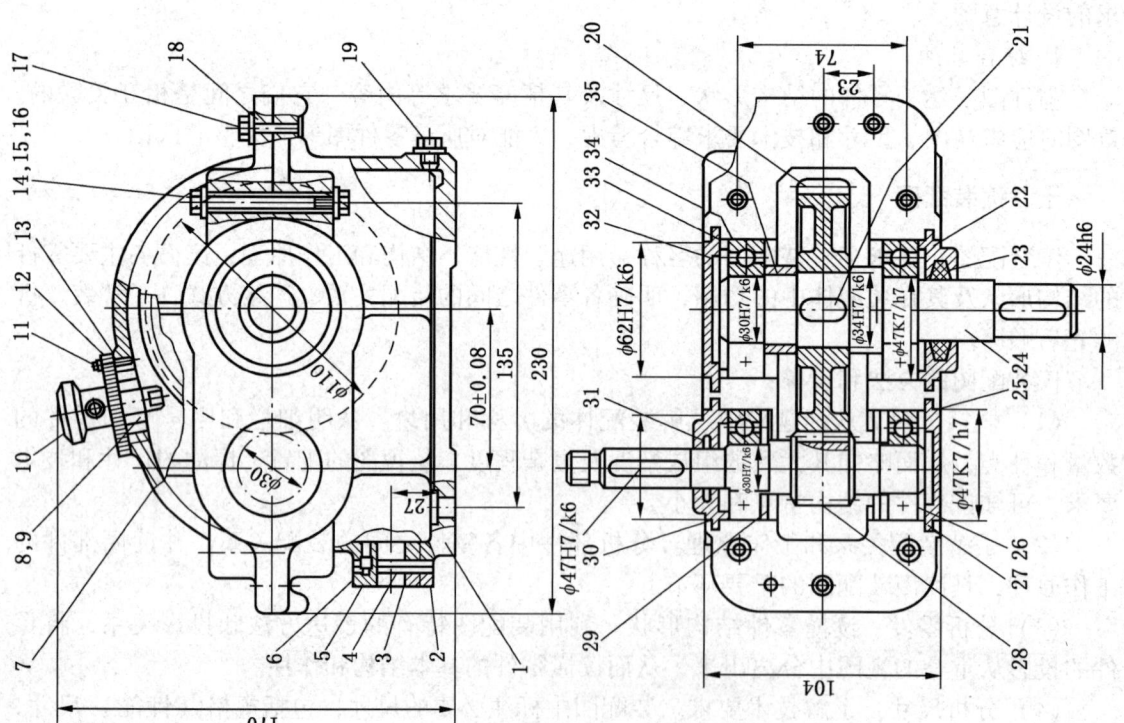

图 4-17 减速器装配图

1—箱体；2—垫片；3—反光片；4—油面指示片；5—螺钉；6—小盖；7—箱盖；8—螺母；9—垫圈；10—窥视孔盖；11—螺栓；12—圆锥销；13—垫片；14—螺栓；15—垫圈；16—螺母；17—螺母；18—螺栓；19—滚动轴承；20—大齿轮；21—键；22—透盖；23—毛圈；24—从动轴；25—滚动轴承；26—调整环；27—端盖；28—齿轮轴；29—挡油环；30—透盖；31—毛圈；32—端盖；33—调整环；34—滚动轴承；35—套筒

1. 概括了解

由装配图的标题栏和明细栏可知，减速器由 35 种零件组成，其中标准件十几种，主要零件是轴、齿轮、箱盖、箱体等。

减速器装配图采用主视图、俯视图、左视图 3 个基本视图来表达减速器的内外结构和形状。按工作位置选择的主视图主要表达部件的整体外形特征，但不能反映主要装配关系。主视图上几处局部剖视表示箱盖和箱体的结合情况，箱盖上其他零件的连接情况，以及油标（2~6）、螺堵等部位的局部结构。俯视图是沿箱盖与箱体结合面剖切的剖视图，集中反映了减速器的装配关系和工作原理。左视图补充表达减速器整体的外形轮廓。主、俯、左视图上还标注了必要的尺寸；70 ± 0.08 是减速器中心距规格尺寸；$\phi 30$、$\phi 110$、和 80 ± 0.1 是装配体的重要尺寸；$\phi 20H7/k6$、$\phi 47K7/h7$、$\phi 62K7/h7$、$\phi 30H7/k6$、$\phi 34H7/k6$ 等是有关零件之间的配合尺寸；减速器的总体尺寸为 230、213、170。

2. 工作原理

减速器是通过一对或数对齿数不同的齿轮啮合传动，将高速旋转运动变为低速旋转运动的减速机构。

本减速器为单级传动圆柱齿轮减速器，即只有齿轮啮合传动。动力从齿轮轴（主动轴）的伸出端输入，小齿轮旋转带动大齿轮旋转，并通过键将动力传递到轴（从动轴）。由于主动齿轮的齿数比从动齿轮的齿数少得多，所以主动轴的高速转动，经齿轮传动降为从动轴的低速转动，从而达到减速的目的。

3. 装配体的结构分析

（1）减速器有两条主要装配干线，一条以齿轮轴（主动轴）的轴线为公共轴心线，小齿轮居中，由调整环 26、两个滚动轴承 25、两个挡油环和端盖 27 和透盖 30 装配而成。由于小齿轮的齿数较少，所以与轴做成整体，称为齿轮轴。

另一条装配干线是以与大齿轮配合的从动轴的轴线为公共轴心线，大齿轮居中，由两个端盖、两个滚动轴承、一个套筒和一个调整环装配而成。从动轴与大齿轮用平键连接。

（2）轴通常由轴承支承，由于本减速器采用直齿圆柱齿轮传动，无轴向力，所以滚动轴承选用深沟球轴承。在减速器中，轴的位置是靠轴承等零件共同确定的，轴在工作时只能旋转，不允许沿轴线方向移动。从俯视图可看出，齿轮轴上装有滚动轴承、挡油环等零件，端盖 27 和透盖 30 分别顶住两个滚动轴承的外圈，滚动轴承的内圈通过挡油环靠在轴的轴肩上，从而使齿轮轴在轴向定位。为了避免齿轮轴在高速旋转中因受热伸长而将滚动轴承卡住，在透盖 30 与滚动轴承外圈之间必须预留间隙（0.2~0.3 mm），间隙的大小可由调整环 26 来控制。

（3）减速器中各运动零件的表面需要润滑，以减少磨损，因此，在减速器的箱体中装有润滑油。为了防止润滑油渗漏，在一些零件上或零件之间要有起密封作用的结构和装置，大齿轮应浸在润滑油中，其深度一般在两倍齿高，可用油标测定。齿轮旋转时将油带起，引起飞溅和雾化，不仅润滑齿轮，还散布到各部位，这是一种飞溅润滑方式。从俯视图可看出，端盖及毡圈等都能防止润滑油沿轴的表面向外渗漏。挡油环的作用是借助其旋转时的离心力，将环面上的油甩掉，以防飞溅的润滑油进入滚动轴承内而稀释润滑脂。

（4）从主视图还可看出，箱盖与箱体用螺栓连接，以此使轴径向固定，并保证减速器的密封性。圆锥销使端盖与箱体在装配时能准确定位对中，通气塞用螺母固定在窥视孔盖上，窥视孔盖由4个螺钉加垫片固定在箱盖上，通过窥视孔可观察和加油。润滑油必须定期更换，污油通过放油孔排出。

4. 零件的结构分析

零件是组成机器或部件的基本单元，零件的结构形状、大小和技术要求，是根据该零件在装配体中的作用以及其他零件的装配连接方式，由设计和工艺要求决定的。

从设计要求考虑，零件在机器或部件中通常是起容纳、支承、配合、连接、传动、密封及放松等作用，这是确定零件主要结构的因素。

从工艺要求考虑，为了加工制造和安装方便，零件通常有倒圆、退刀（越程）槽、倒角等结构，这是确定零件局部结构的因素。

通过对装配体和零件的结构分析，可对零件各部分结构形状的作用加深理解，进而对装配图的识读更加全面和深入。

各部件装配时，需要用煤油洗净，并涂上一层润滑脂。装配好后，箱内注入工业用润滑油，大齿轮的1/2高浸入油中。箱体接触面均匀涂漆片或白漆，禁放垫片。减速器箱体表面涂灰漆，伸出轴涂润滑脂。

第二节 电钳工基本知识

一、钳工基本知识

1. 画线

根据图样或实物的尺寸，在工件上画出加工尺寸界线的操作叫画线。常用画线工具有画针、画线盘、画线平台、画规、角尺等。画线要求尺寸准确，线条清晰。

2. 锯削、錾削和锉削

（1）锯削。用锯切割原材料或加工工件的操作叫锯削。锯削软材料或锯缝长的工件应选用粗齿锯条，锯削硬材料、管子、薄板料及角铁应选用细齿锯条。安装锯条时应使锯齿尖向前，锯条的张紧程度要适宜。锯削时要注意防止锯条突然崩断弹出伤人，工件快要锯断时要用手扶住被锯下部分，以防落下砸伤脚或损坏工件。

（2）錾削。用锤子敲击錾子对金属材料或工件进行切削的加工方法叫錾削。錾削工具是锤子和錾子。錾子切削刃前面和后面的夹角叫楔角，楔角应被錾子的几何中心线等分。楔角越小，刃口越锋利，但强度也越差；楔角越大，强度越好，但切削时阻力也越大。通常錾削合金钢或铸铁时楔角取60°~70°；錾削一般钢材时楔角取50°~60°；錾削铜、铝等软材料时楔角取30°~50°。錾削时錾子后刃面与切削面之间的夹角叫后角，后角大则切入深，但錾削困难；后角小则切入浅，但易打滑，錾削时后角一般控制在5°~8°。錾削时要求錾子的倾角保持不变，每次打击在錾子上的力应保持均匀。

（3）锉削。用锉刀对工件表面进行切削加工的操作叫锉削。锉削软金属用单齿纹锉刀；锉削软材料或粗加工用粗齿锉刀；锉削硬材料或精加工用细齿锉刀；锉削平面时先用交叉锉法做粗加工，再用顺向锉法做精加工；锉削外圆弧面时先横着圆弧面锉作粗加工，再顺着圆弧面锉作精加工；锉削内圆弧面时，使用圆锉或半圆锉，锉削时锉刀一边作前进运动，一边随圆弧面移动并绕锉刀轴线转动。

3. 钻孔

用钻头在工件上钻削孔眼的加工方法叫钻孔。使用的设备和工具有立钻、手摇钻等。常用的钻头是麻花钻，$\phi13$ mm 以上的钻头是锥柄，用钻头套夹持，用于立钻或更大的钻床；$\phi13$ mm 以下的钻头是直柄，用钻夹头夹持，用于台钻或更小的钻具。工件的夹持方法很多，钻削 $\phi8$ mm 以下的孔，适合手握的工件可用手握法；不适合手握的小工件、薄板件可用手虎钳夹持；钻削较大直径或精度要求较高的孔用平口钳夹持；在较长的工件上钻较大直径的孔可用螺栓定位法；在圆柱形工件上钻孔可用压板夹持法。操作时操作者要扎紧袖口，不准戴手套。

4. 矫正

消除金属板材或型材的不平、不直或翘曲等缺陷的操作叫矫正。条料的矫正使用台虎钳、活络扳手、铁砧和锤子；棒料的矫正用铁砧和锤子，直径较大时使用压力机矫正；板料的矫正，厚板用平台、锤子矫正，薄板用延展法矫正，如木板推压、抽条拍打等；线材用拉伸法矫正；角钢、槽钢用平台、锤子矫正，也可在压力机上矫正。

5. 机械零部件的拆装知识

要熟悉被拆、装机械零部件的装配图，了解其结构，明确其相互间的连接关系，选择正确、合理的拆、装方法。对于较复杂的设备或零部件，拆卸前应做好标记，做好必要的连接关系和数据记录，以保证装配时能顺利复原。拆卸的顺序一般是由外向内、从上到下，而装配顺序则正好相反。根据不同的连接方式及连接件的尺寸，选择适当种类和规格的拆、装工具，严禁用套筒延长工具手柄或用重物敲击手柄，以免损坏工具及机件。需要敲打时，必须垫上木块、铜棒、铜套等软质物品，轻轻敲打，并注意受力部位应尽量保持受力平衡。因锈蚀等原因造成拆卸困难时，可注入煤油，待几小时后再拆，或事先加入适量机油，或采用温差法等特殊工艺进行拆卸。

二、电工基础知识

1. 电工操作安全知识

（1）电工必须接受安全教育，掌握基本的安全知识，然后方可参加实际操作。

（2）患有心脏病、精神病、高血压、视力差（井下电工两眼视力均应在 0.8 以上）、听力差的人，均不能从事电工操作。

（3）电工操作时，必须严格遵守各项安全操作规程和有关规定。

（4）运行中的设备必须按规程操作，如切断电源时，应先断负荷开关，后断隔离开关；合闸送电时，先合隔离开关，后合负荷开关。

（5）严格遵守停、送电制度，切实做好各项应急的安全措施。

（6）在靠近带电体进行电工操作时，人与带电体应保持一定的安全距离。各级电压下电工操作的安全距离应不小于规定。

（7）没有掌握电气知识的技术工人，或对现场电气设备及线路不熟悉者，不得拆卸和安装电气设备和零件。

（8）具有金属外壳的电气设备，必须进行可靠的保护接地或保护接零，凡常落雷的地区，电气设备要安装防雷装置。

（9）不可用湿手触摸开关及带电设备，禁止用湿布抹拭运行中的电气装置。

（10）电工所用的绝缘鞋、手套和工具的绝缘手柄，都要定期检查试验，以保持良好的绝缘性能，保证人身安全。

2．电工消防知识

电气设备、电气装置及电缆、电线发生火灾或电气设备附近失火时，电工应采取正确的灭火措施，对群众采取正确的指导和抢救方法，防止事故的扩大。

（1）电气设备发生火灾时，要尽快切断电源，以免火势蔓延，在灭火时造成触电。

（2）灭火要用黄沙、二氧化碳或四氯化碳灭火器等灭火器材，不可用水或泡沫灭火器械进行灭火。否则有触电的可能，又可能损坏设备。

（3）井下各机电硐室、检修室及火药库等都要有一定数量的灭火器材。

3．触电急救知识

当发现有人触电时，必须立即对触电者进行急救，使触电者迅速地脱离电源。方法如下：

（1）迅速断开电源开关或拔掉插销，切断电源。如找不到或远离电源开关时，可用干燥的木棒、竿等拨开触电者身上的电线，使其脱离电源。但注意不能用潮湿木棒或用手拉动触电人。

（2）如果急救者戴有绝缘手套或穿绝缘鞋时，可用一只手迅速拉动触电者衣服，使其脱离电源。

（3）如系站立触电，在切断电源的同时，要做好防摔措施。

（4）触电者离开电源后，应立即进行检查。若已失去知觉，要重点检查触电者的双目瞳孔是否放大，呼吸是否停止，心脏是否跳动。同时，立即用电话或派人请医生组织抢救。

三、电工常用工具

1．验电笔

验电笔由氖管、电阻、弹簧和笔身等组成。常见的有钢笔式和螺丝刀式两种，其结构如图4-18所示。低压验电笔的握法如图4-19所示。

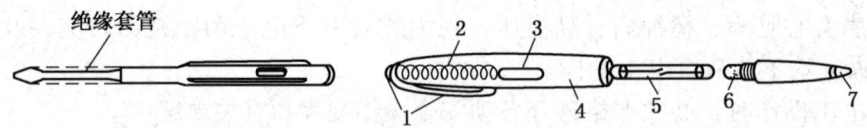

1—笔尾金属体；2—弹簧；3—小窗；4—笔身；5—氖管；6—电阻；7—笔尖金属体

图4-18 验电笔

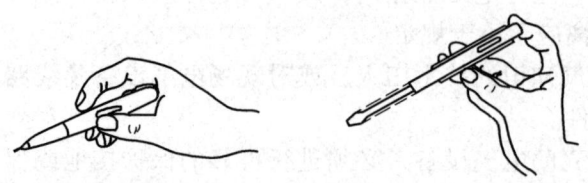

图4-19 低压验电笔的握法

2. 电工钢丝钳

钢丝钳是钳夹和剪切工具。由钳头和钳柄两部分组成，如图 4-20a 所示，钢丝钳的钳口可夹物或弯绞线头；刀口可剪切电线或切剥软导线绝缘；侧口用来侧切钢丝等。钳柄上套有 500 V 以上的绝缘套。

常用的钢丝钳按总长度分为 100 mm、175 mm、200 mm 3 种规格，其握法如图 4-20b 所示。使用时，钳头的刀口应朝向自己。钢丝钳决不能用以敲打物体，以防损坏。

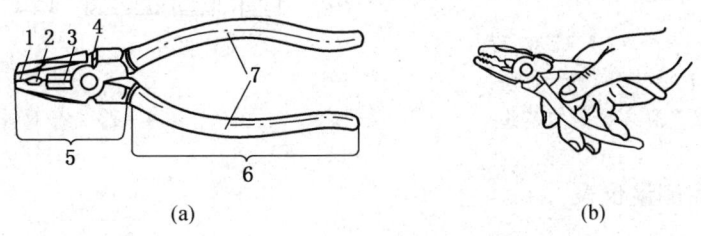

1—钳口；2—齿口；3—刀口；4—侧刀口；
5—钳头；6—钳柄；7—绝缘套

图 4-20　电工钢丝钳

3. 螺丝刀

它分为平口和十字口两种，如图 4-21 所示。它是配合不同槽型的螺钉旋紧或起松的工具，有木柄和塑料柄两种。常用规格有 50 mm、100 mm、150 mm 和 200 mm 4 种。使用时不能用锤敲击柄头。

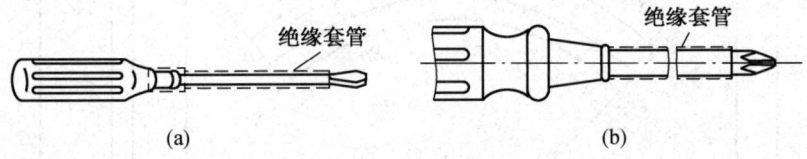

图 4-21　螺丝刀

4. 活络扳手

活络扳手又称活扳手，由头部和柄部组成。头部由呆扳唇、活络扳唇、蜗轮和轴销等组成，如图 4-22 所示。用手旋动蜗轮可调节扳口的大小。常用的规格有 150 mm、200 mm、250 mm 和 300 mm 等，可按螺母大小选用适当规格。扳拧螺母时，可随时调节蜗轮以收紧扳唇，使扳口与螺母尺寸相适应，以防滑口伤人。扳手不可反用，更不能在手柄上套入钢管延长手柄，使力矩增大。

5. 套筒扳手

它主要用来拧紧或旋松沉孔螺母或不能使用活扳手的地方。套筒扳手有 19 件、24 件等多种，它由套筒和手柄两部分组成。使用时套筒可按照螺母的规格选用，如图 4-23 所示。

第三部分　中级输送机操作工知识要求

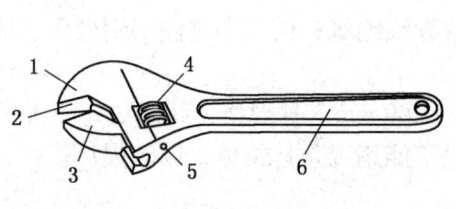

1—扳口；2—呆扳唇；3—活络扳唇；
4—蜗轮；5—轴销；6—手柄

图 4-22　活络扳手的构造

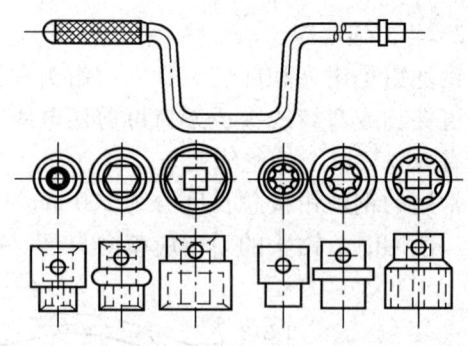

图 4-23　套筒扳手

四、电工常用测量仪表

1. 万用表

万用表又叫万能表，是一种多用途、多量程、携带方便的电工常用仪表。国产 500 型万用表的外形如图 4-24 所示。

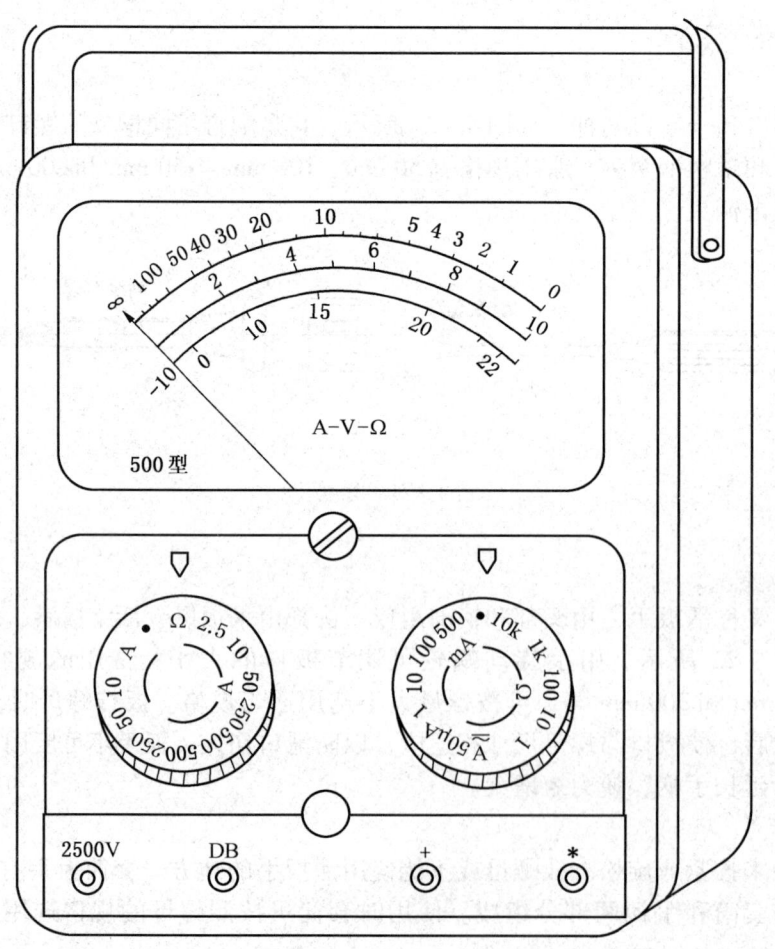

图 4-24　500 型万用表

通过变换转换开关，万用表可以测量交、直流电压，直流电流和电阻等。

万用表的使用注意事项有以下几点：

（1）在测量直流电流或直流电压时，应特别注意仪表的极性，正负端应各与线路的正负端相接。

（2）在测电流和电压时，如果对被测电流电压大小心中无数，应先拨到最大量程上测试，以保指针不被打坏，然后再拨到合适的量程上测量，以减少误差，但不可带电转换量程。

（3）量程转换开关必须先拨在需测挡位置，不能放错，如果测量电压时误将转换开关拨在电流或电阻挡，则将会损坏仪表。

（4）根据被测量物的种类、电流性质和量程，认清所对应的读数标尺，不能图省事而串用交流和直流标尺，更不能看错。

（5）测量交流电压时，须考虑到被测电压的波形，不能用它测量非正弦量的有效值。

（6）不许用万用表的欧姆挡去直接测量微安表头、检流计等仪表。

（7）测量时不要用手接触到测棒的导电部分，如果电路中有电容存在时必须先放电，然后测电阻。

（8）每次测量完毕应将选择开关拨到空挡或交流电压最高挡位。不要随便短接欧姆表测棒。

2. 兆欧表

兆欧表是一种专门用来测量绝缘电阻的可携式仪表。煤矿电气维修中常用它测量电机、开关和线路的绝缘电阻，应用十分广泛。兆欧表大多采用手摇发电机供电，所以又称摇表。常用的兆欧表有 500 V、1000 V 和 2500 V 3 种。测低压设备或低压线路的绝缘电阻时，一般用于 500 V 或者 1000 V、0~500 MΩ 的仪表。测高压设备或线路绝缘电阻时一般用 2500 V、0~2500 MΩ 的仪表。在有瓦斯煤尘爆炸危险的矿井中，应使用晶体管安全火花型兆欧表，一般型兆欧表因无防爆装置，不宜在井下使用。表盘刻度不是从零开始而是从 1 MΩ 或 2 MΩ 起始的表，不宜用来测量低压电气设备的绝缘电阻。

使用兆欧表时的注意事项：

（1）兆欧表应水平放置，测量前应进行短路和开路试验，即将（L）T 和（E）两接线柱连接，摇动手柄，指针应指零处，将（L）和（E）两接线柱断开，摇动手柄，指针应指"∞"处，否则表不能用。

（2）测量前，应将所测设备电源切断、并接地充分放电（大电动机、变压器、电容器等放电约 3min），以保证设备和人身安全。

（3）接线柱的引出线必须用绝缘良好的单根软导线，测量时两根连接线不能交缠在一起，也不能与地或被测物接触，以免引起测量误差。

（4）摇动发电机要由慢到快，不可忽慢忽快，转速以 120 r/min 为宜，持续 1 min 后读数较准确。

（5）在摇动发电机的过程中断开测量导线，每测量一次后，要立即对被测量物放电。

五、三相异步电动机的结构、原理和用途

三相异步电动机具有结构简单、运行可靠、价格低廉等优点，在煤矿企业的动力设备中，多采用异步电动机。

（一）三相异步电动机的结构

三相异步电动机主要由定子、转子两大部分及机座、端盖、轴承、接线盒、风扇、罩壳等附件组成，如图 4-25 所示。

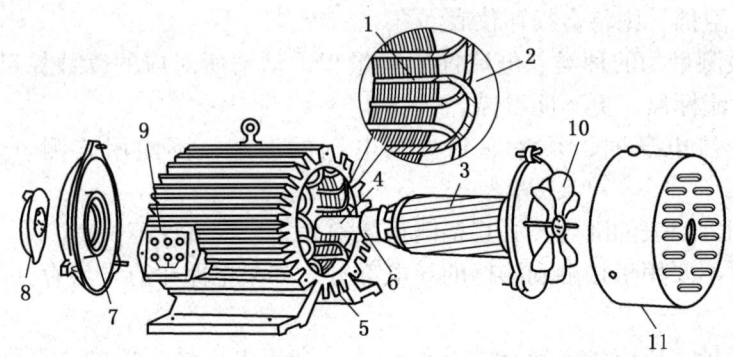

1—定子铁芯；2—定子绕组；3—转子；4—转轴；5—机座；6—轴承；
7—端盖；8—轴承盖；9—接线盒；10—风扇；11—罩壳

图 4-25 封闭式异步电动机的结构

（二）三相异步电动机的工作原理

三相异步电动机是依靠旋转磁场的作用使电动机旋转的。

1. 旋转磁场的建立

图 4-26 所示是一个最简单的三相定子绕组，三相绕组成星形连接，首端和尾端彼此相差 120°，对称分布于定子铁芯中。

当三相对称定子绕组接入对称的三相电源（三相电流波形如图 4-27 所示）时，随着定子绕组中的三相电流不断地变化，它所产生的合成磁场也就在空间不断地旋转，如图 4-28 所示。

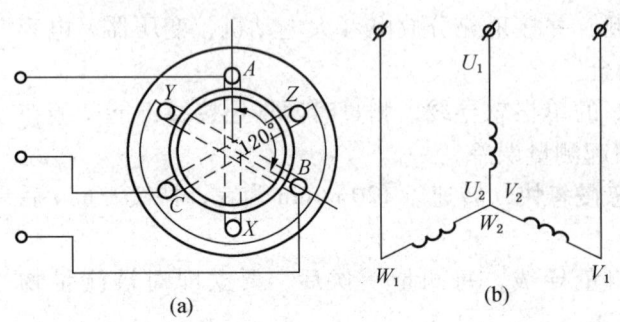

图 4-26 最简单的三相绕组

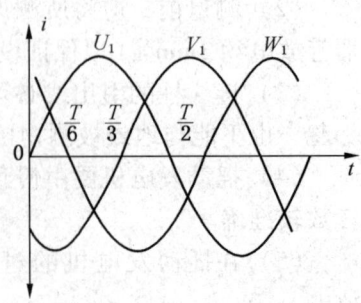

图 4-27 三相电流波形

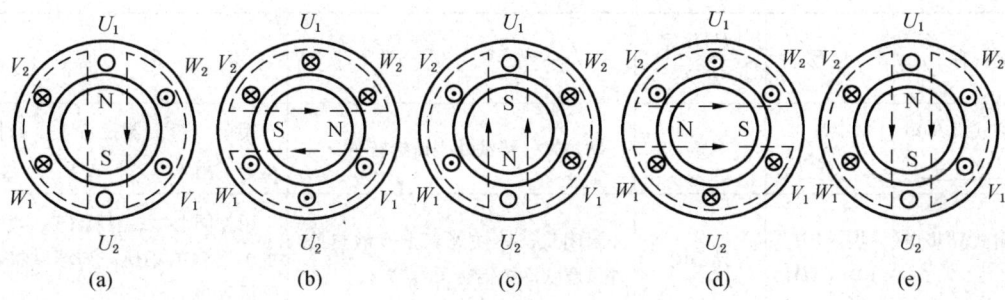

图 4-28 两极旋转磁场

旋转磁场的转速与电流的频率和磁极对数的关系为

$$n_1 = 60\frac{f_1}{p}$$

式中　n_1——旋转磁场转速,又称同步转速,r/min;
　　　f_1——电网频率,Hz;
　　　p——旋转磁场的磁极对数。

2. 三相异步电动机的工作原理

当三相异步电动机的三相绕组接入三相电源后,在定子内的空间便产生旋转磁场。假定旋转磁场按顺时针方向旋转,则静止的转子与旋转磁场间就有相对运动,如图 4-29 所示。相当于磁场不动,转子以逆时针方向运动切割磁力线。按照右手定则可确定转子上半部导线产生的感应电动势的方向是由纸面垂直出来的,下半部导线产生的感应电动势的方向是垂直纸面进去的。由于转子绕组是闭合的,故便在转子绕组中产生感应电流。载流的转子绕组在磁场中受力,其方向用左手定则确定。这时电磁力对轴形成一个转矩,称为电磁转矩。在电磁转矩的作用下,转子就顺着旋转磁场的方向并以小于旋转磁场的转速转动。

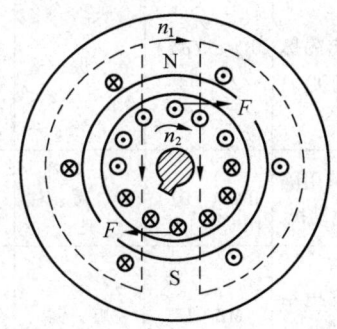

图 4-29 异步电动机的工作原理

当三相异步电动机启动后,电动机转速由零逐步升高到稳定转速。运行中电动机的转速 n_2 总是小于旋转磁场转速(同步转速)。其与同步转速的比率叫转差率 S,即

$$S = \frac{n_1 - n_2}{n_1} \times 100\%$$

转子转速用转差率表示为　　　$n_2 = (1-S)n_1$

由于电动机的转速 n_2 总是小于同步转速,故叫异步电动机。三相异步电动机的转差率一般为 0.03~0.06。

(三)电动机型号、结构和用途

煤矿常用电动机型号、结构和用途见表 4-1。

表4-1 煤矿常用电动机型号、结构和用途

名 称	型号	型号汉字意义	结构型式	用 途
防护式异步电动机	J、J_2、J_3（或Y）	异	防护式，铸铁外壳铸铝转子	用于一般机器设备上。如拖动水泵、扇风机、车床等
封闭式异步电动机	JO、JO_2、JO_3（YO）	异、闭	封闭式，铸铁外壳上有散热筋，外风扇吹冷铸铝转子	用途同上。一般用于灰尘较多、水土飞溅的场所。如球磨机、粉碎机等
隔爆型绕线转子异步电动机	JBR（YBR）	异、爆、绕	转子，自扇冷式隔爆型，4~5号机座"KB"或E_xd	KB（E_xd）型使用于有甲烷或煤尘爆炸性混合物的矿井中
隔爆型轴流式局部通风机	JBT（YBT）	异、爆、通	隔爆型，分为电动机和通风机两大部分	适用于有煤尘爆炸危险的矿井巷道中的局部通风机
装岩机用隔爆异步电动机	JBI（YBI）10.5	异、爆、岩	隔爆型，机座用钢板卷焊而成，端盖为铸钢件，鼠笼转子	适用于有煤尘爆炸危险的矿井中拖动装岩机用，功率为10.5 kW，8极
采煤机用隔爆水冷异步电动机	JBCS（YBCS）150、170	异、爆、采水	钢板桶型机座，隔爆结构，螺旋水冷，定子为双层同心式绕组，H级绝缘，双鼠笼铜条转子	适用于有甲烷或煤尘爆炸危险的矿井中，拖动MLS1-150（170）型双滚筒采煤机组
运输机用隔爆型异步电动机	JBY（YBY）22、44	异、爆、运	隔爆结构，机座由钢板卷制而成，表面焊有散热筋，自扇冷式，定子为双层叠绕组，B级绝缘，转子为双鼠笼铝转子	适用于有甲烷或煤尘爆炸危险的矿井中，拖动运输机功率22 kW，40 kW
回柱绞车用隔爆型异步电动机	JBZ（YBZ）	异、爆、柱	隔爆型结构，机座用钢板焊成，鼠笼铸铝转子	适用于有甲烷或煤尘爆炸危险的矿井中，拖动回柱绞车用
隔爆型煤电钻电动机	MZ-12	煤、钻	隔爆型结构，铝合金铸造外壳（开关装在壳中），自扇冷式，定子双层叠绕，鼠笼铸铝转子	适用于有甲烷或煤尘爆炸危险的矿井中，拖动煤电钻，功率1.2 kW
绞车用隔爆型异步电动机	JBJ（YBJ）	异、爆、绞	隔爆型结构，机壳用钢板卷焊表面有散热筋，端盖用铸钢制成，铸铝鼠笼转子	适用于有甲烷或煤尘爆炸危险的矿井中，拖动DJ11.4 kW和DJ4.5 kW调度绞车

六、矿用电力电缆

1. 矿用铠装电力电缆

矿用铠装电力电缆的结构较为完善，由导电线芯、绝缘层、保护层3部分组成。3 kV以上的电力电缆还有屏蔽层，如图4-30和图4-31所示。

第四章 基础知识

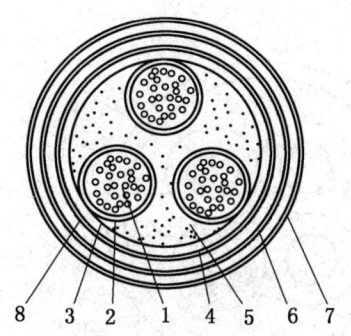

1—导体芯；2—相绝缘；3—统包绝缘；4—铅包；
5—填充物；6—钢铠；7—外被层；8—内衬层

图4-30 三芯统包型电缆的结构

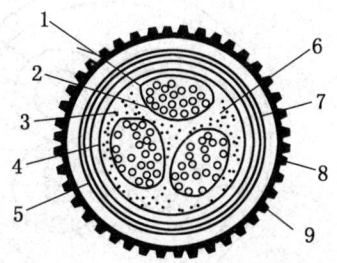

1—导体；2—相绝缘；3—有孔铝箔屏蔽带；
4—带有铜丝的纱带；5—铅包；6—填充物；
7—防腐层；8—钢铠；9—黄麻层

图4-31 三芯屏蔽型电缆的结构

2. 橡套电力电缆

煤矿供电系统除用铠装电力电缆外，在井下采区输配电中多采用橡套软电缆。如装岩机、输送机、联合采煤机等都采用橡套软电缆。

常用的橡套电缆按电压分为适用于交流电压1 kV以下的线路和1140 V及6 kV（露天矿采掘机械用）线路。

1 kV以下矿用橡套软电缆主要用于矿山移动式电气设备及采掘机械的输配电线路。

1 kV以下的橡套电缆的构造如图4-32所示。

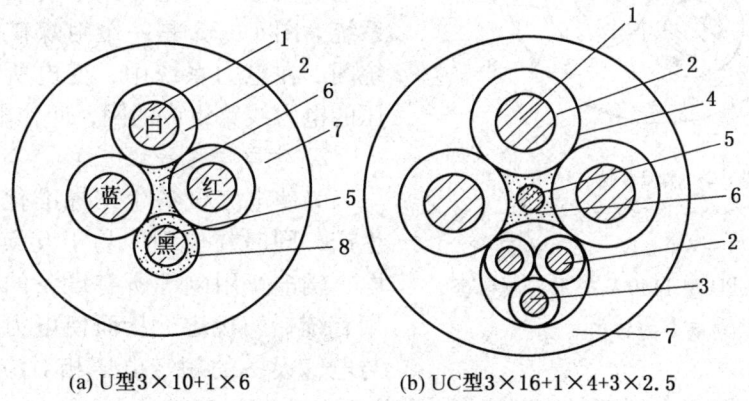

(a) U型3×10+1×6　　　　(b) UC型3×16+1×4+3×2.5

1—主导电线芯；2—绝缘橡皮；3—控制或信号线芯；4—半导体布带；
5—接地线芯；6—垫芯；7—护套；8—半导体橡皮

图4-32 1 kV以下矿用橡套软电缆截面图举例

1140 V矿用屏蔽橡套软电缆主要用于交流1140 V煤矿井下输配电线路，是铜芯橡皮绝缘屏蔽橡套软电缆。

1140 V矿用屏蔽橡套软电缆的构造如图4-33和图4-34所示。

6 kV橡套软电缆适用于交流电压为6 kV及以下移动变配电装置及露天矿采掘机械的供电线路。

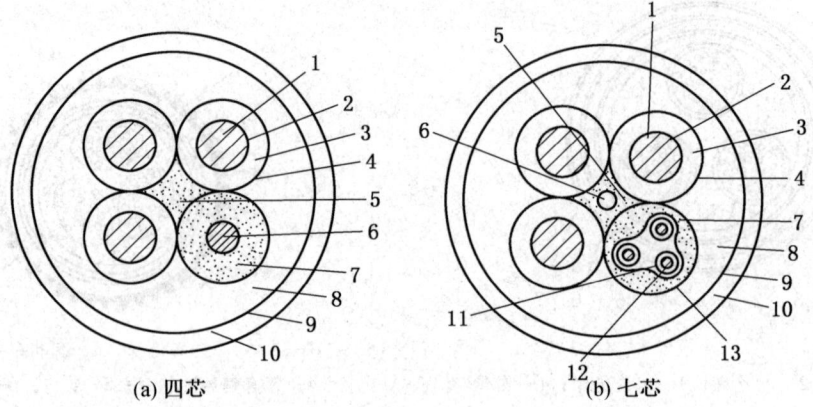

(a) 四芯 (b) 七芯

1—主导电线芯；2—聚酯薄膜；3—绝缘橡皮；4—导电胶布带；5—导电橡胶垫芯；6—地线芯；7—导电橡胶；8—内护套；9—加强层；10—外护套；11—控制线芯；12—绝缘橡皮；13—聚酯薄膜

图 4-33　UCPQ 与 UCPJQ 型 1140 V 矿用屏蔽橡套软电缆的结构

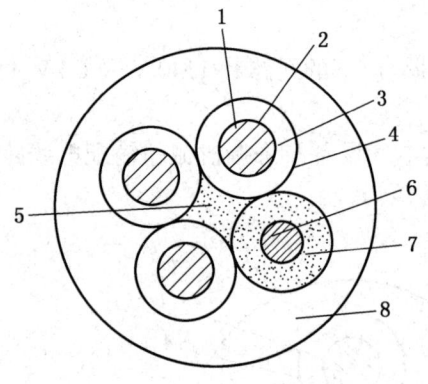

1—主导电线芯；2—聚酯薄膜；3—绝缘橡皮；4—导电胶布带；5—导电橡胶垫芯；6—接地线芯；7—导电橡胶；8—护套

图 4-34　UPQ 型 1140 V 矿用屏蔽橡套软电缆的结构

七、电力系统的基本概念及电压等级

1. 电力系统的基本概念

由各种不同电压等级的电力线路将发电厂、变电所和电力用户联系起来的一个发电、输电、变电、配电和用电的整体，叫作电力系统。图 4-35 是一个对煤矿供电的电力系统图。在电力系统中，变电所与各种不同电压的电力线路组成的网，叫作电力网。

2. 供电电压等级

为使电气设备生产标准化，便于批量化生产，同时在使用中易于互换。所以，对发电、输电及用电等所有设备的额定电压就必须有统一的规定，从而使电力网的额定电压与电气设备的额定电压相对应。这样，就可根据电力网和电气设备的不同使用场合，将电压分为若干等级。

标准电压等级，是根据国民经济发展的需要，考虑了技术经济上的合理性以及所有电气设备的制造水平和发展趋势等一系列因素，经全面分析、研究而制定的。由于煤矿生产条件的特殊性，故需采用一些特定的电压等级。表 4-2 列出了煤矿常用的电压等级及用途。

八、预防井下电气事故的安全措施

由于井下的特殊条件（如湿度大、空间狭小、电气设备易受潮、采区有瓦斯和煤尘等），容易发生事故。为确保安全生产，必须采取有效的预防措施。我国目前在煤矿井下供电系统中采取下列安全措施：

第四章 基础知识

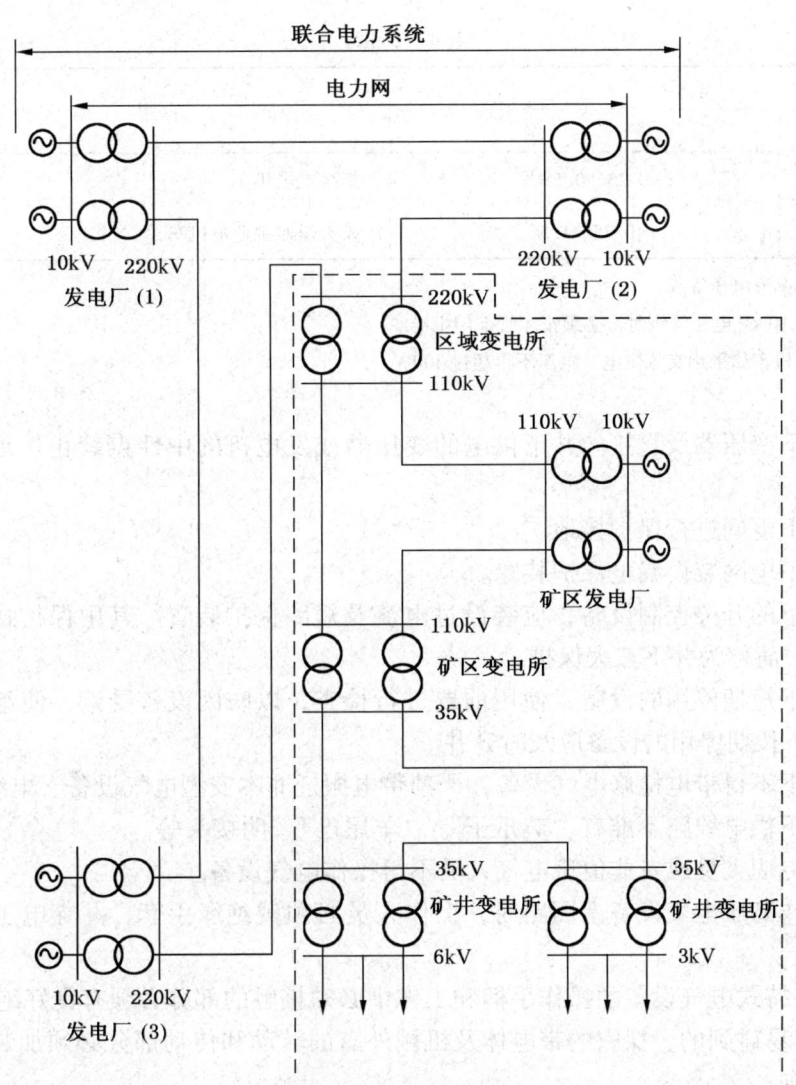

图 4-35 电力系统图

表 4-2 煤矿常用电压等级及用途

种类	电压/kV 等级	用途
交流电	0.036 及以下	井下电气设备的控制及局部照明
	0.127	井下照明及手持式电气设备
	0.22	矿井地面照明
	0.38	地面或井下低压动力
	0.66	井下动力
	1.14	井下综合机械化采区动力
	3[①]、6、10[②]	井上、下大型固定设备及配电电压
	35、60[①]	高压输电线路
	110、220 及 330	超高压输电线路

表 4-2（续）

种类	电压/kV 等级	用途
直流电	0.25、0.55③	架线式电机车
	0.75、1.5	露天煤矿工业电机车

注：① 现行的非标准电压等级。
② 井下采用 10 kV 电压等级时，必须报主管部门批准。
③ 架线式电机车如采用交流供电，电压不得超过 400 V。

（1）井下变压器及直接向井下供电的变压器或发电机的中性点禁止接地，或进行高电阻接地。

（2）井下电网进行保护接地。

（3）井下电网装设漏电保护装置。

（4）井下的开关控制设备，应装设过电流及短路保护装置。其中保护接地、漏电保护、短路保护简称为井下三大保护。

（5）井下短期停用的设备，使用前要进行检查，以防因设备受潮，使绝缘下降而引起故障。井下长期停用的设备应及时升井。

（6）井下不得带电检修电气设备，严禁带电搬迁非本安型电气设备、电缆。

（7）井下供电线路不准有"鸡爪子"、"羊尾巴"、明接头等。

（8）非专职人员或者非值班电气人员不得操作电气设备。

（9）操作高压电气设备主回路时，操作人员必须戴绝缘手套，并穿电工绝缘靴或者站在绝缘台上。

（10）手持式电气设备的操作手柄和工作中必须接触的部分必须有良好绝缘。

（11）容易碰到的、裸露的带电体及机械外露的转动和传动部分必须加装护罩或者遮栏等防护设施。

九、矿用低压隔爆开关

常用低压隔爆开关，有自动馈电开关及磁力启动器。DW 系列自动馈电开关及 QC83 系列磁力启动器为老产品，近年来隔爆型真空开关以其具有保护齐全、安全可靠、维修量小等优点在煤矿井下得到广泛应用。

1. DQZBH-300/1140 型真空磁力启动器（改进型）

DQZBH-300/1140 型真空磁力启动器（改进型）是隔爆兼安全火花型，是为适应提高采区供电电压和保证采掘设备供电质量要求而发展的一种新产品。此种真空磁力启动器中的主要元件为 CJZ-300/1140 型真空接触器。1140 V 系统，可以用于 150~440 kW 三相鼠笼电动机的控制，660 V 系统，可以控制 90~250 kW 的电动机。

DQZBH-300/1140 型真空磁力启动器（改进型）具有失压保护、短路保护、过载保护、漏电闭锁保护、断相保护、过电压保护、接触器真空触头的漏气闭锁保护、防止控制回路发生短路时的自启动事故等保护，具有相应的发光显示，还设有试验开关，当试验开关拨至相应试验位置时,可方便地检查控制线路、保护线路的工作情况。DQZBH-300/1140型真空磁力启动器(改进型)的外形如图4-36所示。

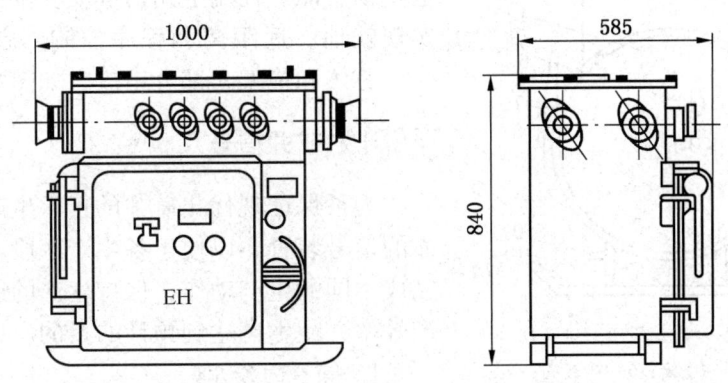

图4-36 DQZBH-300/1140型真空磁力启动器(改进型)外形图

2. DQBH-660/200Z型隔爆本质安全型真空磁力启动器

这种型号的启动器的额定电压660 V,额定电流200 A,可控制70~170 kW的鼠笼式电动机。

启动器外壳呈方形,如图4-37所示。前门为平面止口式,可用凸轮手把灵活提起,使之移出止口,并可围绕壳体左侧的铰链转动至完全打开的位置。前门与换向开关间有可靠的联锁装置。外壳又分为接线腔和主控腔两个独立部分。主控腔内除装有隔离换向开关、熔断器、固定插座外,其余电气元件都装在抽屉式可动芯架上,芯架可沿轨道抽出。

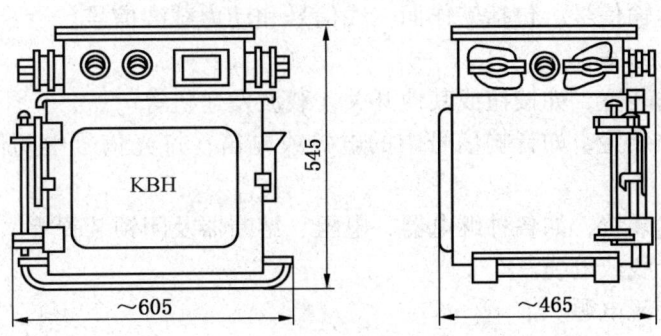

图4-37 DQBH-600/200Z型真空磁力启动器外形图

3. QC83-120、225型磁力启动器改装真空磁力启动器

利用QC83-120、225型磁力启动器的隔爆外壳及零件,只是在开关绝缘板上用CZK2-200/660型矿用真空接触器和JDB-120、225型电动机综合保护装置,更换原开关中的空气接触器及JR-4型过流过热继电器,其他零件原则上不动。

4. QCKB30系列隔爆磁力启动器

QCKB30系列隔爆磁力启动器适用于有瓦斯、煤尘爆炸危险的矿井中,作为电压在

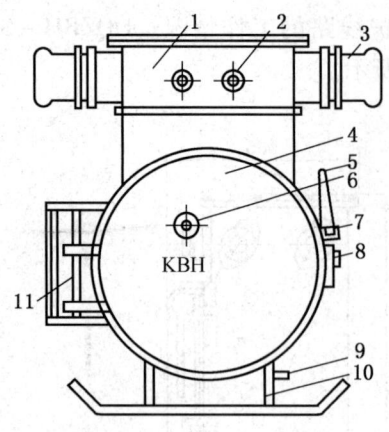

1—接线箱；2—接线口；3—接线口；
4—主腔；5—手柄；6—观察孔；
7—联锁杆；8—停止按钮；9—螺
钉；10—拖架；11—提升结构
图 4-38　QCKB30 系列隔爆磁力
启动器外形图

1140 V 以下的三相电动机启动、停止、换向用。启动器具有失压、过负荷、断相、短路等保护和漏电闭锁功能。控制电路为本质安全型，根据需要可实现就地、远距离和程序控制。启动器主要由外壳、芯体和拖架3部分组成，如图4-38所示。

十、矿井信号

为了保证现代化矿井的正常生产，必须设有可靠的信号装置，以便于各生产区段取得联系，配合完成不同的生产动作，保持生产的连续性，提高生产效率，使生产达到预计的目的。

1. 信号的作用

（1）确保整个矿井生产的连续工作。

（2）提高矿井工作的可靠性和安全性，并减轻工人的劳动强度。

（3）增强生产过程中各个环节的生产能力和工作效率。

（4）促进矿井设备的经济运行和有效使用。

2. 信号的种类

根据生产过程不同可分为：

（1）井筒信号，包括立井及斜井提升。

（2）采区绳索运输信号，包括中间平巷和上、下山及轮子坡的绳索运输。

（3）输送机运输信号，包括工作面三线信号和动力载波信号。

3. 信号装置的组成

（1）信号发送装置，如按钮或其他开关、载波发送机等。

（2）信号接收装置，如音响信号中的电铃或电笛；灯光信号中的信号灯及载波接收机等。

（3）中间辅助装置，如各种继电器、电阻、熔断器及闭锁装置等。

（4）信号用导线或电缆。

（5）直流或交流电源。

矿井在开采过程中会产生瓦斯和煤尘等易燃、易爆气体，所以矿井信号装置必须采用防爆型。由于交流电铃、电笛、灯光信号盘等工作中会产生火花，因此它们的外壳要求具有一定的机械强度和密封性能，可采用增安型。

矿用防爆型信号装置，设有机械联锁装置，在带电时不能将盖板打开；而当盖板打开后，不能接通电源。还要求外壳内外有两个接地端子，以便将外壳可靠地接地。

4. 输送机信号系统

采煤工作面常采用三线信号系统，如图4-39所示，该信号系统正常可做照明。当需要开、停输送机时，各机头部的输送机司机，可按下停止按钮 K_{1-3}，使灯熄灭几次，按规定好的号志，来完成开、停输送机的操作。

第四章 基础知识

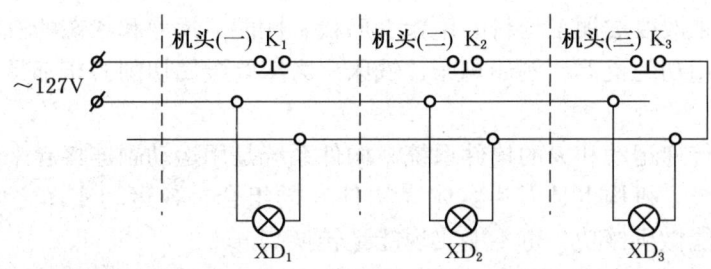

图4-39 采煤工作面刮板输送机信号系统图

5.《煤矿安全规程》有关规定

(1) 矿井中的电气信号,除信号集中闭塞外应当能同时发声和发光。重要信号装置附近,应当标明信号的种类和用途。

(2) 井下照明和信号的配电装置,应当具有短路、过负荷和漏电保护的照明信号综合保护功能。

第三节 机 械 传 动

一、机器和机构

1. 机器

机器是执行机械运动的装置,用来变换或传递能量、物料与信息。

机器的种类繁多,其构造、性能和用途也各不相同,但是从机器的组成部分与运动的确定性和机器的功能关系来分析,所有机器都具有下列3个共同的特征:

(1) 任何机器都是由许多构件组合而成的。如图4-40所示的单缸内燃机,是由汽缸、活塞、连杆、曲轴、轴承等构件组合而成的。

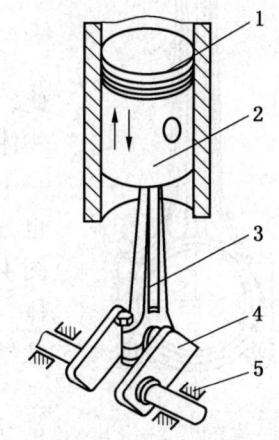

(2) 各运动实体之间具有确定的相对运动。如图4-40所示的活塞相对汽缸的往复移动,曲轴相对两端轴承的连续转动。

(3) 能实现能量的转换、代替或减轻人类的劳动,完成有用的机械功。例如发电机可以把机械能转换为电能;运输机器可以改变物体在空间的位置;金属切削机床能够改变工件的尺寸、形状;计算机可以变换信息等。

根据上面的分析,可以对机器有一个明确的概念,机器就是人为实体(构件)的组合,它的各部分之间具有确定的相对运动,并能代替或减轻人类的体力劳动完成有用的机械功或实现能量的转换。

按其用途,机器可分为发动机(原动机)和工作机。

1—汽缸;2—活塞;3—连杆;4—曲轴;5—轴承

图4-40 单缸内燃机

发动机是将非机械能转换成机械能的机器。例如电动机是将电能转换成机械能的机器,内燃机是将热能转换成机械能的机器。

工作机是用来改变被加工物料的位置、形状、性能、尺寸和状态的机器。工作机是利用机械能来做有用功的机器，例如车床、铣床、磨床等金属切削机床都是工作机。

2. 机构

机构是用来传递运动和力的构件系统，构件系统是用运动副连接起来的。

与机器相比较，机构也是人为实体（构件）的组合，各运动实体之间也具有确定的相对运动，但不能做机械功，也不能实现能量转换。

机器与机构的区别在于机器的主要功用是利用机械能做功或实现能量的转换；机构的主要功用在于传递或转变运动的形式。例如航空发动机、机床、轧钢机、纺织机和拖拉机等都是机器，而钟表、仪表、千斤顶、机床中的变速装置或分度装置等都是机构。通常的机器必包含一个或一个以上的机构。如图4-40所示的单缸内燃机，其中就有一个曲柄连杆机构，用来将汽缸内活塞的往复运动转变为曲柄（曲轴）的连续转动。

如果不考虑做功或实现能量转换，只从结构和运动的观点来看，机器和机构二者之间没有区别，而将它们总称为机械，即机械是机器与机构的总称。

3. 机器的组成

机器基本上是由动力部分、工作部分和传动装置3部分组成。动力部分是机器动力的来源。常用的发动机（原动机）有电动机、内燃机和空气压缩机等。工作部分是直接完成机器工作任务的部分，处于整个传动装置的终端，其结构形式取决于机器的用途。例如金属切削机床的主轴、拖板、工作台等。传动装置是将动力部分的运动和动力传递给工作部分的中间环节。例如金属切削机床中常用的带传动、螺旋传动、齿轮传动、连杆机构、凸轮机构等。机器中应用的传动方式主要有机械传动、液压传动、气动传动及电气传动等。

在自动化机器中，除上述三部分外，还有自动控制部分。

二、构件和零件

1. 构件

机器及机构是由许多具有确定的相对运动的构件组合而成，因此，构件是机构中的运动单元体，也就是相互之间能作相对运动的物体。在机械中应用最多的是刚性构件，即作为刚体看待的构件。一个构件，可以是不能拆开的单一整体，如图4-40所示的曲轴；也可以是几个相互之间没有相对运动的物体组合而成的刚性体，如图4-40中构件连杆，便是由几个可以拆卸的物体组合而成的刚性体。图4-41是连杆构件的组成图，它由连杆体、连杆盖、螺栓和螺母等物体组合而成。

构件按其运动状况，可分为固定构件和运动构件两种。固定构件又称机架，是机构中固定参考系的构件。固定构件一般用来支持运动构件，通常就是机器的基体或机座，例如各类机床的床身。运动构件又称为可动构件，是机构中可相对于机架运动的构件。运动构件又分成主动件（原动件）和从动件两种。主动件是机构中有驱动力或力矩的构件，有时也将运动规律已知的构件称为主动件。形象地说，主动件就是带

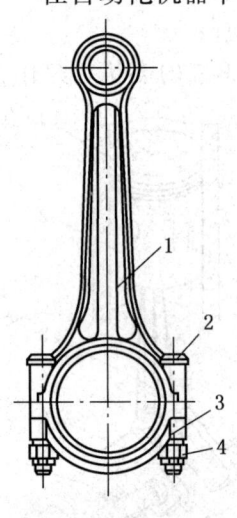

1—连杆体；2—螺栓；
3—连杆盖；4—螺母

图4-41 内燃机的连杆构件

动其他可动构件运动的构件,从动件是机构中除了主动件以外的随着主动件的运动而运动的构件。

2. 零件

零件是构件的组成部分。机构运动时,属于同一构件中的零件,相互之间没有相对运动。构件与零件既有联系又有区别,构件可以是单一的零件,如单缸内燃机中的曲轴,既是构件,也是零件;构件也可以是由若干零件连接而成的刚性结构,如连杆构件是由连杆体、连杆盖、螺栓和螺母等零件连接而成。

构件与零件的区别在于构件是运动的单元,零件是加工制造的单元。

三、轴承

用于确定轴与其他零件相对运动位置并起支承或导向作用的零(部)件称为轴承。简单地说,轴承是支承轴的零件或部件。按照轴承与轴工作表面间摩擦性质的不同,轴承可分为滑动轴承和滚动轴承两大类。

(一)滑动轴承

1. 概述

仅发生滑动摩擦的轴承称为滑动轴承。根据所受载荷的方向不同,滑动轴承可分径向滑动轴承、止推滑动轴承和径向止推滑动轴承3种主要形式,如图4-42所示。

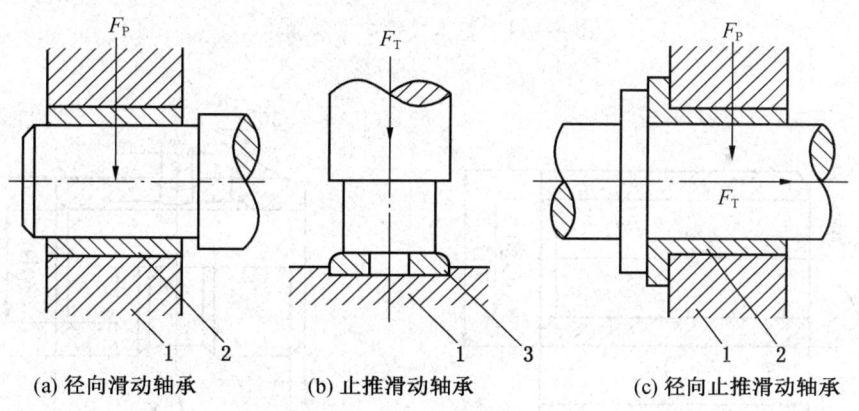

1—滑动轴承座;2—轴瓦或轴套;3—止推垫圈

图4-42 滑动轴承的形式

滑动轴承主要由滑动轴承座、轴瓦或轴套组成。装有轴瓦或轴套的壳体称为滑动轴承座;径向滑动轴承中与支承轴颈(以下简称轴颈)相配的圆筒形整体零件称为轴套,与轴颈相配的对开式零件称为轴瓦;为承受轴向载荷而通常与径向滑动轴承一起使用的环形板或两个半环形板称为止推垫圈。为了减轻轴瓦或轴套与轴颈表面的摩擦,必须在滑动轴承内加入润滑剂。由于润滑油的吸附作用,在轴瓦或轴套与轴颈表面会形成一层厚度约 0.1~0.2 μm 的极薄油膜,使一部分相对滑动表面被油膜隔开,如图4-43所

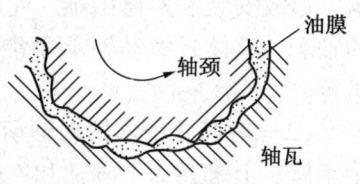

图4-43 滑动轴承中的润滑状态

示，从而减小了滑动副的摩擦因数（摩擦因数约为 0.008~0.1）。这种使部分摩擦表面被润滑油隔开的润滑方式称为半液体润滑。一般滑动轴承的润滑均属于此类方式。

2. 结构形式

常用的径向滑动轴承有以下几种结构形式：

（1）整体式径向滑动轴承。整体式径向滑动轴承的结构如图 4-44 所示。轴承用螺栓固定在机架上。滑动轴承座孔中压入由具有减摩特性的材料制成的轴套，并用紧定螺钉固定。滑动轴承座顶部设有安装润滑装置的螺纹孔。轴套上开有油孔，并在内表面上开有油槽，如图 4-45b 所示，以输送润滑油，减小摩擦；简单的轴套内孔则无油槽，如图 4-45a 所示。滑动轴承磨损后，只需更换轴套即可。

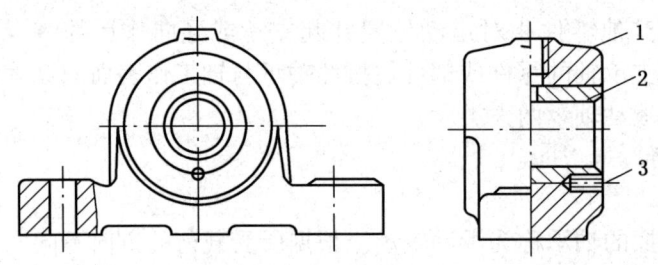

1—滑动轴承座；2—轴套；3—紧定螺钉

图 4-44 整体式径向滑动轴承

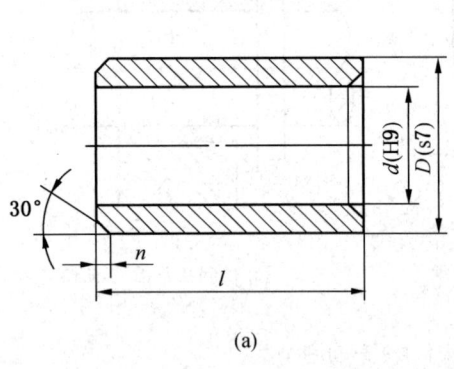

(a)

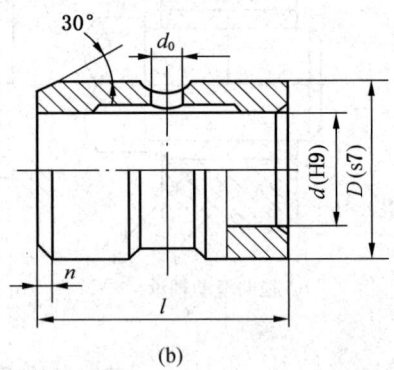

(b)

图 4-45 轴套

整体式滑动轴承结构简单，制造成本低，但只能通过轴向移动安装和拆卸轴颈或轴承，造成安装和检修困难。此外，轴承磨损后无法调整轴颈与轴承间的间隙，必须更换新的轴套。整体式滑动轴承通常应用于轻载、低速或间歇工作的场合，如绞车、手动起重机等。

（2）对开式径向滑动轴承。对开式径向滑动轴承的结构如图 4-46 所示，由轴承盖、轴承座、上轴瓦、下轴瓦和连接螺栓等组成。轴承座是轴承的基础部分，用螺栓固定于机架上。轴承盖与轴承座的结合面呈阶台形式，以保证两者定位可靠，并防止横向错动。轴承盖与轴承座采用螺栓连接，并压紧上、下轴瓦。通过轴承盖上连接的润滑装置，可将润滑油经油孔输送到轴颈表面。在轴承盖与轴承座之间，一般留有 5 mm 左右的间隙，并在上、下轴瓦的对开面处垫入适量的调整垫片，当轴瓦磨损后可根据其磨损程度，更换一些调整垫片，使轴颈与轴瓦之间仍能保持要求的间隙。对开式滑动轴承间隙可调，装拆方便，克服了整体式轴承的两个主要不足，因此应用较广泛。

轴瓦的结构如图 4-47 所示。轴瓦的两端通常带有凸缘，以防止在轴承座中发生轴向移动；一般用销钉或紧定螺钉固定，以防止其周向转动。为了将润滑油引入和分布到轴承的整个工作表面上，轴瓦上加工有油孔，并在内表面上开油槽，常见油槽形式如图 4-48 所示。油槽不应开通，以减少润滑油在端部的泄漏。油槽长度一般取轴瓦轴向宽度的 80%。

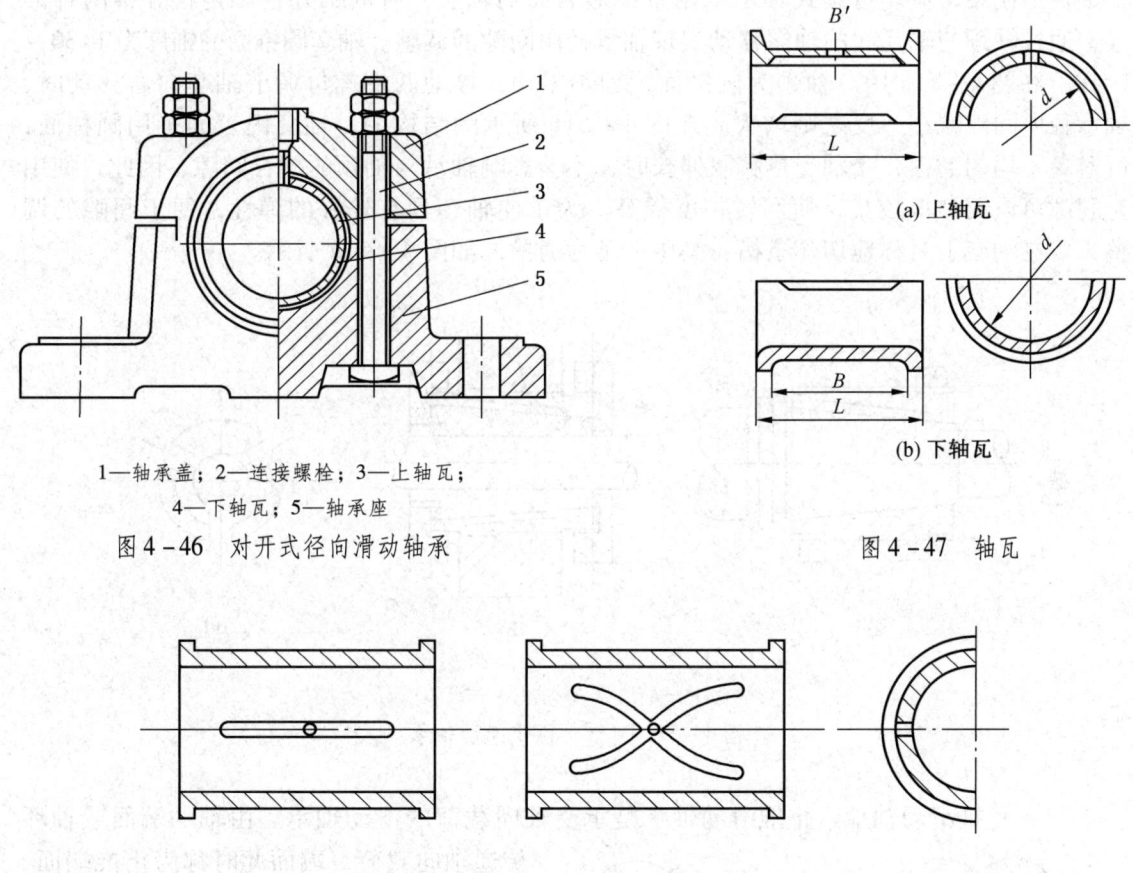

1—轴承盖；2—连接螺栓；3—上轴瓦；
4—下轴瓦；5—轴承座

图 4-46 对开式径向滑动轴承

图 4-47 轴瓦

图 4-48 轴瓦上的油槽形式

（3）自位滑动轴承。自位滑动轴承是相对于轴颈表面可自行调整轴线偏角的滑动轴承，如图 4-49 所示，其特点是轴瓦与轴承盖、轴承座之间为球面接触，轴瓦在轴承中可随轴颈轴线转动，因而可避免因轴颈偏斜与轴承接触不良而引起轴瓦端部边缘的严重磨损，如图 4-50 所示。自位滑动轴承主要用于宽径比（滑动轴承宽度与孔径之比值）大于 1.5 或轴的挠度较大，或两轴承内孔轴线的同轴度误差较大的场合。

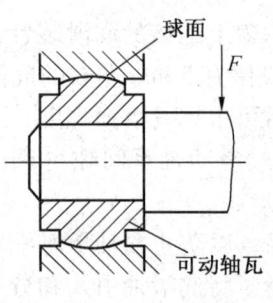

图 4-49 自位滑动轴承

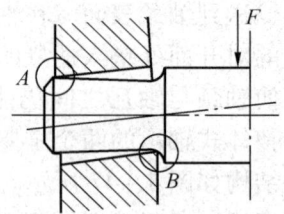

图 4-50 轴颈与轴承接触不良

（4）可调间隙式滑动轴承。滑动轴承的轴瓦在使用中难免磨损，造成间隙增大，影响运动精度。采用间隙可调整的滑动轴承，如图 4-51 所示，可以避免上述不足，并延长了轴瓦的使用寿命。可调式轴承采用带锥形表面的轴套，有内锥外柱和内柱外锥两种形式，通过轴颈与轴瓦间的轴向移动实现轴承径向间隙的调整。轴套圆锥面的锥度为 1:30～1:10。在图 4-51a 中，轴颈为圆锥面，轴颈不动，拧动两端螺母调节轴套向右移动时，轴承径向间隙减小，反之则增大。在图 4-51b 所示的结构中，轴套内表面采用圆柱面，可避免不均匀磨损，当轴受热膨胀伸长时，不会影响轴承与轴颈的配合间隙，因此，使用时间隙可以调整得较小，使回转精度提高。为了使轴套具有较好的弹性，便于间隙的调整，可在轴套上对称地切几条槽，其中一条为通槽，如图 4-51c 所示。

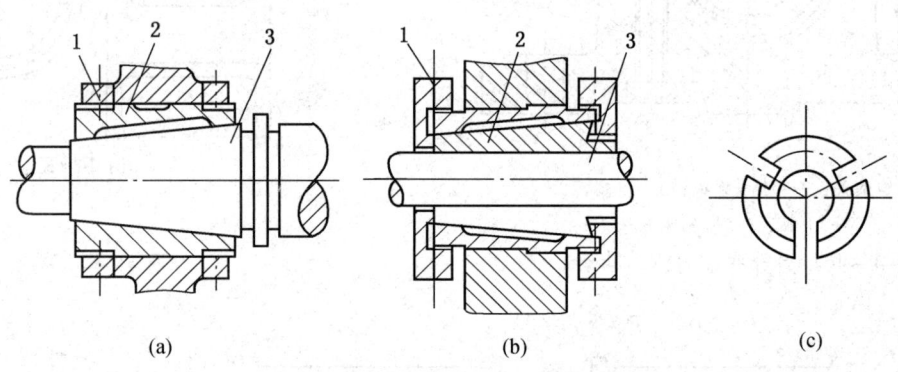

1—螺母；2—轴套；3—轴

图 4-51 可调间隙式滑动轴承

（5）止推滑动轴承。止推滑动轴承是承受轴向载荷的滑动轴承。由轴的端面或轴环传递轴向载荷，端面此时称为止推端面，轴环称为止推环，工作时均与轴承的止推垫圈相接触。止推端面有实心与空心两种形式，与环形的止推垫圈相接触，如图 4-52 所示；止推环有单环与多环两种形式，如图 4-53 所示，多环式止推滑动轴承支承面积较大，适用于推力较大的场合。

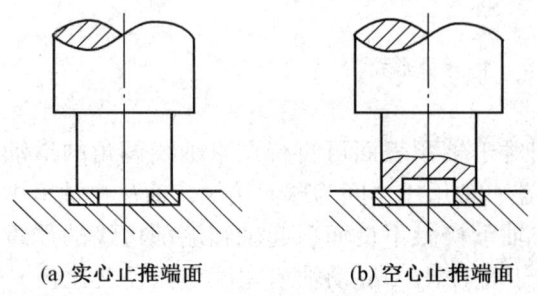

图 4-52 端面止推形式

图 4-54 所示为一种常见的止推滑动轴承，由轴承座、衬套、轴套和止推垫圈等组成。止推垫圈底部制成球面，以便于对中，并用销钉与轴承座固定。润滑油从下部用压力注入并经上部流出。

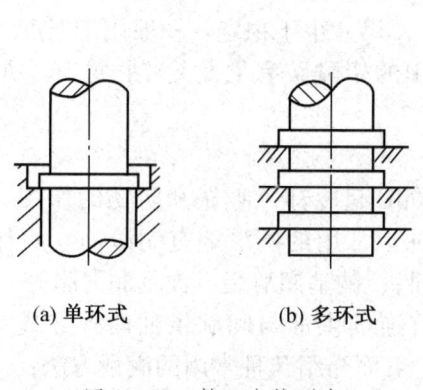

(a) 单环式　　　(b) 多环式

图 4-53　轴环止推形式

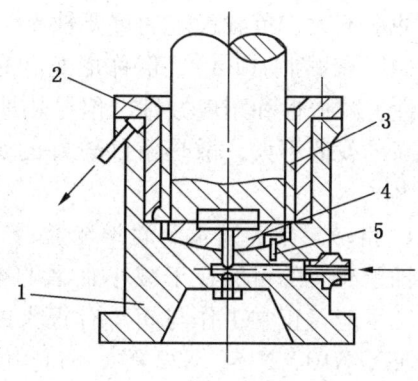

1—轴承座；2—衬套；3—轴套；
4—止推垫圈；5—销钉

图 4-54　止推滑动轴承

3. 轴瓦（轴套）的材料

轴瓦（轴套）是滑动轴承中直接和轴颈接触并有相对滑动的零件，因此，对它的材料有以下基本要求：

（1）良好的减摩性和耐磨性。良好的减摩性是指轴瓦（轴套）材料的摩擦因数小，与钢质轴颈不易产生胶合，相对滑动时不易发热，功率损失少。耐磨性好是指材料抵抗磨损的性能好，使用寿命长。一般情况下，材料的硬度越高越耐磨，为了不损坏机器中价值较高的轴，要求轴瓦（轴套）表面比轴颈表面硬度低一些，即工作中被磨损的应该是轴瓦（轴套），而不是轴颈。

（2）较好的强度和塑性。材料强度高，能保证在冲击、变载及较高压力下有足够的承载能力。塑性好则能适应轴颈的少量变形、偏斜，以保证轴瓦（轴套）与轴颈间的压力分布均匀。

（3）对润滑油的吸附能力强。吸附能力强便于建立牢固的润滑油膜，改善工作条件。

（4）良好的导热性。导热性好，则利于保持油膜，保证轴承的承载能力。

常用的轴瓦（轴套）材料有以下几种：

（1）铸铁。有灰铸铁（如 HT150，HT200）和耐磨铸铁 MT 两种。灰铸铁用于低速、轻载、不受冲击的轴承；耐磨铸铁用于与经淬火热处理的轴颈相配合的轴承。

（2）铜合金。有黄铜和青铜两种，用作轴承材料的大多为铸造铜合金。这类材料均具有较高的强度、较好的减摩性和耐磨性。铸造黄铜常用的有铝黄铜 ZCuZn25Al6Fe3Mn3、锰黄铜 ZCuZn38Mn2Pb2、硅黄铜 ZCuZn16Si4 等，价格较青铜便宜，但减摩性及耐磨性不如青铜，常用于冲击小、负载平稳的轴承。铸造青铜常用的有锡青铜 ZCuSn10P1 和 ZCuSn5Pb5Zn5、铝青铜 ZCuAl10Fe3、铅青铜 ZCuPb30 等，一般用于中速、中重载及冲击条件下的轴承。

(3) 轴承合金（巴氏合金）。这种材料具有良好的减摩性和耐磨性，常用的有锡基轴承合金（ZChSnSb11-6）和铅基轴承合金（ZChPbSb16-16-2）两类。轴承合金强度较低且价格较贵，通常用铸造方法浇铸在材料强度较高的轴瓦（轴套）表面，形成减摩层（衬层），既有较高的强度和刚度，又有良好的减摩性和耐磨性，一般用于中高速、重载，以及冲击不大、负载稳定的重要轴承。

(4) 聚酰胺（PA），俗称尼龙。有较好的自润性（无须外加润滑剂即可正常工作）、耐磨性、减振性和耐腐蚀性，但导热性差，吸水性大，尺寸也不稳定。一般用于温度、速度不高，载荷不大，散热条件较好的小型轴承，常用的聚酰胺有尼龙6、尼龙66、尼龙1010等。

4. 滑动轴承的润滑和润滑装置

轴承润滑的目的在于减小轴承的摩擦和磨损，同时起冷却、吸振和防锈的作用。因此，轴承能否正常工作与润滑有很大的关系。滑动轴承常用的润滑剂有润滑油（机械油N5，N7，N10，N15，N22等）和润滑脂（钙基润滑脂、钠基润滑脂、锂基润滑脂等）。

滑动轴承的润滑有连续供油与间歇供油两种方式，前者多用于重要的轴承。下面介绍几种常用的润滑方法：

(1) 滴油润滑。图4-55所示是一种针阀式油杯。针阀的开闭由手柄控制：当手柄平放时，针阀杆在弹簧力作用下将底部输油孔堵住；当手柄直立（图中双点画线），针阀杆上提，底部输油孔打开，润滑油滴流到轴承工作表面。转动调节螺母可调节滴油量的大小。滴油量大小和输油情况可从玻璃制成的油窗中观察。

(2) 油环润滑。油环润滑装置如图4-56所示。在轴颈上套有油环，油环的下部垂浸在油池中。当轴回转时，油环被带动旋转，润滑油被带到轴颈和轴承上而实现润滑（图4-56的左图中为去掉上轴瓦后情形）。油环润滑结构简单、可靠，但仅适用于100~300 r/min的转速范围。因转速过低，油环无力将油带起；转速过高则油环上带起的油容易被甩掉。

(3) 飞溅润滑。飞溅润滑与油环润滑相似，不同的是使轴上的回转零件（如齿轮、甩油盘等）浸入油池中，回转时将润滑油带到轴承中进行润滑。该方法简单可靠，但应注意带油零件回转速度不宜太高，浸入油池也不宜过深。

(4) 压力润滑。压力润滑采用液压泵和油管把油液注入轴承中而实现润滑。这种润滑能保证连续供油，且供油量可以调节，即使在高速重载下也能获得良好的润滑效果。缺点是供油设备复杂，所以一般仅用于重要的高速重载轴承，如内燃机连杆轴承。

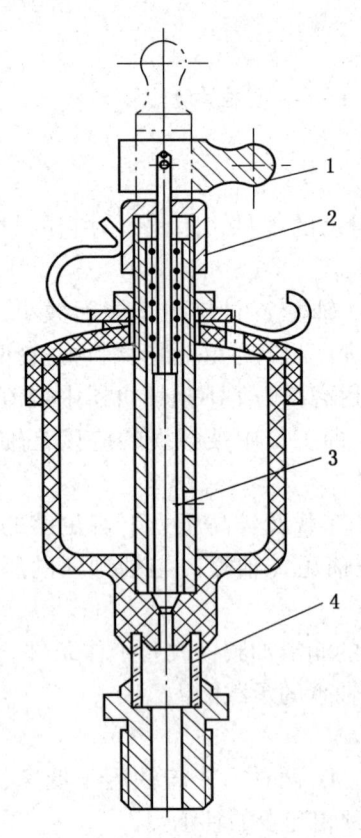

1—手柄；2—调节螺母；
3—针阀杆；4—油窗
图4-55 针阀式油杯

(5) 润滑脂润滑。润滑脂润滑属间歇供油，图4-57a为旋盖式注油杯，润滑脂装满在杯体中，每隔一定时间，旋紧一下旋盖便可将润滑脂压送到轴承中去；图4-57b为压注油杯,定期将润滑脂用油枪压注入油杯,并送到轴承中去。压注油杯也可用油枪压注润滑油。

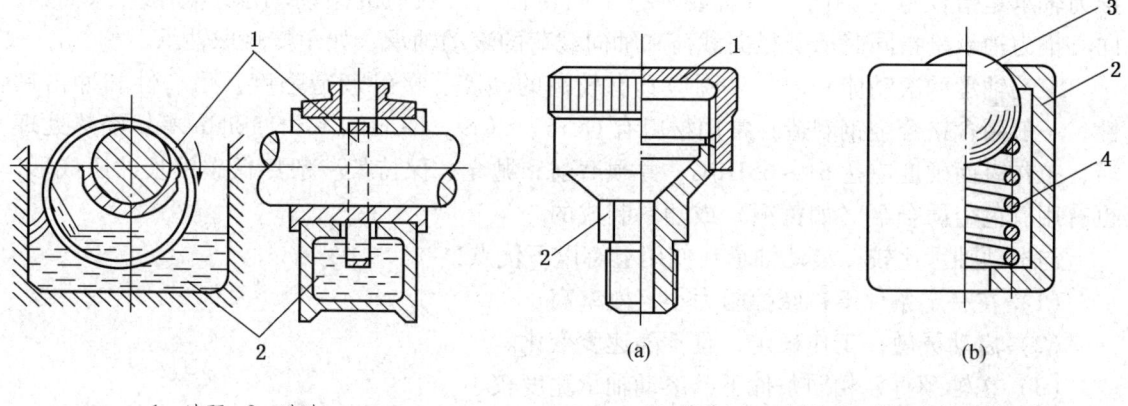

1—油环;2—油池

图4-56 油环润滑

1—旋盖;2—油杯;3—钢球;4—弹簧

图4-57 润滑脂用压力润滑装置

(二)滚动轴承

1. 滚动轴承概述

以滚动摩擦为主的轴承称为滚动轴承,如图4-58所示。滚动轴承主要由外圈、内圈、滚动体和保持架等组成。外圈的内表面和内圈的外表面上制有凹槽,称为滚道。当内、外圈作相对回转时,滚动体在内、外圈的滚道间既作自转又作公转。滚动体是轴承中形成滚动摩擦必不可少的零件。保持架的作用是把滚动体均匀地隔开,以避免相邻的两滚动体直接接触而增加磨损。

滚动轴承的内、外圈分别与轴颈和轴承座装配在一起。通常内圈随轴颈一起回转,外圈固定不动,但也有外圈回转内圈固定的应用形式。

常用的滚动体形状如图4-59所示。

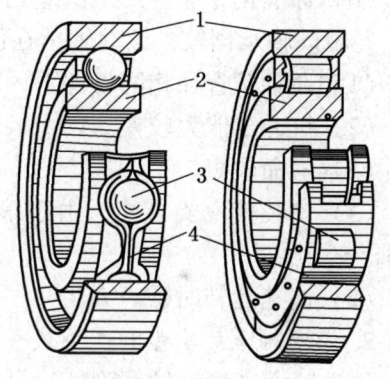

1—外圈;2—内圈;3—滚动体;4—保持架

图4-58 滚动轴承的基本结构

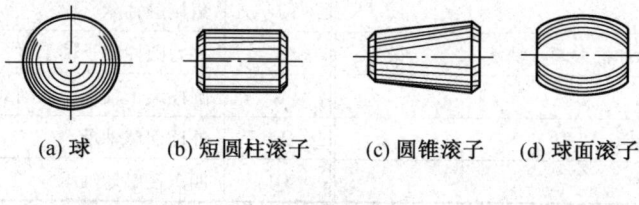

(a) 球　　(b) 短圆柱滚子　　(c) 圆锥滚子　　(d) 球面滚子

(e) 螺旋滚子　　(f) 长圆柱滚子　　(g) 滚针

图4-59 滚动体的形状

按照滚动轴承所受载荷不同，滚动轴承可分为向心轴承、推力轴承、向心推力轴承三大类。向心轴承是指仅承受径向（垂直于回转轴线）载荷的滚动轴承，如深沟球轴承；推力轴承是指仅承受轴向（沿着或平行于回转轴线）载荷的滚动轴承，如推力球轴承；向心推力轴承是指同时承受径向载荷和轴向载荷的滚动轴承，如角接触球轴承。

滚动轴承的滚动体和内、外圈应具有较高的硬度、接触疲劳强度、耐磨性和冲击韧性，一般用含铬合金钢制造，常用材料有 GCr6、GCr9、GCr15、GCr15SiMn 等。经热处理后，工作表面硬度应达 61~65HRC，并须磨削和抛光。保持架一般用低碳钢板冲压成形，也有用有色金属合金（如黄铜）或塑料制成的。

与滑动轴承比较，滚动轴承在使用上有以下优点：
(1) 在一定条件下，摩擦阻力小，效率高。
(2) 启动灵敏，工作稳定，且不随速度变化。
(3) 在轴颈直径相同条件下，滚动轴承宽度较小。
(4) 润滑简便，易于维护、密封。
(5) 内部间隙小，回转精度高。
(6) 标准化专业生产，供应充足，互换性好。

与滑动轴承比较，滚动轴承在使用上有以下不足：
(1) 在轴颈直径相同条件下，滚动轴承径向尺寸大。
(2) 抗冲击能力较差。
(3) 寿命较短。
(4) 安装精度要求高，由于滚动轴承不能剖分，有时（如位于长轴中部时）安装困难。
(5) 高速运转时噪声大。

2. 滚动轴承的类型和类型代号

滚动轴承（滚针轴承除外）共有 12 种基本类型。轴承类型代号用数字或字母表示，见表 4-3。

表 4-3 滚动轴承的基本类型

类型代号	轴 承 类 型	类型代号	轴 承 类 型
0	双列角接触球轴承	6	深沟球轴承
1	调心球轴承	7	角接触轴承
2	调心滚子轴承和推力调心轴承	8	推力圆柱滚子轴承
3	圆锥滚子轴承	N	圆柱滚子轴承。双列或多列用字母 NN 表示
4	双列深沟球轴承	U	外球面球轴承
5	推力球轴承	QJ	四点接触球轴承

3. 滚动轴承的选用

滚动轴承是标准化零部件，种类繁多，特性各异，在了解各类轴承应用特点的基础上，选用时还应考虑以下一些因素。

第一,所承受载荷的大小、方向和性质。载荷的大小和方向是选择滚动轴承类型的最主要因素。当结构尺寸相同时,滚子轴承的承载能力比球轴承大,承受冲击载荷的能力也较强。

载荷较小且平稳时,可选用球轴承;载荷较大且有冲击时,宜选用滚子轴承。仅为径向载荷时,可选用向心轴承;仅为轴向载荷时,可选用推力轴承。在径向载荷 F_r 与轴向载荷 F_t 同时作用的条件下,可分为以下几种情况:

(1) 轴向载荷远小于径向载荷($F_t \ll F_r$)时,选用向心球轴承(深沟球轴承、心球轴承等)。

(2) 一般情形下,即轴向载荷小于径向载荷($F_t < F_r$)时,选用向心推力轴承(角接触球轴承、四点接触球轴承等)。

(3) 轴向载荷较大($F_t > F_r$)时,可选用接触角较大的角接触球轴承或大锥角的圆锥滚子轴承。

(4) 轴向载荷很大($F_t \gg F_r$)时,可采取推力轴承与向心轴承组合,分别承受轴向载荷与径向载荷。

第二,转速和回转精度。当轴承的结构尺寸、精度相同时,球轴承比滚子轴承径向间隙小。理论上球轴承是点接触,极限转速高。转速高、回转精度高的轴宜用球轴承;滚子轴承一般用于低速轴上。轴向载荷较大或纯轴向载荷的高速轴(轴颈圆周速度大于 5 m/s),宜用角接触球轴承而不选用推力球轴承,因为转速高时滚动体的离心惯性力很大,会使推力轴承工作条件恶化。

第三,调心性能。在支点跨距大或难以保证两轴承孔的同轴度时,应选择调心轴承,这类轴承在内外圈轴线有不大的相对偏斜时,仍能正常工作。具有调心性能的滚动轴承必须在轴的两端成对使用,如果一端采用调心轴承,另一端使用不能调心的轴承,则不能起调心作用。

第四,经济性。普通结构的轴承比特殊结构的轴承便宜,球轴承比滚子轴承便宜。只要能满足使用的基本要求,应尽可能选用普通结构的球轴承。滚动轴承的公差等级分/P0、/P6、/P6x、/P5、/P4、/P2 等 6 级,轴承精度依次由低到高,其价格也依次升高。一般尽可能选用/P0 级(轴承代号中省略不表示),只有对回转精度有较高要求时,才选用相应公差等级的轴承。此外,选用轴承还应考虑轴承装拆是否方便、市场供应是否充足等因素。

四、联轴器、离合器和制动器

(一) 联轴器

1. 联轴器概述

联轴器用来连接两根轴或连接轴和回转件,使它们一起回转、传递转矩和运动,在机器运转过程中,两轴或轴和回转件不能分开,只有在机器停止转动后用拆卸的方法才能将它们分开。有的联轴器还可以用作安全装置,保护被连接的机械零件不因过载而损坏。

机械式联轴器分刚性联轴器、挠性联轴器和安全联轴器三大类。

刚性联轴器是不能补偿两轴有相对位移的联轴器,常用的有凸缘联轴器、套筒联轴器等。挠性联轴器是能补偿两轴相对位移的联轴器,又分为无弹性元件挠性联轴器和弹性元件挠性联轴器（包括金属弹性元件弹性联轴器和非金属弹性元件弹性联轴器）两类。安全联轴器是具有过载安全保护功能的联轴器，又分为挠性安全联轴器和刚性安全联轴器两类。

2. 几种常用联轴器的结构

（1）凸缘联轴器，它利用螺栓连接两半联轴器的凸缘，以实现两轴的连接，是刚性联轴器中应用最广的一种联轴器。图4-60a所示为其基本的结构形式，把两个带有凸缘（俗称法兰）的半联轴器用键分别与两轴连接，然后用螺栓把两个半联轴器连接成一体，以传递转矩和运动。凸缘联轴器要求严格对中，其对中方法有两种：一是在两半联轴器上分别制出凸肩和凹槽，互相配合而实现对中，如图4-60a所示；一是两半联轴器上都制出凸肩，共同与一个剖分环配合而实现对中，如图4-60b所示。凸肩凹槽配合的联轴器对中性好，但装拆时必须先作轴向移动后，才能作径向位移；剖分环配合的联轴器则可直接作径向位移进行装拆，但由于采用剖分环，其对中性不及前者。

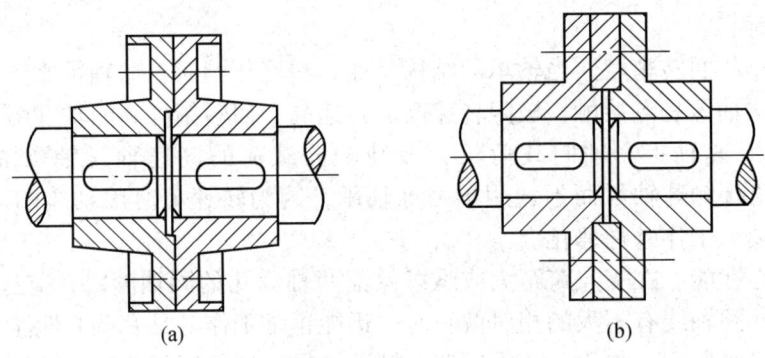

图4-60 凸缘联轴器

凸缘联轴器结构简单，维护方便，能传递较大的转矩，但对两轴之间的相对位移不能补偿，因此对两轴的对中性要求很高。当两轴之间有位移或偏斜存在时，就会在机件内引起附加载荷和严重磨损，严重影响轴和轴承的正常工作。此外，在传递载荷时不能缓和冲击和吸收振动。凸缘联轴器广泛地用于低速、大转矩、载荷平稳、短而刚性好的轴的连接。

（2）套筒联轴器，它是通过公用套筒以某种方式连接两轴，如图4-61所示。公用套筒与两轴连接的方式常采用键连接或销连接。套筒联轴器属刚性联轴器，结构简单，径向尺寸小，装拆时一根轴须作轴向移动。常用于两轴直径较小、两轴对中性精度高、工作平稳的场合。

（3）鼓形齿联轴器（齿式联轴器），它是通过内外齿啮合，实现两半联轴器的连接，如图4-62所示，属无弹性元件挠性联轴器，由两个带有外齿的凸缘内套筒和两个带有内齿的外套筒所组成。两内套筒分别用键与两轴连接，两外套筒用螺栓连接，通过内、外齿的啮合传递转矩和运动。外齿的齿顶部分呈鼓状，使啮合时具有适当的间隙。当两轴传动中产生轴向、径向和偏角等位移时，可以得到补偿。注油孔用于注入润滑油，以减少磨损。联轴器两端装有密封圈，以防止润滑油泄漏。

第四章 基础知识

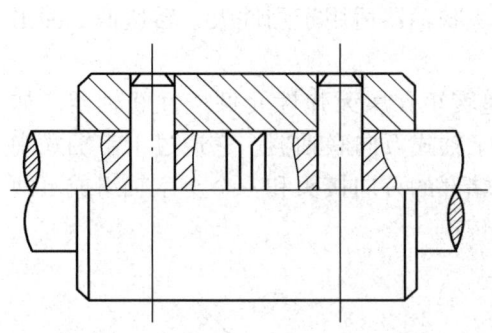
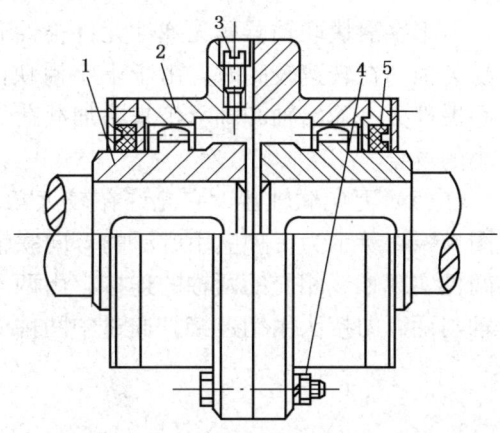

1—内套筒；2—外套筒；3—注油孔；
4—螺栓；5—密封圈

图 4-61 套筒联轴器图

图 4-62 鼓形齿联轴器

鼓形齿联轴器的优点是转速高（可达 3500 r/min），能传递很大的转矩（可达 10^6 N·m），并能补偿较大的综合位移，工作可靠，对安装精度要求不高。其缺点是质量大，制造较困难，成本高，因此多用在重型机械中。

（4）滑块联轴器，它是通过中间滑块在两半联轴器端面的径向槽内滑动，实现两半联轴器的连接。如图 4-63a 所示的十字滑块联轴器，由左套筒、右套筒和十字滑块组成。左、右套筒用键分别与两轴连接。十字滑块两端面带有互相垂直的凸肩，分别嵌入左、右套筒端面相应的凹槽中，将两轴连接为一体。如果两轴的轴线不重合，回转时十字滑块的凸肩将沿套筒的凹槽滑动，从而实现对两轴相对位移的补偿，如图 4-63b 所示。

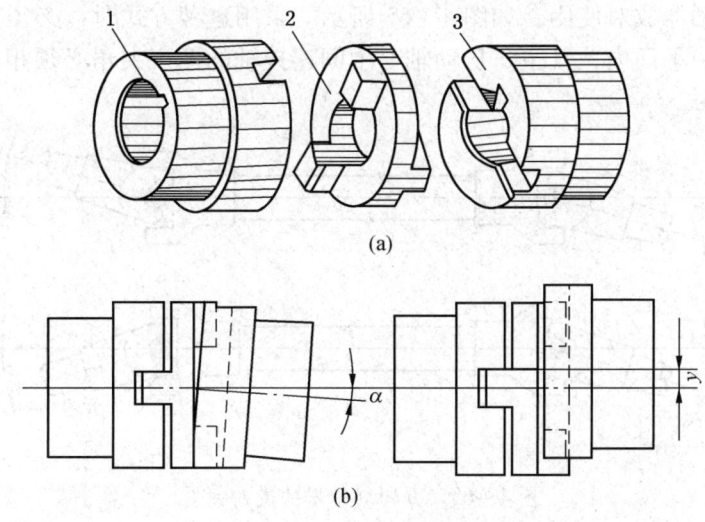

1—左套筒；2—十字滑块；3—右套筒

图 4-63 十字滑块联轴器

十字滑块联轴器属无弹性元件挠性联轴器，结构简单，径向尺寸小，但耐冲击性差，易磨损。在转速较高时，由于十字滑块的偏心（补偿两轴相对位移）将会产生较大的离心惯性力，而给轴和轴承带来附加载荷。因此，滑块联轴器适用于刚性大、转速低、冲击小的场合。

（5）万向联轴器，它允许在较大角位移时传递转矩，属无弹性元件挠性联轴器。如图 4-64 所示为一种应用广泛的万向联轴器——十字轴式万向联轴器。它通过十字轴式中间件实现轴线相交的两轴的连接，由两个具有叉状端部的万向接头和一个十字轴组成。两轴与两万向接头用销连接，通过中间件十字轴传递转矩。

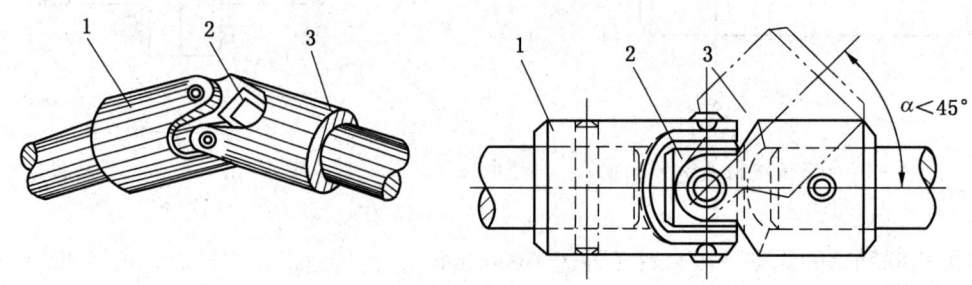

1、3—万向接头；2—十字轴

图 4-64　十字轴式万向联轴器

万向联轴器主要用于两轴相交的传动。两轴的交角最大可达 35°~45°。用万向联轴器连接的两相交轴，主动轴回转一周，从动轴也回转一周，但两轴的瞬时角速度是不相等的。也就是说主动轴以等角速度回转时，从动轴作变角速度回转。两轴交角越大，从动轴的角速度变化越大。由于从动轴回转时角速度的变化，会产生附加动载荷而不利于传动，因此常将万向联轴器成对使用，如图 4-65 所示。采用这种方式时，必须使中间连接轴的两端叉面位于同一平面内，且主、从动轴与中间连接轴的两个夹角必须相等。

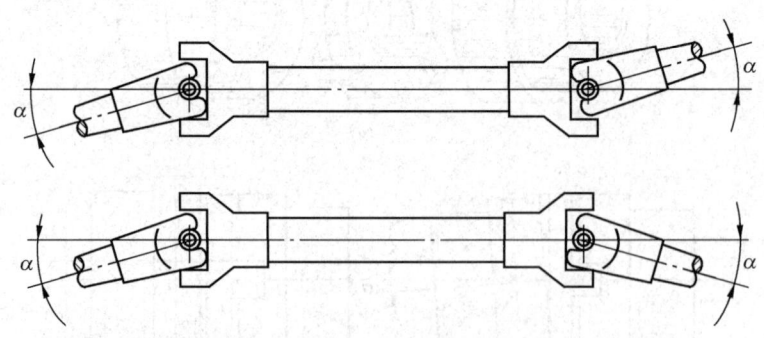

图 4-65　万向联轴器的成对使用

（6）弹性套柱销联轴器和弹性柱销联轴器。弹性套柱销联轴器是将一端带有弹性套的柱销装在两半联轴器凸缘孔中，而实现两半联轴器的连接。如图 4-66 所示，它的结构与凸缘联轴器相似，只是两个半联轴器的连接不是用螺栓，而是柱销，每个柱销上装有几个橡胶圈或皮革圈,利用圈的弹性补偿两轴的相对位移并缓和冲击、吸收振动。弹性套柱销联轴器通常应用于传递小转矩、高转速、启动频繁和回转方向须经常改变的机械设备中。

弹性柱销联轴器将若干非金属材料制成的柱销置于两半联轴器凸缘孔中,而实现两半联轴器的连接,如图 4-67 所示。柱销材料常用尼龙,其他具有弹性的非金属材料也可应用,如酚醛、榆木、胡桃木等。弹性柱销联轴器可允许较大的轴向窜动,但径向位移和偏角位移的补偿量不大。其具有结构简单,制造容易和维护方便等优点,一般多用于轻载的场合。

弹性套柱销联轴器和弹性柱销联轴器均属于非金属弹性元件弹性联轴器。

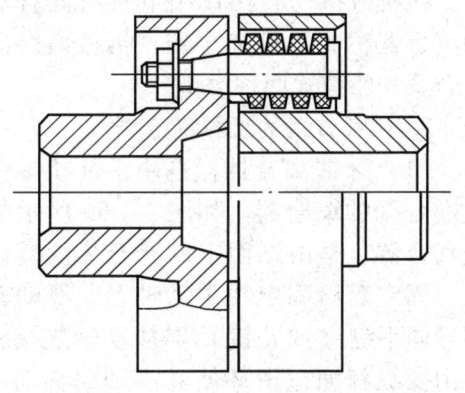

图 4-66 弹性套柱销联轴器

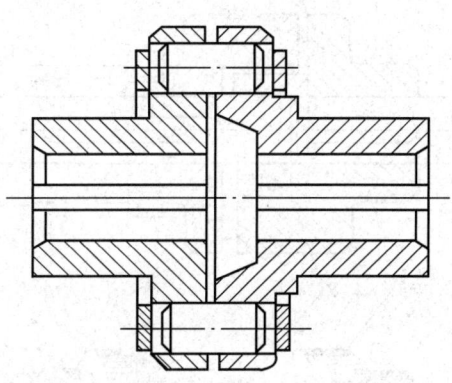

图 4-67 弹性柱销联轴器

(7) 安全联轴器。安全联轴器即具有过载安全保护功能的联轴器。当机器过载或受冲击时,联轴器中的连接件自动断开,中断两轴的联系,从而避免机器重要零、部件受到损坏。安全联轴器分为钢棒式、摩擦片式和永磁式 3 种。图 4-68 所示为常用的钢棒安全联轴器。钢棒(销)用作凸缘联轴器或套筒联轴器的连接件,其直径根据传递极限转矩时所受剪力确定,当传动转矩超过极限数值时,钢棒被剪断。为了改善或加强剪切效果,在钢棒预定剪断处,通常切有环槽或在钢棒外面安装钢套,以免损伤联轴器的其他零件。由于钢棒更换不便,因此,钢棒安全联轴器主要用于偶然性过载的机器设备中。

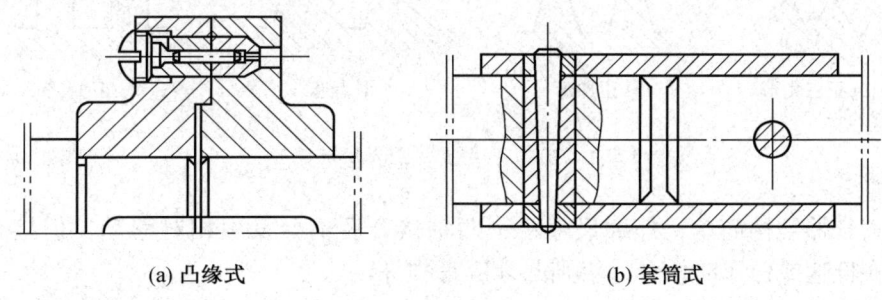

(a) 凸缘式　　　　　　　　　　(b) 套筒式

图 4-68 钢棒安全联轴器

(二) 离合器

1. 概述

离合器是主、从动部分在同轴线上传递动力或运动时,具有接合或分离功能的装置。

与联轴器的作用一样，离合器可用来连接两轴，但不同的是离合器可根据工作需要，在机器运转过程中随时将两轴接合或分离。

按控制方式不同，离合器可分成操纵离合器和自控离合器两大类。必须通过操纵接合元件才具有接合或分离功能的离合器称为操纵离合器，按操纵方式不同，操纵离合器又可分为机械离合器、电磁离合器、液压离合器和气压离合器等4种。自控离合器是指在主动部分或从动部分某些性能参数变化时，接合元件具有自行接合或分离功能的离合器。自控离合器又可分为超越离合器、离心离合器和安全离合器3种。

在机械机构直接作用下具有离合功能的离合器称为机械离合器。机械离合器有嵌合式和摩擦式两种类型。

2. 几种常用的机械离合器

（1）牙嵌离合器，是用爪牙状零件组成嵌合副的离合器。如图4-69所示的牙嵌离合器，是由端面上制有凸牙的套筒组成。固定套筒固定在主动轴上，滑动套筒用导向平键（或花键）与从动轴连接，并可由操纵杆通过滑环使其沿轴向移动，以实现离合器主、从动部分的接合或分离。为了使两个套筒对中，主动轴的固定套筒上安装有对中环，从动轴在对中环中可自由转动。牙嵌离合器通过凸牙的啮合来传递转矩和运动。常用的凸牙形状（沿圆周展开）如图4-70所示。其中，正梯形凸

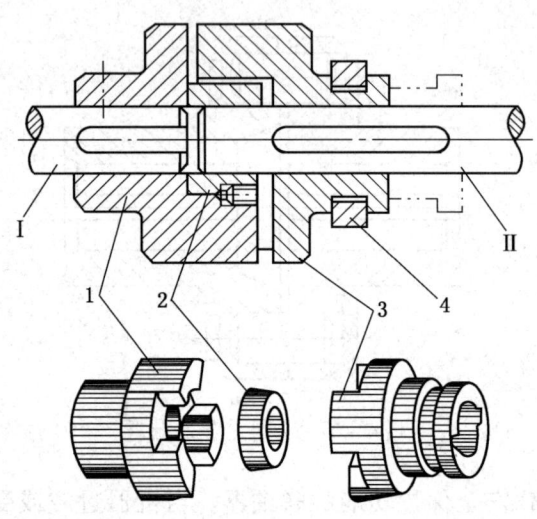

1—固定套筒；2—对中环；3—滑动套筒；4—滑环；
Ⅰ—主动轴；Ⅱ—从动轴
图4-69 牙嵌离合器

牙强度高，易于接合，能传递较大的转矩并自动补偿凸牙的磨损与间隙，应用较广；锯齿形凸牙只能传递单向转矩。

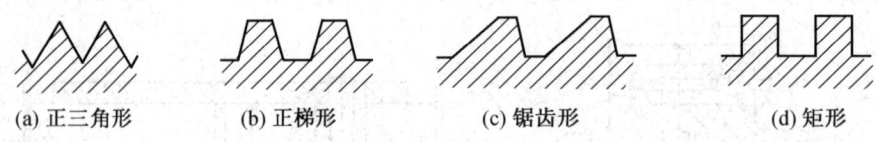

(a) 正三角形　　(b) 正梯形　　(c) 锯齿形　　(d) 矩形

图4-70 牙嵌离合器的常用牙型

牙嵌离合器结构简单，外廓尺寸小，两轴接合后不会发生相对移动，但接合时有冲击，只能在低速或停车时接合，否则凸牙容易损坏。

（2）齿形离合器，是用内齿和外齿组成嵌合副的离合器，如图4-71所示，多用于机床变速箱内。

（3）片式离合器，又称盘式离合器，是用圆环片的端平面组成摩擦副的离合器。如图4-72所示，离合器主要由两个圆盘组成。圆盘2固定在主动轴上，圆盘3用导向平键（或花键）与从动轴连接，并可以在轴上作轴向移动。利用弹簧5可将两圆盘压紧。工作时，依靠两盘间的摩擦力传递转矩和运动。杠杆用来控制离合器的接合或分离。

第四章 基础知识

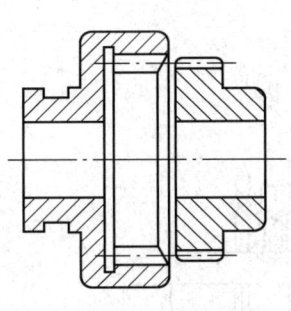

图4-71 齿形离合器

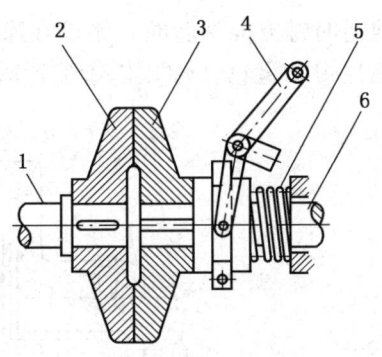

1—主动轴；2—主动圆盘；3—从动圆盘；
4—杠杆；5—弹簧；6—从动轴

图4-72 片式离合器

这种离合器需要较大的轴向力，传递的转矩较小，但在任何转速条件下，两轴均可以分离或接合，且接合平稳，冲击和振动小，过载时两摩擦面之间打滑，起保护作用。为了提高离合器传递转矩的能力，通常采用多片离合器。

图4-73a所示为多片离合器的结构。外鼓轮和内套筒分别用平键与主动轴和从动轴连接。离合器有两组摩擦片，一组为外摩擦片，其形状如图4-73b所示。外摩擦片外缘有3个凸齿，与外鼓轮内孔的3条轴向凹槽相配，其内孔则不与任何零件接触。外摩擦片随主动轴一起回转；另一组为内摩擦片，其形状如图4-73c所示。内摩擦片内孔壁上有3个凹槽（也可制成凸齿），与内套筒外缘上3个轴向凸齿（也可制成凹槽）相配，而其外缘则不与任何零件相接触。内摩擦片随从动轴一起回转。内、外摩擦片相间安装，两组摩擦片均可沿轴向移动。内套筒的外缘上与凸齿相间另开有3个轴向凹槽，槽中装有可绕销轴转动的角形杠杆，当滑环向左移动时，角形杠杆通过压板将两组摩擦片压向调节螺母，离合器处于接合状态，靠两组摩擦片间的摩擦力传递转矩和运动。调节螺母用以调节摩擦片之间的压力。当滑环向右移动时，弹簧片顶起角形杠杆，使两组摩擦片松开，主动轴与从动轴间的传动被分离。内摩擦片也可以制成碟形摩擦片，如图4-73d所示，在承压时被压平而与外摩擦片贴合，松开时由于碟形摩擦片弹性变形（弹力）的作用，可迅速与外摩擦片分离。

上面介绍的片式离合器和多片离合器都是机械操纵的摩擦式离合器。此外，摩擦式离合器的操纵方式还有电磁、液压、气压等，由此而形成的离合器结构各有不同，但其主体部分的工作原理是相同的。图4-74所示为一种电磁操纵的摩擦式离合器，是利用电磁力来操纵摩擦片的接合与分离的。当电磁绕组通电时，电磁力使电枢顶杆压紧摩擦片组，离合器处于接合状态；当电磁绕组不通电时，电枢顶杆放松摩擦片组，离合器处于分离状态。

（4）超越离合器，是通过主、从动部分的速度变化或旋转方向的变化，而具有离合功能的离合器。超越离合器属于自控离合器，有单向和双向之分。

图4-75所示为滚柱式单向超越离合器，由星轮、外圈、滚柱、顶杆和弹簧等组成。星轮通过平键与轴连接，外圈外轮廓通常为齿轮，空套在星轮上。在星轮的3个缺口内，各装有1个滚柱，每个滚柱被弹簧、顶杆推向由外圈与星轮的缺口所形成的楔缝中。当外

113

圈以慢速逆时针方向回转时，滚柱在摩擦力的作用下，被楔紧在外圈与星轮之间，这时外圈通过滚柱带动星轮（轴）以慢速逆时针方向同步回转。

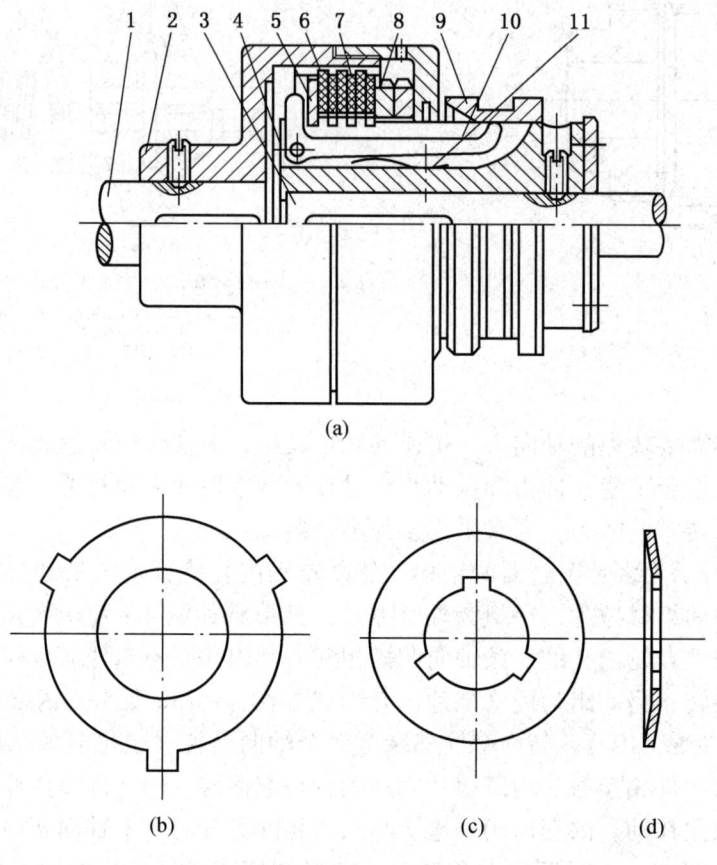

1—主动轴；2—外鼓轮；3—从动轴；4—内套筒；5—压板；6—外摩擦片；
7—内摩擦片；8—调节螺母；9—滑环；10—角形杠杆；11—弹簧片

图4-73　多片离合器

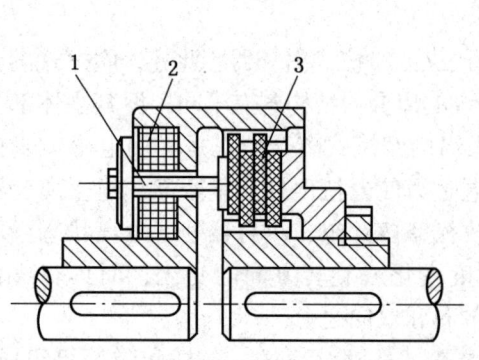

1—电枢顶杆；2—电磁绕组；3—摩擦片组

图4-74　电磁操纵的摩擦式离合器

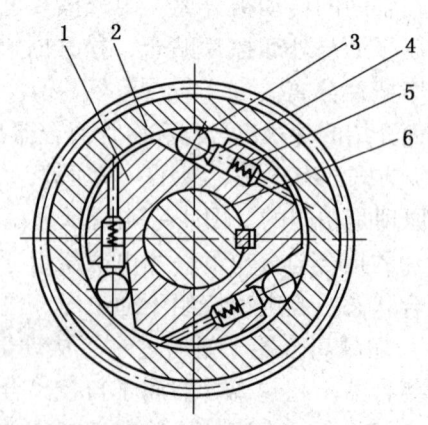

1—星轮；2—外圈；3—滚柱；4—顶杆；5—弹簧；6—轴

图4-75　滚柱式单向超越离合器

在外圈以慢速逆时针方向回转的同时，若轴由另外一个运动源（如电动机）带动快速作同方向回转，此时由于星轮的回转速度高于外圈，滚柱从楔缝中松回，使外圈与星轮脱开，按各自的速度回转而互不干扰。当电动机不带动轴快速回转时，滚柱又被楔紧在外圈与星轮之间，使轴随外圈作慢速回转。

图4-76为棘轮单向超越离合器。盘活套在轴上，棘轮通过平键与轴连接，当盘以一定的转速逆时针方向回转时，棘爪推动棘轮使轴同步逆时针方向回转。当轴在电动机驱动下快速逆时针方向回转时，棘爪在棘轮齿面滑过，盘仍保持原速回转。

图4-77所示为滚柱式双向超越离合器，星轮通过平键与轴连接，当空套的外圈顺时针方向慢速回转时，摩擦力使滚柱楔紧在外圈与星轮之间，外圈通过滚柱带动星轮，使轴以同样的转速顺时针方向回转。此时，内圈随着一起回转。当内圈在可逆电动机驱动下快速回转，由图中可以看出，无论内圈朝哪个方向快速回转，都能通过星轮使轴快速回转，从而满足了正、反两个方向均能超越的要求。此时，滚柱从楔缝中退出，外圈仍维持原来的转速回转。

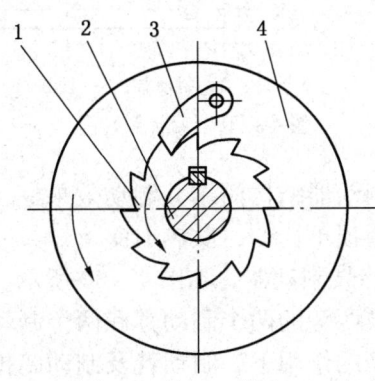

1—棘轮；2—轴；3—棘爪；4—盘

图4-76 棘轮单向超越离合器

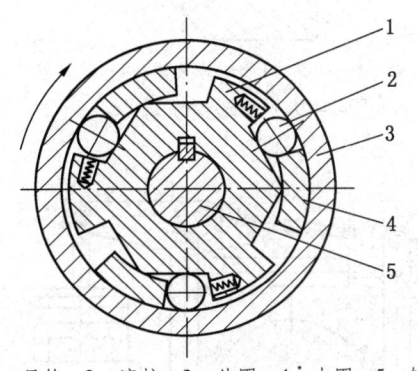

1—星轮；2—滚柱；3—外圈；4—内圈；5—轴

图4-77 滚柱式双向超越离合器

（三）制动器

1. 概述

制动器是利用摩擦阻力矩降低机器运动部件的转速或使其停止回转的装置。制动器必须满足以下要求：

（1）能产生足够的制动力矩。

（2）结构简单，外形紧凑。

（3）制动迅速、平稳、可靠。

（4）制动器零件有足够的强度和刚度。

（5）调整、维修方便。

制动带、鼓应具有较高的耐磨性和耐热性。制动器一般设置在机构中转速较高的轴上（转矩小），以减小制动器的尺寸。按其结构特征制动器可分为锥形制动器、带状制动器和蹄鼓制动器。

2. 常用制动器

（1）锥形制动器，如图4-78所示。外锥体固定在箱体壁上，内锥体通过导向平键与传动轴连接。通过操纵手柄将内锥体向右推向外锥体，使两内、外锥面贴紧，依靠两锥面间的摩擦力矩对传动轴实现制动。

锥形制动器一般应用在转矩较小的机构的制动。

（2）带状制动器，如图4-79所示。主要由制动轮、制动带和杠杆组成。制动轮通过平键与轴连接，在其外缘圆周上包一条内衬橡胶（或石棉、皮革、帆布）材料的制动钢带。当杠杆受外力 F 作用时，收紧制动带，通过制动带与制动轮之间的摩擦力实现对轴的制动。

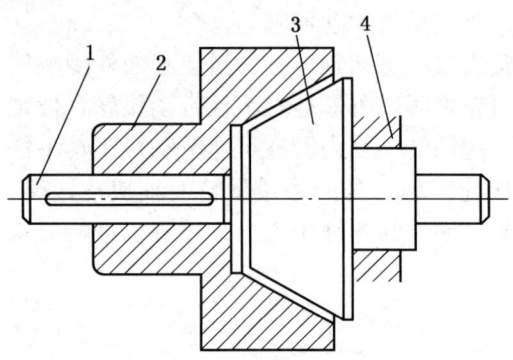

1—传动轴；2—内锥体；3—外锥体；4—箱体壁
图4-78 锥形制动器

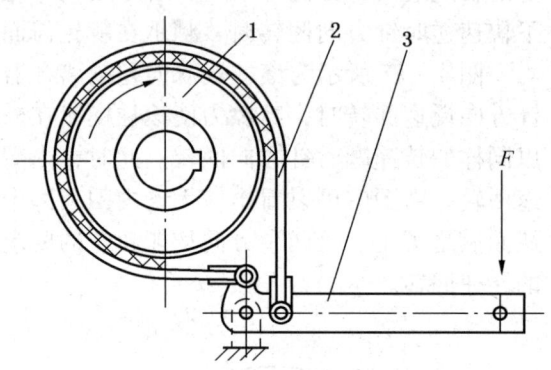

1—制动轮；2—制动带；3—杠杆
图4-79 带状制动器

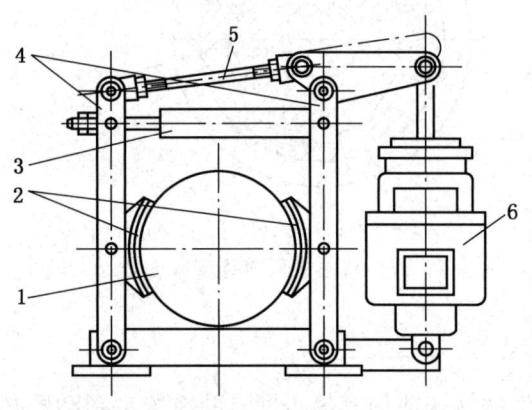

1—制动鼓；2—制动蹄；3—弹簧；4—制动臂；
5—推杆；6—松闸器
图4-80 蹄鼓制动器

带状制动器结构简单，制动效果好，容易调节，但磨损不均匀，散热不良。

（3）蹄鼓制动器，如图4-80所示。它由位于制动鼓两旁的两个制动臂和两个制动蹄组成，在弹簧的作用下，制动臂及制动蹄抱住制动鼓，制动鼓处于制动状态。当松闸器通入电流时，在电磁力的作用下，通过推杆松开制动鼓两边的制动蹄。松闸器也可以用人力、液压、气压操纵。

制动器按其工作状态，可以分为常闭式和常开式。常闭式制动器在未操纵时处于制动状态，当机构需要运转时，使制动器松开，如图4-80所示的蹄鼓制动器就是常闭式制动器。

常开式制动器在未操纵时处于非制动状态，只有需要时才使它制动，图4-78和图4-79所示的锥形制动器和带状制动器都是常开式制动器。

第四节 电气系统工作原理

一、电力拖动基本知识

通常，一套电力拖动装置由工作机构、电动机、传动机构、控制设备4部分组成。工作机构是生产机械执行工作的机械部分，如提升机的卷筒、钢丝绳及提升容器，采煤机的滚筒与截齿等。电力拖动过程中，负荷的变化往往来自工作机构。

电动机是电力拖动装置的原动机，它的作用是把电源提供的电能转变成机械能，用以拖动生产机械运转。

大多数情况下，电动机与工作机构并不直接连接，而是中间还有一套传动机构，用来变速或改变运行方式，如联轴器、输送带、链条及减速器等。

控制设备是控制电动机运转的设备，由各种控制电器和控制电机组成，用以控制电动机的启动、调速、制动和反接等。按操作方式，控制设备可分为手动、半自动和全自动控制。

除了上述4部分外，还有电源装置，如各种开关柜，上面配有继电保护装置和指示仪表，用以向电动机和控制设备供电。一些简单的电力拖动装置，电源和控制设备常装在一起。

电力拖动装置的组成如图4-81所示。

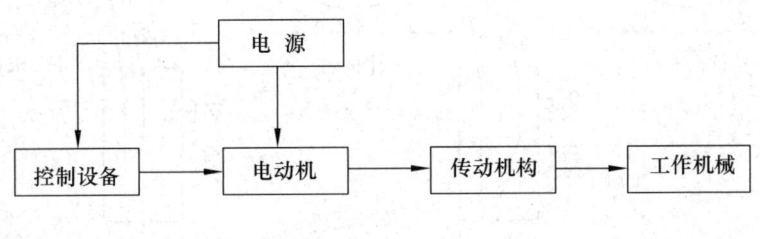

图4-81 电力拖动系统示意图

二、输送机的电控系统

刮板输送机和带式输送机均属于连续输送机械，适用于连续生产条件，是煤矿井下主要运输机械之一。随着我国采煤机械的迅速发展，煤炭产量不断提高，要求连续、高强度和大运输量的输送机组成输送机线，以满足生产需要。对于这些输送机可以单独控制，也可以集中控制。所谓单独控制是指在一条输送机线上，每台单机由一名司机负责开机、停机，并密切注视输送机的运行状况，一旦发现断链、电动机堵转等故障时应及时停机。这种控制方式占用大量的劳动力，有时司机精力不集中，在事故发生的情况下不能及时停机，造成事故扩大，严重地影响了生产。而集中控制的每条输送机线则只由一名司机操作，有完善的保护和信号系统，实现了输送机线自动化，有利于提高劳动生产率，保证安全生产。

（一）输送机的单独控制系统

输送机的单独控制比较简单，相当于用磁力启动器直接启动一台电动机，一般接成远方控制操作形式。为保证启动顺序，各台输送机磁力启动器之间要进行联锁，方法是后一台输送机磁力启动器的9号线不在本台上接地，而是接到前一台输送机的磁力启动器的13号线上，通过接触器的常开触点接地。这样只有前一台启动器合闸后，后一台才能启动，如图4-82所示。

启动过程如下：

按下首台启动按钮1SB，首台接触器合闸，触头闭合，电动机启动；辅助触点KM_2

闭合，磁力线圈电流经 KM_2、2 号控制线、远方停止按钮 2SB 自保，KM_3 闭合，为第二台启动做好准备。按下第二台远方启动按钮 1SB，磁力线圈 KM 通电，其电流经第一台 KM_3 形成回路。

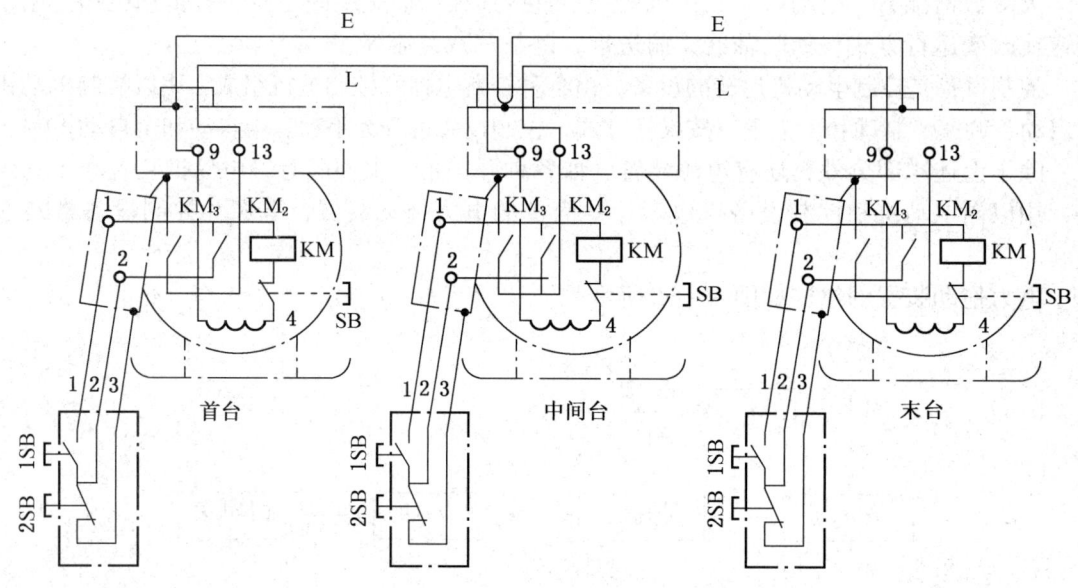

图 4-82　输送机的联锁控制

变压器一端 4→停止按钮 SB→KM 线圈→1 号控制线→本台 1SB→3 号控制线→本台启动器外壳→联络接地线 E→前台 KM_3→前台 13 号端子→联络线 L→本台 9 号端子→变压器另一端。

本台启动，本台 KM_3 又为下一台启动做好准备。

启动时各台间要留有几秒钟的时间间隔，以防止启动电流叠加起来，电流太大而产生过大的电压降，造成启动困难，甚至引起过电流保护装置动作，酿成停电事故。

停止时可按与启动相反的顺序，从后到前逐台停机，也可利用第一台的停止按钮直接停全线各机。

这种控制方式优点是电路简单，维修方便，并能实现启动顺序的联锁，但存在一个突出问题，即控制线接地。这是《煤矿安全规程》所不允许的。解决办法是变更 QC83-80 型磁力启动器的内部接线，将 KM_3 与地断开，3 号操作线与地断开，联络线 E 也与地断开，然后三者连在一起。另一个办法是换用隔爆兼本安型磁力启动器，如 QC810 系列等。这种启动器控制电流很小，触点通断时，产生的火花能量很小，不足以点燃瓦斯。

（二）输送机的有线集中控制系统

输送机的集中控制一般分为有线集中控制、动力载波集中控制、载波与有线混合集中控制等几种方式。

对集中控制一般有以下几方面的要求。

1. 控制方面

（1）输送机能按逆煤流方向启动，台间延时 3~4 s，以免同时启动电流太大，对电网造成冲击，造成启动困难甚至引起停电事故。

（2）能在任何一台输送机机头处迅速停止本机及向本机供煤的各台输送机。两台输送机机间停车时差不能太大，否则会造成堆煤和拉回头煤事故。

（3）集中控制和单台人工控制能方便地转换，以便在检修时不影响生产。

（4）输送机由于运输距离较长，要求沿线有较多的停机点。

2. 信号方面

（1）联络通信方面：用铃声长短或扩音电话作多点联系。

（2）启动预告信号：用铃声或喇叭声警告沿线机务人员，输送机将要启动。

（3）事故报警信号：用灯光或音响警告操作和维修人员，输送机因故停车，要求及时予以处理。

（4）集中监视信号：用灯光、数字屏或仪表在集中控制处监视各台输送机的工作情况，如果事故停车，从集中监视装置可以发现是第几台输送机出现了事故。

（5）满仓信号：煤仓装满后，要求自动停机，以免拉回头煤造成事故。

3. 保护方面

（1）刮板输送机：出现断大链、小链、跳牙、断联轴器销子、电动机堵转、液压联轴器漏油等故障时，要及时停车，并发出事故报警信号。

（2）输送带输送机：对输送带跑偏、纵向撕裂和横向断裂、输送带打滑、卡漏斗、压机尾等要有保护措施。

（三）YJH 型有线集控系统

本系统为本质安全型，可用在瓦斯、煤尘爆炸危险的矿井中无滴水及剧烈震动的地方；可控制刮板输送机或带式输送机，或者由二者混合组成的无分支输送机，最多可集控 10 台。

1. 主要技术性能

1）电源箱

交流输入：

36 V 或 127 V，220 V；波动范围 +10%，-15%。

直流输出：

电话电源 21 V，1.3 A；稳压范围 <1 V。

控制电源 24 V，0.2 A；稳压范围 <1 V。

2）控制箱

逆煤流方向顺序启动。

启动延时：$t_{st} = 2 \sim 3$ s；

保持延时：$t_m = 3 \sim 5$ s；

释放延时：$t_r = 1.5 \pm 0.5$ s。

3）扩音电话

灵敏度（输出 1/4 额定功率时）：<25 mV；

额定输出功率：750 mW；

失真系数（1 kHz 时）：<8%；

电流（额定输出时）：<100 mA。

2. 系统主要设备

矿用隔爆兼本质安全型电源箱 DYBH-1 型 1 台；矿用本质安全型操纵箱 NYH-1 型 1 台；矿用隔爆兼本质安全型控制箱 KYBH 型（或矿用增安兼本质安全型控制箱 KYAH 型）5 台；矿用本质安全型磁感应发生器 FYH 型 5 台。

3. 系统工作原理

图 4-83 为 YJH 型输送机集中控制系统图。现将系统工作原理简述如下：

1）稳压电源

本系统有两组稳压电源，即 21 V 扩音电话电源和 24 V 控制电源。由电源箱统一给机线供电，每台输送机不再设电源。两组直流电源共用一只整流变压器 TC。

扩音电话电源较为复杂，采用了单相桥式整流、电容滤波。由于负载电流较大，串联稳压电源用 V_1、V_2 组成的复合管做调整管，V_5 为比较放大管，由 R_8 和稳压二极管 V_7 提供了基准电压，电阻 R_9、R_{10} 和电位器 RP 组成取样电路。输出电压和微小变化反映到 V_5 基极上，经 V_5 放大，控制 V_2、V_1，自动调整，保持输出电压稳定。V_3 为过载保护管，负载电流过大时，R_7 上的电压降加大，使 V_3 导通，给 V_2 和 V_1 分流，限制了负载电流。V_4 为短路保护管，电阻 R_1、R_2 分压，提供 V_4 基极电位。当输出端短路时，V_4 发射极升高到正电位，V_4 饱和导通，使 V_2、V_1 基极回路短路而截止，切断了输出。当故障排除后，按下按钮 1SB，使 V_4 截止，电路恢复正常工作。

继电器 KA 和电阻 R_{11} 组成过压保护环节。当调整管 V_1 击穿导通或短路时，有一高电压加到输出端，继电器 KA 吸合，其常开触点 KA_1 打开，切断输出，从而保护了后面的操纵箱和控制箱电路；常开触点 KA_2 闭合，故障指示灯 H_2 亮，指示电路过电压。改变 R_{11} 可调整动作电压值。由于线路额定电压为 21 V，故过压保护值出厂时调到 23~28 V。

按钮 2SB 做停电用，同时也起到检查短路保护的作用。按下 2SB 时，人为地制造负载短路，使 V_4 饱和，V_2、V_1 截止，切断直流输出。R_2 上的电压降，经 R_{10}、R_p、R_9 加到 V_4 的发射极上，维持 V_4 的导通，使 V_2、V_1 保持截止状态。

控制部分的稳压电源输出 24 V 直流电压，电路与前面讲的基本上相同，只是更简单一些，省去了短路保护和过电压保护环节，增加了限流电阻 R_1 和 R_2。滤波部分使用了 C_1、R_1、C_2 组成的 "Π" 形滤波器，过载保护电路出厂时调定保护电流为 0.2 A。

2）操纵箱

操纵箱中装有系统的操作开关，各台输送机工作情况的监视仪表及音响信号发生器。

启动时合上开关 SA：21 V 电源供到 V_1、V_2 组成的多谐振荡器上，振荡器起振，发出 1 kHz 左右的音频信号，经电容器 C_3 耦合到专用信号线上，进入各台控制箱中的音频放大器，使每台输送机的喇叭发出启动预告信号。当最后一台启动完成后，因 V_5 导通使 +24 V 经二极管接地，通过大地回到操纵箱中的 L、V_3，加到 V_1 基极上，使振荡停止，启动预告完毕。

若某台输送机因故障停车时，由于联锁作用，必然使最后一台停止工作，其控制箱中的 V_5 截止，24 V 电源加不到振荡管 V_1 的基极上，振荡器又开始工作，各台喇叭又响，发出事故报警信号。

输送机启动台数监视由 PA 担任。PA 是由微安表改装成的。当开关 SA 合上后，24 V 直流电经 PA 表供给各台输送机的控制箱。每启动一台输送机，就有一台控制箱投入工

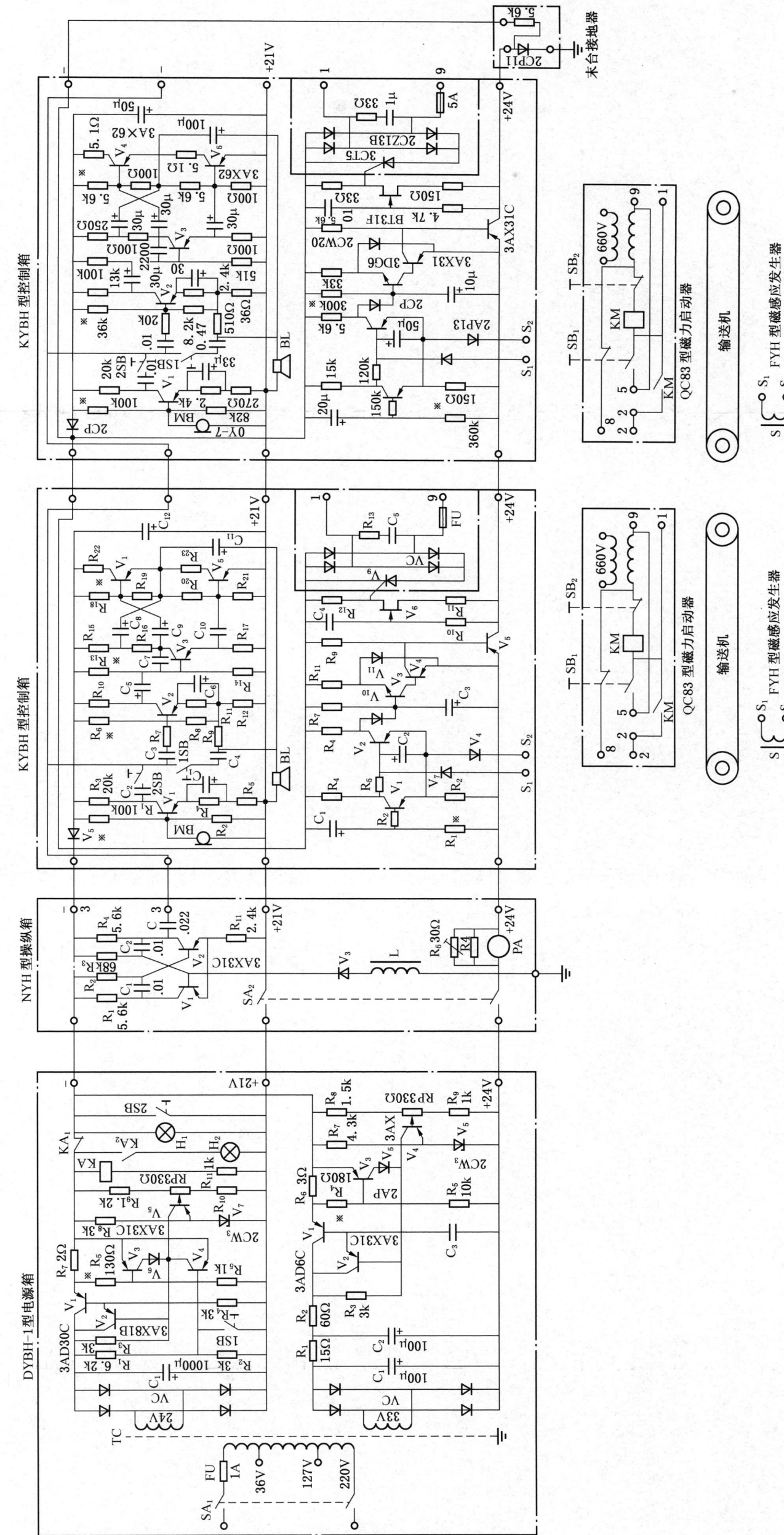

图 4-83 YJH 型输送机集中控制系统

作，流经 PA 表的电流就增大一次，使表针多摆一格。表盘上显示出相应的输送机台号，指针便准确地指出输送机线的工作情况。

3）控制箱

控制箱由通信信号系统和控制系统两部分组成。

通信信号部分是一个音频放大器，由 5 只晶体管组成。发话时按下手持送话器的按钮 2SB，接通第一级晶体管放大器，对着送话器 BM 讲话时，话音电流送到 V_1 基极，经 V_1 放大后，通过 C_2、C_3 和 R_7 送到 V_2 基极，再经 V_2 放大并耦合到 V_3 基极，进行倒相放大，放大后 R_{16} 和 R_{17} 上的电压降经由 C_8、C_9、C_{10} 耦合到 V_4 和 V_5 基极上做甲乙类推挽放大，最后经 C_{11} 送到扬声器 BL，发出音响。为了改善音质，将放大器的输出端，通过 R_9、R_{12} 加到第二级形成电压串联负反馈。同时 R_{12} 上还有第二级本身的电流串联负反馈。R_5 上有第一级的电流串联负反馈。

第一级为共射放大电路，进行电压放大，以提高送话器送出的信号电压。

第二级为共射放大电路，在基极上串入电阻 R_7，提高输入阻抗，以利于多台并联。由于各台控制箱的第二级音频放大器并联，故第一台发话时，各台上的扬声器都发声。

第三级为负载倒相级，通过 C_8、C_9 的交叉耦合，保证了 V_4 和 V_5 的基极输入信号电压相位相反。

末级采用了无输出变压器式推挽放大，即 OTL 电路。在 OTL 电路中三极管 V_4、V_5 的直流供电为串联，而交流负载是并联，总输出阻抗较低，因而可以直接用高阻抗扬声器做负载，省去了输出变压器。

当按下呼叫按钮 1SB 时，输出信号经 C_4、C_3、R_7 正反馈到三极管 V_3 基极，产生自激振荡，振荡信号经信号线"≈"送到各台控制箱的 V_2 基极，使全线各扬声器振鸣，发出联络信号。

控制部分为磁感应发生器传感，晶体管延时和故障保护，晶闸管无触点开关电路。

磁感应发生器是利用电磁感应的原理发出输送机运行信号的，其结构如图 4-84 所示。

磁感应发生器的核心元件是永久磁铁和线圈。平时环形永久磁铁的磁力线圈通过环形软铁、上盖穿过铜套，进入柱形铁芯和底部铁托构成闭路。当输送机的链板掠过发生器的上盖时，使线圈和柱形铁芯间的磁阻发生变化，柱形铁芯中的磁通也发生变化，在线圈中感应出交变电压。当输送机发生事故时，大链停止运动，磁通不再变化，

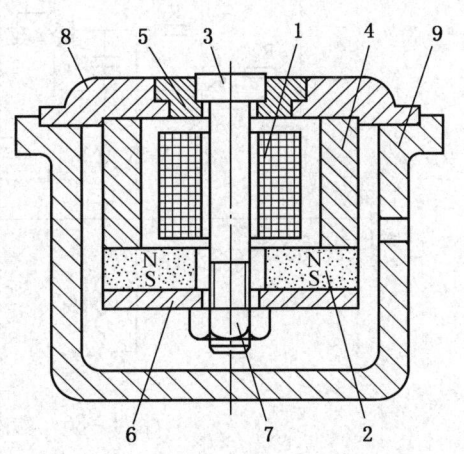

1—线圈；2—永久磁铁；3—柱形铁芯；
4—环形软铁；5—铜套；6—底部铁托；
7—螺母；8—上盖；9—外壳

图 4-84 磁感应发生器的结构

感应电势随之消失。因而感应电势的有无反映了输送机的运行状态。磁感应发生器的线圈易受潮，使输出电压降低。磁感应发生器的安装如图 4-85 所示。

磁感应发生器的启动、保护电路采用晶体管延时和故障保护，晶闸管无触点开关电路，如图 4-86 所示。

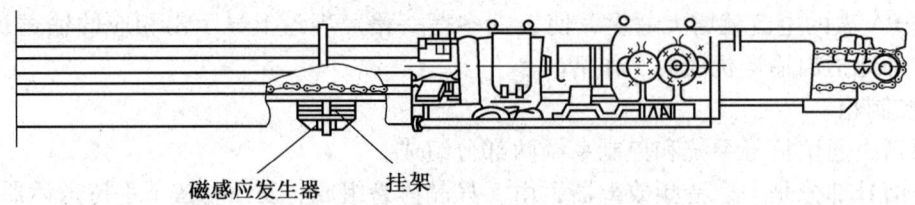

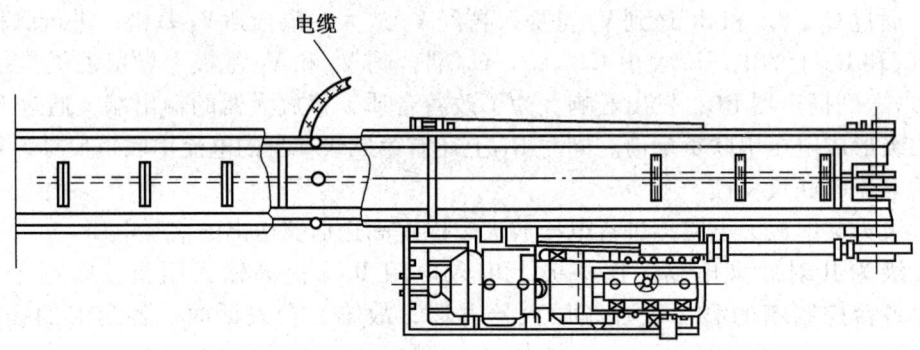

图 4-85 磁感应发生器的安装示意图

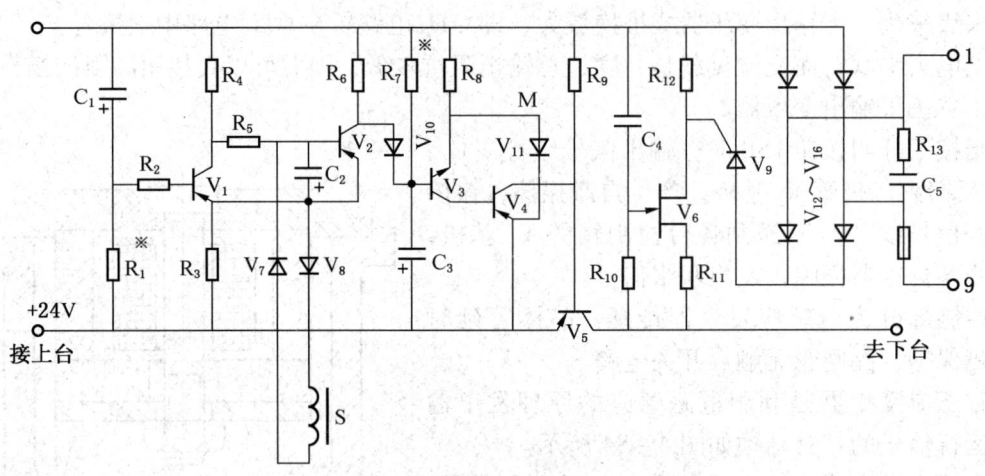

图 4-86 磁感应发生器的启动、保护电路

第一部分是延时启动电路：电容器 C_3、电阻 R_7、R_8，三极管 V_3、V_4 和稳压管 V_{11} 组成延时启动环节。前台输送机启动后，将 24 V 正电源供到本电路上，C_3 经 R_7 和 V_3 发射极、R_8 两路充电，开始延时启动。这时因 V_3 导通 V_4 饱和而迫使 V_5 截止。随着 C_3 充电电流的减小，R_8 上的压降也逐渐减小，M 点的电位随之降低，稳压管 V_{11} 上的电压慢慢增加。延时约 2 s 以后，当达到 V_{11} 的击穿电压 16 V 时，V_{11} 击穿，M 点电位突然上升，V_3 和 V_4 截止，V_5 饱和导通。单结晶体管 V_6 得到 24 V 正电源，产生弛张振荡，输出尖脉冲去触发晶闸管 V_9、V_9 导通，接通了磁力启动器的 1 和 9 号线，接触器合闸，本台输送机启动。同时将 24 V 正电源送到下一台，下一台开始启动。从前台启动到本台启动的时间

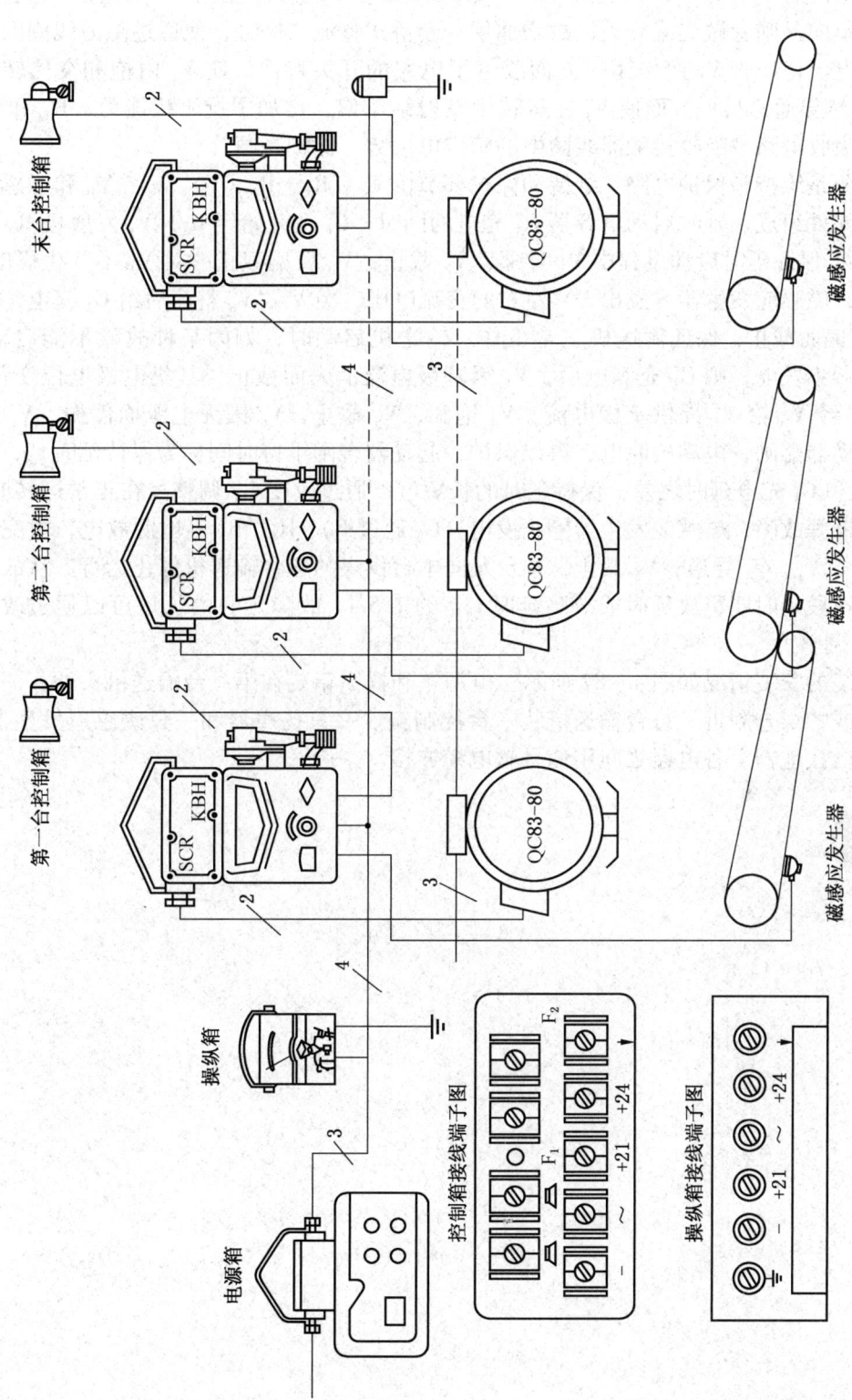

图 4-87 YJH 集控系统安装接线示意图

间隔为本电路的启动延时 t_{st}，约为 2~3 s。t_{st} 的长短可以通过改变 R_7 阻值加以调整。由于使用了单向晶闸管做交流开关，故增加了一套桥式整流二极管，使通过磁力线圈的电流仍为交流电。稳压管 V_{11} 的作用一方面改善了电路的开关特性，使 V_4 由饱和突然转为截止，V_5 突然导通；另一方面使 V_3 在运转中发射结反偏，增加了抗干扰能力。R_{13} 和 C_5 组成过电压吸收电路，吸收接触器线圈中的感应电动势，保护晶闸管。

第二部分是维持和保护电路：维持和保护环节由 C_1、R_1、R_2、V_1、V_2、V_{10} 和磁感应发生器 S 等元件组成。延时启动电容器 C_3 充电的同时，C_1 也开始经 R_3、V_1 发射极 R_2 和 R_1 两路充电，保证延时启动过程中 V_1 导通，V_2 截止，V_{10} 反偏截止，对 V_3 不产生影响。启动正常后，磁感应发生器 S 发出 3 V 左右的交流电压，经 V_7、V_8 整流后给 C_2 充电，使 V_2 发射结反偏而截止，保证输送机正常工作。输送机启动时，如因某种故障不能启动，磁感应发生器不发电，则 C_1 充满电后，V_1 因基极电流消失而截止，其集电极电位变负，使 V_2 导通，经 V_{10} 给 V_3 提供基极电流，V_4 饱和，V_5 截止，V_6 因无电源而停振，V_9 关断，磁力启动器落闸，电动机断电，得以保护，起动器合闸维持时间称为保持延时 t_m，即 C_1 充电延时和 C_3 充电延时之差，保持延时的长短可以通过改变 R_1 调整。在正常运转时，若出现断大链等故障，磁感应发生器停止发电，C_2 通过 R_3、R_4、R_5 经电源放电，放完电后，V_2 导通，V_3、V_4 导通，V_5 截止，本台及向本台供煤的各台输送机停止运行。从故障出现到停车这段延时叫释放延时或故障延时 t_r，约 1.5 s。故障延时的长短可以通过改变 C_2 的电容量调整。

整个系统的安装情况如图 4-87 所示。电源箱和操纵箱装在第一台输送机头处，一般设在装车点或贮煤仓附近。每台输送机装一台控制箱、一只扬声器和一只磁感应发生器，末台加装一台接地器。各电器之间用信号软电缆连接。

第五章 专业知识

第一节 带式输送机

一、带式输送机的结构和技术特征

（一）带式输送机的主要组成部分

带式输送机主要由机头部、机身部、机尾部、输送带、拉紧装置和清扫装置组成。

1. 机头部

机头部主要由电动机、液力偶合器、减速器、主副传动滚筒和卸载臂等组成。

电动机用来提供动力；液力偶合器用来均衡电动机的负载，改善电动机启动性能；减速器用来降低转速，增大扭矩；传动滚筒用来传递动力；卸载臂用来卸载，其上的卸载滚筒能在一定范围内防止输送带跑偏。

2. 机身部

机身部由托辊和机架组成。

托辊的作用是支承输送带，减小输送带运行阻力，并使输送带的垂度不超过一定的限度，以保证输送带平稳运行。托辊按其用途可分为槽形托辊、平形托辊、调心托辊和缓冲托辊等。

槽形托辊一般由 3 个短托辊组成，槽角一般为 30°，主要用于上托辊；平形托辊一般为一个长托辊，主要用于下托辊，除支承回空段输送带外，还可借支座的 3 个槽口来调整托辊的位置，以纠正回空段输送带的跑偏现象；调心托辊可分为槽形和平形两种，它们都是利用输送带跑偏时碰撞本身的立辊来带动回转架，以达到纠正输送带跑偏的目的；缓冲托辊本身的主要特点是托辊外部加装橡胶圈，安装在输送机的装载处，以保护输送带。

机架是输送机的支承架，用于支承托辊、输送带，以保证带式输送机的正常运转。机架按结构可分为吊挂式和落地式。

3. 输送带

输送带是带式输送机中最重要也是最昂贵的部件。常见的输送带有普通输送带、整体输送带、钢丝绳芯输送带、花纹输送带、钢缆输送带。

输送带一般由带芯和覆盖层组成。带芯由各种织物或钢丝绳构成，是输送带的骨架层，几乎承受输送带工作时的全部负荷。上覆盖胶层一般较厚，这是输送带的承载面，直接与物料接触并承受物料的冲击和磨损，下覆盖层是输送带与支承托辊接触的一面，主要承受压力,为了减少输送带沿托辊运行时的压陷阻力,下覆盖胶层的厚度一般较薄,侧边覆盖胶的作用是当输送带发生跑偏使侧面与机架相碰时,保护其不受机械损伤,故要求覆盖胶耐磨。

4. 拉紧装置

拉紧装置的作用,一是保证输送带有足够的张力,使滚筒与输送带之间产生必要的摩擦力;二是限制输送带在各支承托辊间的垂度,使带式输送机能正常工作。

井下使用的拉紧装置可分机械拉紧式和坠砣拉紧式两种。

5. 清扫装置

输送带卸载后为了保持其清洁,防止输送带损坏,保证带式输送机的正常运行,必须对输送带表面进行清扫。清扫装置,安装在机头卸载滚筒的下部,使刮板紧贴输送带的外表面;另外安装在靠近机尾换向滚筒处,一般为犁形清扫器。过去都使用重锤式清扫刮板,现已广泛改用弹簧式清扫刮板。

清扫装置对双滚筒传动尤为重要。因为装煤的输送带上表面要与传动滚筒接触,若清扫不净,会使输送带受到损坏,或由于煤粉等杂质黏结在滚筒表面上,使输送带过快磨损和发生输送带跑偏。

在机尾处的清扫器如果使用不当,由于输送带跑偏等各种原因造成输送带下表面的杂物进入机尾滚筒与输送带之间,不仅会损坏输送带,而且大块矸石等还会卡住输送带,使输送带打滑甚至拉断输送带或拉翻机尾,后果十分严重。

6. 制动装置

对倾斜输送物料的带式输送机,为了防止有载停车时发生倒转或顺滑现象,或者对于停车时间有严格要求的带式输送机,应设置制动装置。制动装置按工作方式不同分为逆止器和制动器。织物芯带式输送机常用带式逆止器、滚柱逆止器和液压电磁闸瓦制动器,钢丝绳芯带式输送机则常用液压电磁闸瓦制动器和盘式制动器。

(二) 技术特征

(1) 普通橡胶输送带的规格见表5-1。

(2) 钢丝绳芯输送带的主要参数见表5-2。

(3) DSP系列可伸缩带式输送机的主要技术特征见表5-3。

表5-1 普通橡胶输送带的规格

帆布层数 i	上胶+下胶厚度/mm	带宽 B					
		500	650	800	1000	1200	1400
		每米质量/kg					
3	3.0+1.5 4.5+1.5 6.0+1.5	5.02 5.88 6.74					
4	3.0+1.5 4.5+1.5 6.0+1.5	5.82 6.68 7.55	7.57 8.70 9.82	9.31 10.70 12.10			
5	3.0+1.5 4.5+1.5 6.0+1.5		8.62 9.73 10.87	10.60 11.98 13.38	13.25 14.98 16.71	15.90 17.95 20.05	

表 5-1（续）

帆布层数 i	上胶+下胶厚度/mm	带宽 B					
		500	650	800	1000	1200	1400
		每米质量/kg					
6	3.0+1.5			11.80	14.86	17.82	20.80
	4.5+1.5			13.28	16.59	19.90	23.20
	6.0+1.5			14.65	18.32	22.00	25.65
7	3.0+1.5				16.47	19.80	23.10
	4.5+1.5				18.20	21.85	25.50
	6.0+1.5				19.93	23.95	27.95
8	3.0+1.5				18.08	21.65	25.30
	4.5+1.5				19.81	23.80	27.75
	6.0+1.5				21.54	25.82	30.10
9	3.0+1.5					23.60	27.55
	4.5+1.5					25.70	30.00
	6.0+1.5					27.80	32.40
10	3.0+1.5					25.55	29.80
	4.5+1.5					27.65	32.25
	6.0+1.5					29.70	34.70
11	3.0+1.5						32.10
	4.5+1.5						34.50
	6.0+1.5						36.80
12	3.0+1.5						34.30
	4.5+1.5						36.70
	6.0+1.5						39.20

二、带式输送机的驱动装置

驱动装置的作用是在带式输送机正常运行时提供牵引力或制动力。它主要由传动滚筒、减速器、联轴器和电动机组成。减速器、联轴器和电动机又构成驱动单元。

（一）驱动装置的类型及布置形式

驱动装置按传动滚筒的数目分为单滚筒驱动、双滚筒驱动及多滚筒驱动；按电动机的数目分为单电动机驱动、双电动机驱动、多电动机驱动，每个传动滚筒既可配一个驱动单元，又可配两个驱动单元，而且每个驱动单元也可以配两个传动滚筒。随着运输能力和运输距离的增大，电动机功率不断增大，多电动机的传动装置不断增多。在井下采用多电动机传动可以降低传动装置的体积，减少硐室的开拓量。

单滚筒传动用于不太大的输送机上，双滚筒及多滚筒传动多用于井下输送机上，这样的好处是传动装置结构紧凑，又可增大围抱角，以适应井下的不利条件。滚筒表面由于其制造工艺的不同，有光面、包胶和铸胶之分。在功率不大、环境湿度小的情况下，可采用光面滚筒；在环境潮湿、功率大、容易打滑的条件下，采用胶面滚筒，因胶面滚筒摩擦系数大，可以提高输送机的牵引能力。

表 5-2 钢丝绳芯输送带的主要参数

型号	GX-650	GX-800	GX-1000	GX-1250	GX-1600	GX-2000	GX-2500	GX-3000	GX-3500	GX-4000
带芯强度/(σ_d N/cm)	6500	8000	10000	12500	16000	20000	25000	30000	35000	40000
钢绳直径/mm			4.5			6.75	8.1	9.18		10.3
钢绳结构			$7\times7\times3-0.25$			$7\times7\times7-0.25$	$7\times7\times7-0.3$		$7\times7\times7-0.34$	$7\times7\times7-0.38$
破断张力/N			14000			33000	43000	55000		69000
上、下覆面厚度/mm			$6+6$			$7+7$	$8+8$	$8+8$		$8+8$
带厚/mm			18			22	25	27		28
钢绳间距/mm	20	17	13.5	11	20	16	17	18	15.5	17
每平方米带的质量/kg	23.54	24.33	24.63	25.33	32.25	33.42	39.98	41.51	43.23	47.10
带宽度/mm	800	800~1000	800~1200	800~1400	800~1800	800~2000	800~2000	800~2000	800~2000	800~2000

注：以 GX-1000 为例，G—钢绳，X—芯体，1000—每厘米宽胶带的破断力为 1000 N。

表 5-3 DSP 系列可伸缩带式输送机的主要技术特征

型号	运输量/(t·h^{-1})	运输长度/m	输送带			传动卷筒直径/mm	总围包角/(RED)	托辊			电动机				液力联轴器	机头外形尺寸(高×宽×长)/(mm×mm×mm)	重量/t
			宽度/mm	速度/(m·s^{-1})	强度/(N/2.5cm)			直径/mm	上托辊间距/m	下托辊间距/m	型号	功率/kW	转速/(r·min^{-1})	电压/V			
DSP-1063/1000	630	800~1000	1000	1.88	14750	630	455	108	1.5	3	JDSB-125	125	1480	660/1140	YL-500	1665×2662	95
DSP-763/1000	630	600~700	1000	1.88	14750	630	455	108	1.5	3	DSB-90	90	1475	660/1140	Tfa487	1665×2662	74
DSP-563/1000	630	400~500	1000	1.88	14750	630	455	108	1.5	3	DSB-75	75	1475	660/1140	Tfa487	1665×2662	60
DSP-363/1000	630	100~300	1000	1.88	14750	630	455	108	1.5	3	DSB-75	75	1475	660/1140	Tfa487	1665×2662	46
DSP-1035/800	350	800~1000	800	1.65	9000	450	450	108	1.5	3	DSB-90	90	1475	660/1140	Tfa487	1300×2083	47.1
DSP-735(45)/800	350450	600~700	800	1.652	9000	450	450	108	1.5	3	DSB-75	75	1475	660/1140	Tfa487	1300×2083	44.8
DSP-535(45)/800	350450	400~500	800	1.652	9000	450	450	108	1.5	3	DSB-75	75	1475	660/1140	Tfa487	1300×2083	39.4
DSP-335(45)/800	350450	100~300	800	1.652	9000	450	450	108	1.5	3	DS$_2$B-40	40	1470	380/660	YL-400	1300×2083	34

按驱动单元的轴线与输送机机身的关系，驱动装置的布置形式有垂直式和并列式两种。与垂直式相比较，并列式具有驱动装置横向尺寸小，占地面积小，适合工作空间小的场合，特别适合煤矿井下工作环境，但并列式布置要求减速器垂直输出轴，因此，制造要求高，价格较高。我国生产的 TD-75 与 DX 系列带式输送机驱动装置均为垂直式布置。

（二）驱动装置的组成

1. 传动滚筒

按其内部传力特点可分为常规传动滚筒（简称传动滚筒）、电动滚筒和齿轮滚筒。

传动滚筒主要由筒壳、辐板、轮毂、传动轴、连接和支承件等组成。动力是通过轴输入或输出的。传动滚筒内部装入减速机构和电动机的叫作电动滚筒，其内部只装入减速机构的叫作齿轮滚筒。

传动滚筒表面形式有钢制光面和带衬两种形式。衬垫的主要作用是增大滚筒表面与输送带之间的摩擦系数，减小滚筒表面的磨损，并使表面有自清作用。常用的滚筒衬垫材料有橡胶、陶瓷、合成材料等。其中最常见的属橡胶，橡胶衬垫与滚筒表面的接合方式有铸胶与包胶之分。铸胶滚筒胶面厚而耐磨，质量好；包胶滚筒的胶皮容易脱掉，而且固定胶皮的螺钉头易露出胶面而刮伤输送带，使用寿命较短，但在现场可以自行更换胶面。

2. 电动机

带式输送机驱动装置最常用的电动机是三相笼型转子电动机，其次是三相绕线转子电动机，个别情况下采用直流电动机。

三相笼型转子电动机具有结构简单、制造方便、运行可靠、价格低廉等优点，在输送机上便于实现自动控制。其缺点是不能经济地实现范围较广的平滑调速，启动力矩不能控制，启动电流大，当采用刚性联轴器时，易使输送机产生强烈的振动，引起输送带打滑。在多滚筒传动中，难以调整电动机之间的负荷分配，这一缺点可通过使用液力联轴器在一定程度上得到克服。

三相绕线转子电动机具有较好的调速特性，采取一定措施可解决输送机各传动滚筒间的功率平衡问题，可实现平稳启动，但在结构和控制上都比较复杂。

直流电动机最突出的优点是调速特性好。启动转矩大，但结构复杂，维护量大，与同容量的异步电动机相比，重量是异步电动机的两倍，价格是异步电动机的三倍，而且需要直流电源，因此只有在特殊情况下才采用，直流电动机在要求隔爆的场合使用很少。

3. 减速器

减速器从结构上分主要有直交轴和平行轴减速器，煤矿井下广泛使用前者。

4. 联轴器

联轴器分为高速联轴器与低速联轴器，分别安装在电动机与减速器之间和减速器与传动滚筒之间，常见的高速联轴器有尼龙柱销联轴器、液力联轴器和粉末联轴器等，常见的低速联轴器有十字滑块联轴器和棒销联轴器等。液力联轴器与笼型转子异步电动机联合工作具有改善电动机启动性能、均衡负荷、保护电机的优点。

三、电气系统组成及控制原理

下面以 SD 型可伸缩带式输送机为例介绍带式输送机的电气控制。主要有控制系统、信号系统、保护系统。SDJD 型可伸缩带式输送机电气控制原理图如图 5-1 所示。

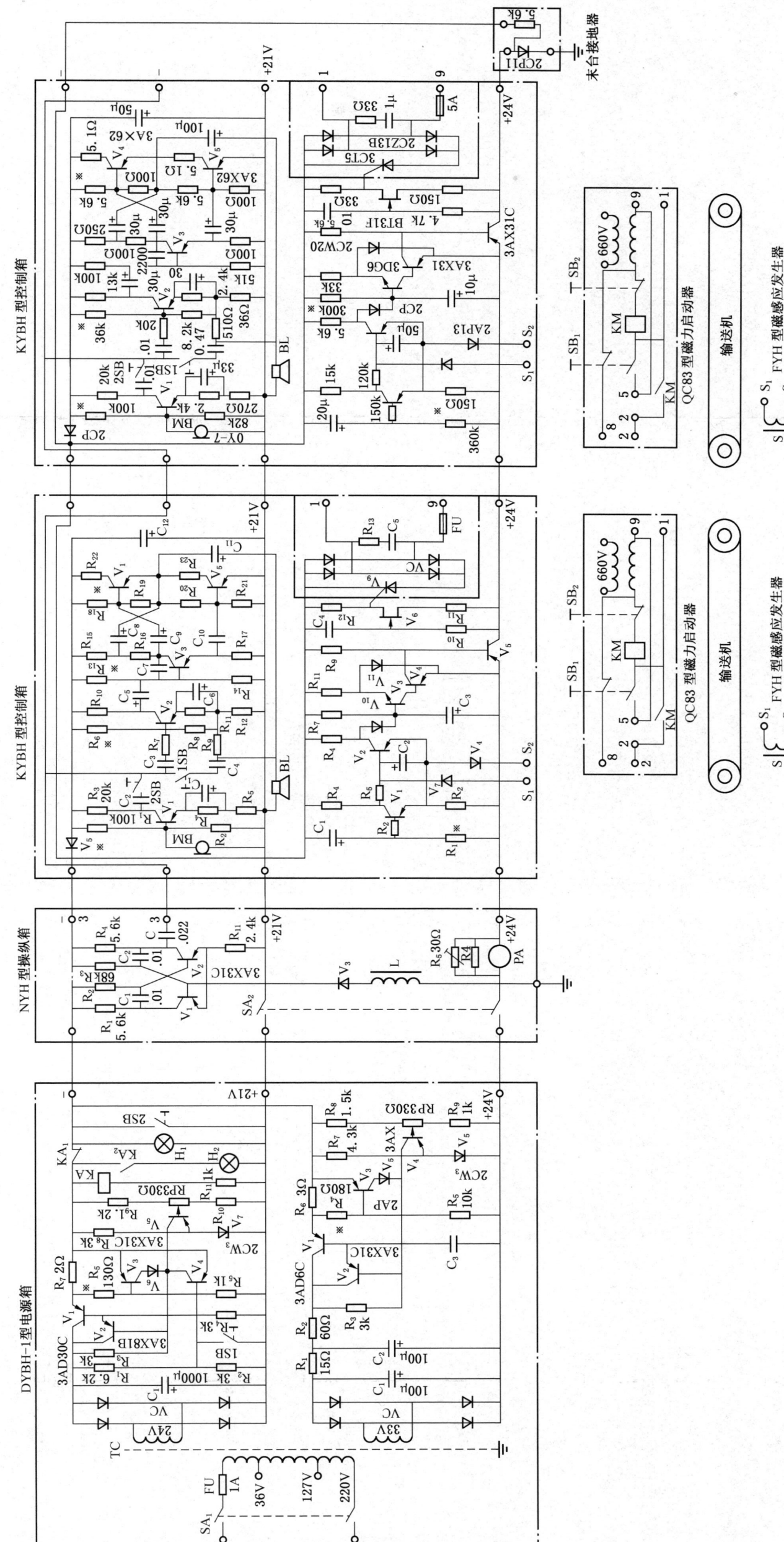

图 4-83 YJH 型输送机集中控制系统

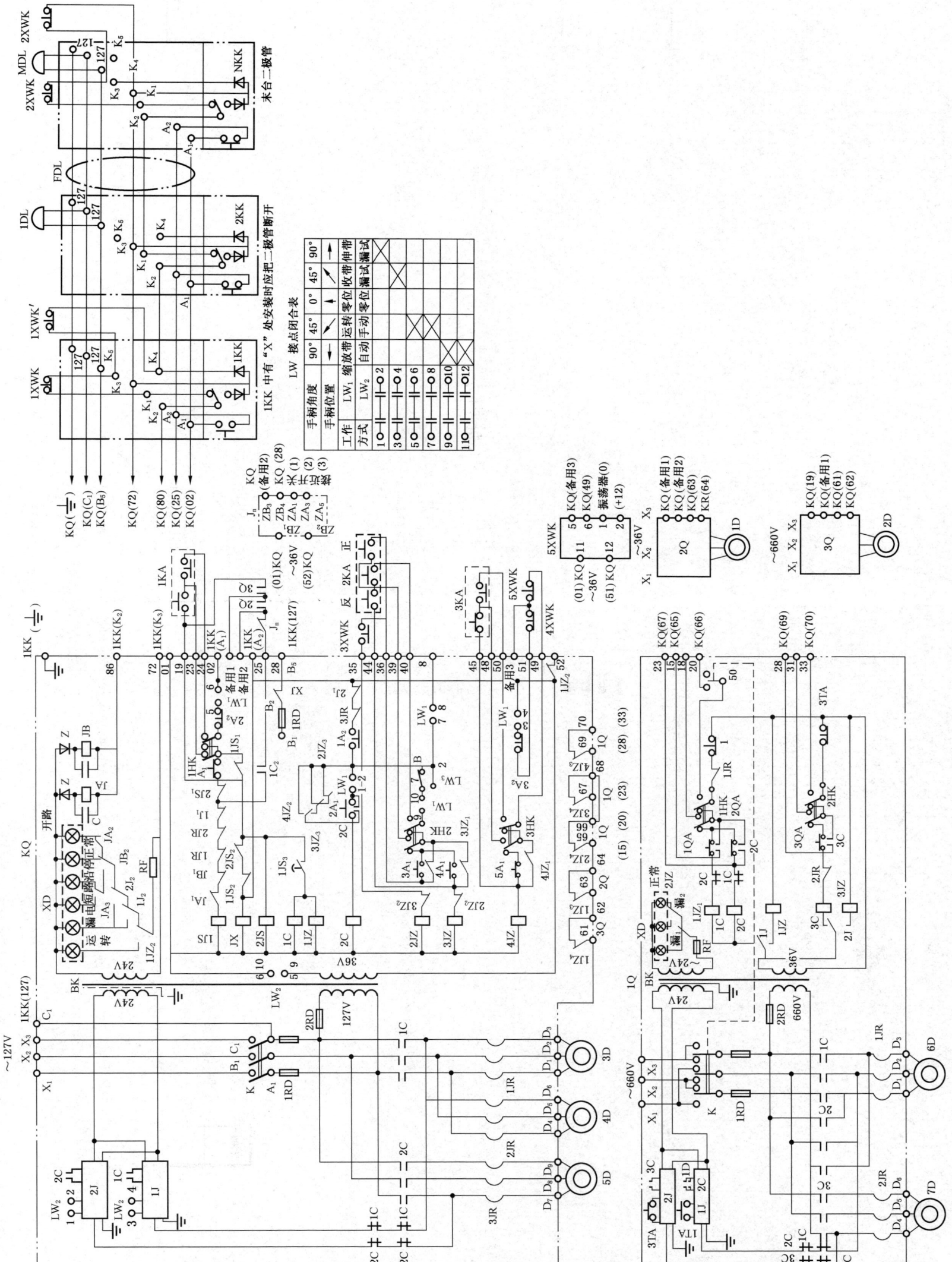

图 5-1 SD 型可伸缩带式输送机电气控制原理图

（一）控制系统

在主机运转前，首先检查张紧绞车的张紧力是否合适。如果不合适，则把 LW_1 置于"缩放输送带"位置，LW_2 置于张紧手动位置，然后按 3QA 或 4QA，使张紧绞车正转（张紧）或反转（放松），直至张力合适为止。

1. 启动

启动时，将 KQ 箱上的开关 1HK 置于近控位置，LW_1 置于运转位置，则 LW_1（5~6）、（7~8）闭合。当 XD 显示正常时，可按 1QA 按钮则 1JS、2JS 和 JX 继电器有电吸合，触点 JX 闭合，电铃响，发出启动预告信号。经过一段延时，触点 $1JS_2$ 延时打开，启动预告信号停止。然后，$1JS_3$ 延时闭合，1JZ 有电动作，$1JZ_1$ 转换，XD 显示"主机运转"；$1ZJ_2$、$1ZJ_3$、$1ZJ_4$ 闭合，1C 得电吸合，使主机的抱闸电机 3D、4D 得电松闸；同时 1C 使速度继电器 J_n 得电工作，触点 $1ZJ_3$ 及 $1ZJ_4$ 闭合，使 2Q、3Q 得电工作，主机电机启动。当输送带进入正常速度，J_n 触点闭合，触点 $2JS_1$ 打开，速度继电器 J_n 投入运行（2JS 的延时时间要大于 1JS 的延时时间，并且要调到 J_n 触点可靠闭合后。一般 1JS 延时 10 s，2JS 延时 15~20 s）。$1C_2$ 为抱闸电机与主机的联锁触点，2Q、3Q 的常开触点与 J_n 触点串联在一起，作为双电机闭锁保护。

2. 停车

按动停止按钮 1TA，使继电器 1JS、2JS 断电，1C、1JZ、2Q、3Q 相继断电，主机将停车。

3. 沿线停车

当带式输送机的任何位置需要停车时，只要拉动拉线，1KK~nKK 中必有一个拉线开关将本身的二极管接入，末台二极管断开。这时，继电器 JA 断电，JB 有电，触点 JA_1、JB_1 都断开，1JS 断电，2JS、1C、1JZ、2Q 及 3Q 相继断电，主机停车。同时，触点 $1JA_2$、$1JB_2$ 的转换显示装置 XD 显示"沿线停车"。拉线开关需人工复位才能使主机再次启动，所以拉线开关也起闭锁作用。

沿线停车的工作原理如图 5-2 所示。

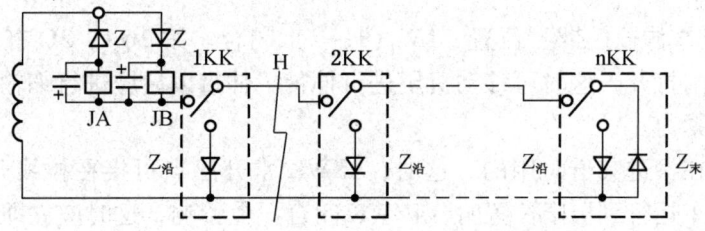

图 5-2 沿线停车回路的电气原理图

JA、JB 为直流继电器；Z 和 C 起整流滤波作用；1KK~nKK 拉线开关；末台拉线开关接有末台二极管 $Z_末$。

当拉线开关处于原始位置时，Z 和 $Z_末$ 同向，电流可以流通，JA 动作，而 JB 上的二极管与 $Z_末$ 反向，JB 不动作。只要将 JA 常开触点与 JB 常闭触点串联在控制回路中，就可以允许主机启动。需沿线停车时，只要拉动任意一个拉线开关，即可把 $Z_{沿}$ 接入，而把 $Z_{末}$ 断开。达到沿线停车的目的。

通过 JA、JB 还可以对沿线回路线路实行自检，配合 XD 显示器能把故障情况用文字显示出来，如图 5-1 所示。

利用拉线开关和显示回路，可找出发生短路处的一段电缆，显示回路如图 5-3 所示。在图 5-2 中，如 H 点发生短路或开路，拉 1KK 则显示沿线停车，拉 2KK 则显示为短路或开路。因此，当沿线回路发生短路或开路时，只要从头一个拉线开关拉起，依次拉后面的拉线开关，就可以找出故障段电缆。

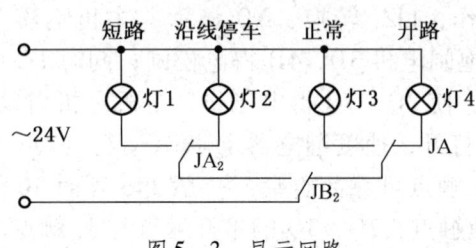

图 5-3 显示回路

4. 缩输送带

将 LW_1 置于"缩放输送带"位置，LW_1 (9~10) 闭合。拆卸机架前按 4QA，3JZ 有电动作，1Q 中 2C 动作，张紧绞车反转，输送带放松；然后拆机架，移机尾，再与缩短的机架接好。然后，按 3QA，则 2JZ 有电动作并自保，使触点 $2JZ_2$ 断开，$2JZ_4$ 闭合，$2JZ_3$ 转换，从而导致 KQ 中的 2C 和 1Q 中的 5C 接触器得电动作，张紧绞车得电松闸，多余输送带进入储藏机构。当输送带张紧到张力合适时，按 2TA，张紧绞车停止，缩输送带工作结束。在张紧过程中，若游动小车到达限位时，3XWK 撞开，张紧绞车停车，起到限位保护作用。

5. 收输送带

将 LW_1 置于"缩输送带"位置，LW_1 (3~4) 闭合。按 5QA，则 4JZ 有电动作，1Q 中 3C 动作，卷带机运转。当将一条输送带卷到头时，输送带接头经过无触点限位开关 5XWK，使开关动作，卷带机电机停车。然后，经机械操作收完输送带，再将 LW_1 置于"缩输送带"位置，以张紧输送带。

若输送带没收完，两游动小车到头撞开 4XWK，则收带电机停车，起到游动小车的限位保护作用。

6. 伸输送带

将 LW_1 置于"伸输送带"位置，LW_1 (1~2) 闭合。按 2QA，2C 有电动作，张紧闸电机运转，张紧闸打开，这时可移动机尾进行伸带。伸带以后应进行缩输送带工作，以便调整输送带的张紧力。

伸输送带是在掘进巷道时用的。这时，4XWK 常开触点可接在拉线开关内的 A_1，A_2 两点。当游动小车运行到极限位置时，4XWK 闭合，电铃响，这时应立即停止伸带工作。

7. 放输送带

将 LW_1 置于"放带"位置，LW_1 (9~10) 闭合。按 3QA，则张紧绞车正转，输送带即可进入储藏机构。3XWK 的限位保护作用与缩输送带时相同。

(二) 信号系统

参见初级输送机操作工专业知识。

(三) 保护系统

参见初级输送机操作工专业知识。

四、主要部件的规格、完好标准

(一) 输送带

煤矿井下使用的输送带必须是三证齐全的阻燃输送带,即原煤炭工业部颁发的安全标志准用证,国家采煤机械质量监督中心颁发的检验合格证,生产厂家的出厂检验合格证。入井前还必须经上级管理部门认可的输送带检测站检测,合格后方可下井使用。禁止非阻燃输送带和不合格的阻燃输送带下井使用。

阻燃输送带是指在生产过程中,投料时加入一定量的阻燃剂和抗静电剂等材料,经塑化和硫化而成的输送带。做安全性能试验时应满足导电性要求(表面电阻规定值)、滚筒摩擦试验要求、酒精喷灯燃烧试验要求、常规巷道丙烷燃烧试验要求。

煤矿井下生产环境较差,输送带运行环境比较恶劣,加之个别带式输送机司机岗位责任心差,输送带的维修不及时,造成输送带长时间的摩擦发热,引起输送带着火,造成人员伤亡。如果使用质量合格的阻燃输送带,在其摩擦后不会引起火灾,从而也避免了事故的发生。

为了便于制造和搬运,输送带的长度一般制成每段 100~200 m(钢丝绳芯输送带一般为 50 m),因此,使用时必须根据需要进行连接。

橡胶输送带的连接方法有机械接法与硫化接法两种,硫化接法又可分为热硫化法和冷硫化法;塑料输送带则有机械接头和塑化接头两种,如图 5-4 所示。

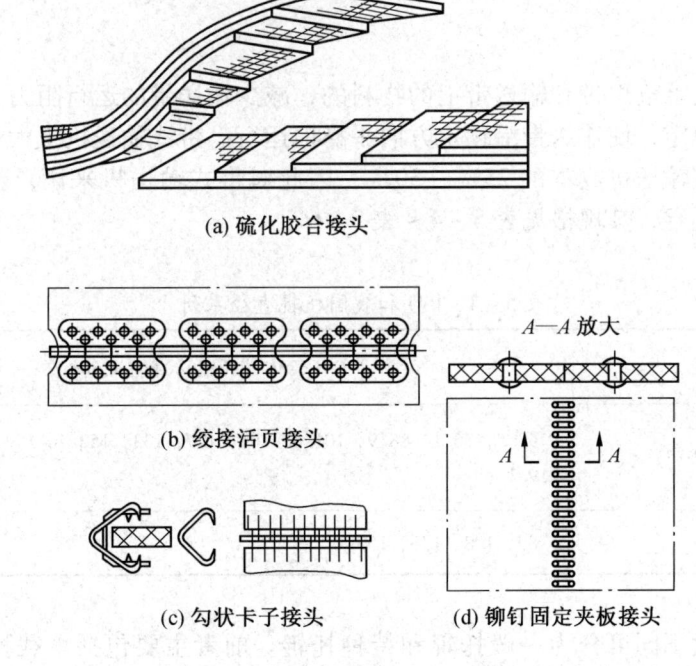

(a) 硫化胶合接头

(b) 绞接活页接头

(c) 勾状卡子接头　　(d) 铆钉固定夹板接头

图 5-4　普通输送带的连接方法

1. 机械接头

机械接头是一种可拆卸的接头。对带芯有损伤,接头强度效率低,只有 25%~60%,

使用寿命短,并且接头通过滚筒时对滚筒有损害,常用于短距离或移动带式输送机上。织物芯输送带经常采用的机械接头形式有铰接活页式、铆钉固定的夹板式和钩状卡子式,钢丝绳芯输送带一般不采用机械接头方式。

2. 硫化接头

硫化接头是一种不可拆卸的接头方式,具有承受拉力大、使用寿命长、对滚筒不产生损害,接头强度效率达到60%~95%的优点,但接头工艺过程复杂。

热硫化法是指普通织物芯橡胶输送带在热硫化前,将端部按帆布层数切成阶梯状,然后将两个端头互相很好地贴合,用压板定位后用专门的加热器加热进行硫化。值得注意的是接头静载强度为原来强度的 $(i-1)/i \times 100\%$,i 为帆布层数。

整体带芯橡胶输送带在热硫化前,将整带拆开,相互纺织打结后,再按上述方法进行硫化,其强度可达到带芯强度的75%~80%。

钢丝绳芯输送带,在热硫化前将接头处的钢丝绳剥出,然后按某种形式搭接,再进行热硫化,大量实验证明接头的动载强度大约在输送带强度的40%~60%之间变化。

冷硫化法除不需专门的加热制备外,其余工艺过程与热硫化法相似,具有操作简便、省力、经济,接头时间短的优点,特别适合条件差的现场。接头强度效率稍低于热硫化,但比机械连接的高,若工艺操作合理,即可得到与热硫化相同的效果。

3. 塑化接头

塑化法,塑化前对带芯的处理与硫化法相同,然后在接头处的上下覆塑片加压力和适当温度即可。

(二) 托辊

托辊是用来支承输送带和输送带上的物料的,减少输送带的运行阻力,保证输送带的垂度不超过技术规定,使输送带沿预定方向平稳地运行。带式输送机上大量和主要的部件是托辊,其成本占输送机成本的25%~30%,因此对带式输送机来说,主要管理、维护和更换的对象是托辊,其规格见表5-4~表5-6。

表5-4 ISO和我国托辊直径系列

标 准 名 称	管体(托辊)直径 d/mm
ISO-1537-1975	63.5,76.1,88.9,101.6,108,127,133,152.4,159,168.3,193.7,219.1
CHINA	89,108,133,159

托辊按其用途不同可分为一般托辊和特种托辊。前者主要包括承载托辊(又称上托辊)与回程托辊(又称下托辊);后者主要包括缓冲托辊与调心托辊等。承载托辊是一种安装在有载分支上,起支承该分支上的输送带与物料的作用的托辊;回程托辊是一种安装在空载分支上,以支承该分支上的输送带的托辊;缓冲托辊大多安装在输送机的装载点以减轻物料对输送带的冲击;调心托辊用以纠正输送带的跑偏。

表5-5 托辊长度与带宽的关系   mm

管体长度	承载托辊			回程托辊			
	槽形承载托辊		平形承载托辊	平行回程托辊		V形回程托辊	
	ISO-1537-1975	CHINA	CHINA	ISO-1537-1975	CHINA	ISO-1537-1975	CHINA
带宽	400	160		500			
	500	200	190	600	600	600	
	650	250	240	750	750	750	
	800	315	305	950	950	950	465
	1000	380	375	1150	1150	1150	600
	1200	465	455	1400	1400	1400	700
	1400	530	525	1600	1600	1600	800	790
	1600	600	600		1800		900	900
	1800	670	675		2000		1000	1010
	2000	750	750		2200		1100	1120

表5-6 国产托辊参数表

系列	托辊特性			带宽 B/mm								
				500	650	800	1000	1200	1400	1600	1800	2000
TD系列	托辊旋转部分重量/kg	槽形承载托辊	铸铁座	11	12	14	22	25	27			
			冲压座	8	9	11	17	20	22			
			全塑座	3.5	3.7	4.2	6	6.8	7			
		回程平行托辊	铸铁座	8	10	12	17	20	23			
			冲压座	7	9	11	15	18	21			
	托辊	直径/mm				89			108			
		轴承型号				204			305			
DX系列	托辊旋转部分	槽形承载托辊	铸铁座			14	22	25	47	50	72	77
			冲压座			11	17	20				

表 5-6（续）

系列	托辊特性			带宽 B/mm							
				500	650	800	1000	1200	1400	1600	1800	2000
DX系列	重量/kg	回程平行或V形托辊	铸铁座			12	17	20	39/V	42/V	61/V	55/V
			冲压座			11	15	18				
	托辊	直径/mm				89	108		133		159	
		轴承型号				204	305		406		407	
	承载托辊组承载能力/kg					270	430	480	710	920	1160	1130

（三）滚筒

滚筒是带式输送机的重要部件之一。传动滚筒用来传递牵引力，也可传递制动力；改向滚筒不起传力作用，主要用作改换输送带的运行方向以完成各种功能（如拉紧、返回等），如 TD-75 滚筒系列，其规格见表 5-7。

表 5-7 TD-75 滚筒系列的规格

带宽 B/mm	500	650	800	1000	1200	1400
滚筒长度 L/mm	600	750	950	1150	1400	1600
传动滚筒直径 D/mm 的系列	500	500 630	500 630 800	630 800 1000	630 800 1000 1250	800 1000 1250 1400
改向滚筒直径 D_1、D_2/mm 的系列	320 400	320 400 500	320 400 500 630	400 500 630 800	400 500 630 800 1000	400 500 630 800 1000 1250

（四）带式输送机的完好标准

1. 滚筒和托辊的完好标准

（1）滚筒无破裂，键不松动。胶面滚筒的胶层与滚筒表面紧密贴合，不得有脱层或裂口。

（2）托辊齐全，转动灵活，无异响，无卡阻现象，润滑良好。缓冲托辊表面胶层磨损量不得超过原厚度的 1/2。

2. 机体的完好标准

（1）机头架、机尾架和拉紧装置架无开焊和变形，机尾架滑靴应平整，连接紧固。

(2) 中间架平直无开焊，吊绳（上部吊宽应大于下部宽度）机架完整，固定可靠，无严重锈蚀。

3. 输送带、拉紧装置和伸缩装置的完好标准

(1) 输送带无破裂，横向裂口不得超过带宽的 5%，保护层脱皮不得超过 $0.3 m^2$，中间纤维层破损面宽度不得超过带宽的 5%。

(2) 接头卡子牢固平整，硫化接头无裂口、鼓泡或碎边。

(3) 运行中输送带不打滑、不跑偏。上部输送带不超出滚筒和托辊边缘，下部输送带不磨机架。

(4) 牵引绞车架无损伤、无变形。车轮在轨道上运行无异响。

(5) 拉紧装置的调节余量不小于调节全行程的 1/5，伸缩牵引小车行程不小于 17 m。

4. 制动装置和清扫器的完好标准

(1) 制动装置各传动杆件灵活可靠，各销轴不松旷，不缺油。闸轮表面无油迹，液压系统不漏油。

(2) 松闸状态下，闸轮间隙不大于 2 mm；制动时闸瓦与闸轮紧密接触，有效接触面积不得小于 60%，制动可靠。

5. 安全保护装置

(1) 速度、防打滑、防跑偏、断带、满仓等保护装置齐全，并灵活可靠。

(2) 台以上带式输送机串接运行时，应设联锁装置。

6. 信号和仪表的完好标准

(1) 信号装置必须声光兼备，清晰可靠。

(2) 主提升带式输送机各种仪表必须齐全，指示正确，每年校验 1 次。

7. 记录资料

主提升带式输送机应有机械系统图及电气系统图。

五、带式输送机的安装知识

1. 带式输送机的安装顺序

安装带式输送机首先要确定安装顺序，而安装顺序取决于巷道的布置情况，一般都是由里向外逐台安装。采区带式输送机安装之前，应将工作面机械设备运至工作面，然后清理巷道，根据巷道中心线定出输送机安装中心线，并且定点在顶板上悬挂铅垂线，同时应做出永久性标志。设备下井前应按照安装部位由里向外编好顺序，然后将设备各部分运至安装地点，从确定的卸载位置起按图纸要求顺序安装。一般安装顺序为：

(1) 传动装置和卸载臂。

(2) 贮带装置。

(3) 中间架。

(4) 机尾架。

要特别注意的是在设备下井前应根据矿井具体搬运条件（搬运工具、起重设备、巷道断面等），确定搬运设备部件的最大尺寸和重量，在拆卸较大部件前，应按照组装图上的编号打上标记再搬运到安装位置，以利于现场安装。

2. 常见输送带的安装方法

（1）在输送机机架安装之前，在底板上沿着安装中心线把下股输送带放好，待机架装好后，下股平托辊把输送带托起，安装在托辊座上。然后再把槽形托辊组装在机架上，把上股输送带沿输送机在一旁放好，安装输送带时，从一头开始，把输送带逐段翻上去，放在槽形托辊上，这样比平移上去要迅速而省力。

（2）在输送机机道上方，把整卷输送带吊挂起来，用人工拉开输送带，放在下部的回空段平托辊上，下部输送带安装完毕，再把上部槽形托辊组装在机架上，以同样的方法将上部输送带放到槽形托辊上。

（3）将输送带滚筒支撑在某一适当位置，用一台小绞车缠绕钢丝绳拉着输送带一端，沿整个输送机道进行放置。

（4）同（1）法将下输送带放好，然后安好上托辊，在输送机机道上方或下方将整卷输送带吊起来，用小绞车拉着输送带一端，沿整个输送机机道进行放置。

3. 带式输送机的试运行

带式输送机安装完毕，经详细检查无误后，即可空运转试车。在试运转时，输送机全线各主要部位都要派专人观察输送带和各组成部分的运转情况，观察的主要内容有：

（1）输送带是否跑偏、打滑。
（2）减速器运转是否平稳，各部轴承温度是否正常。
（3）拉紧绞车和张紧托辊小车位置是否合适，运转是否良好。
（4）主、副滚筒和其他滚筒及托辊工作是否正常，转动是否灵活。
（5）若装有制动器，注意制动器的动作是否灵敏可靠。

带式输送机的空运转时间应不低于 8 h，当确认整部输送机空载运行情况良好后，就可进行加载试运转，开始时轻载，若一切正常即可逐渐加至满载。满载试验时，除应观察空运转试验的所有内容外，还应注意重新调整输送带的张力，确保输送带在滚筒上不打滑，并进一步调整输送带的跑偏和观察各部输送带清扫器的工作状况。

六、带式输送机的维护与检修

1. 带式输送机的日常检修与维护的主要内容

运行中的带式输送机每日至少要有 2~4 h 的集中检查维修时间，日常检修和维护的内容有：

（1）输送带的运行是否正常，有无卡、磨、偏等不正常现象，输送带接头是否平直良好。
（2）上、下托辊是否齐全，转动是否灵活。
（3）输送机各零部件是否齐全，螺栓是否紧固、可靠。
（4）减速器、联轴器、电动机及滚筒的温度是否正常，有无异响。
（5）减速器和液力偶合器是否有泄漏现象，油位是否正常。
（6）输送带张紧装置是否处于完好状态。
（7）各部位清扫器的工作状况是否正常。
（8）检查、试验各项安全保护装置。
（9）检查有关电气设备（包括电缆等）是否完好。
（10）认真填写日检记录。

上述检查若出现异常情况应立即安排检修，及时排除故障。

2. 带式输送机安装、检修和维护时的注意事项

（1）带式输送机驱动装置、液力偶合器、传动滚筒、尾部滚筒等转动部位要设置保护罩和保护栏杆，防止发生绞人事故。

（2）工作人员衣着要利索，袖口、衣襟要扎紧。

（3）在带式输送机运行中，禁止用铁锹和其他工具刮输送带上的煤泥或用工具拨正跑偏的输送带，以免发生人身事故。

（4）输送机停运后，必须切断电源。不切断电源，不准检修。挂有"有人工作，禁止送电"标志牌时，任何人不准送电开机。

（5）在更换输送带和做输送带接头时，确需点动开车并用人力拉动输送带时，严禁直接用手拉或用脚蹬踩输送带。

（6）在对接输送带做接头时，必须远离机头转动装置5 m以外，并派专人停机、停电，挂停电牌后，方可作业。

（7）在清扫滚筒上粘煤时，必须先停机，后清理。严禁边运行边清理。

（8）在检修输送机时，应制定专门措施，在实施中，工作人员严禁站在机头、尾架、传动滚筒及输送带等运转部位上方工作。

3. 在机头、机尾或其他转动部位上方工作时必须采取的安全措施

（1）要制定有针对性的措施。

（2）施工前必须派专人停机、停电，挂好"有人工作，禁止送电"的停电牌或设专人看管停电的开关。

（3）施工后必须由原停电人送电，方可试运转。

4. 《煤矿机电质量检修标准》关于带式输送机的规定

（1）各传动滚筒的表面应光滑、无损伤、运转灵活，滚筒边无毛刺。

（2）胶面滚筒的胶层与滚筒的表面紧密贴合，不得有脱层和裂口。

（3）驱动滚筒直径应一致，其直径差不得大于1 mm。

（4）托辊应运转灵活，无卡阻现象。

（5）缓冲托辊表面橡胶磨损量不得超过原凸起高度的一半。

5. 井下带式输送机发生火灾的主要原因及预防

井下带式输送机发生火灾的主要原因：

（1）使用非阻燃输送带或不合格的阻燃输送带。

（2）带式输送机超载压住输送带或由于输送带严重跑偏等原因使输送带制动、打滑，如不及时停机处理，驱动滚筒与输送带摩擦生热引起火灾。

（3）在带式输送机被制动时，液力偶合器因摩擦产生高温，偶合器使用不合格的易熔塞和油介质，致使液力偶合器喷油引起火灾。

（4）高速转动的机械、输送带长时间运转，与环境中的煤粉、矸石、木块、电缆、管线等摩擦起火。

输送带着火事故的预防：

（1）使用阻燃输送带。

（2）操作人员必须经过培训，考核合格后，持证上岗。认真贯彻岗位责任制，发现

问题及时处理。

（3）带式输送机巷道做到无杂物浮煤，无淤泥积水，管线吊挂整齐。

（4）机道的消防设施要齐全。机道要设置防灭火水管，每隔 50 m 设一个管接头和阀门。机头部要备有不少于 0.2 m³ 的沙箱及黄沙和 2 个以上合格的灭火器，同时机头部要备有 25 m 软管。

（5）加强输送机的维护与保养，认真执行"三定四检"制度，经常保持输送机处于良好状态。

（6）液力偶合器必须使用合格的易熔合金塞，工作介质必须使用难燃液或水。

七、带式输送机常见故障及处理

1. 带式输送机运行中常见故障及防治

带式输送机运行中出现的故障和防治方法见表 5-8。

表 5-8　带式输送机运行时的常见故障和防治方法

故障现象	原因	处理方法
输送带跑偏，运行后不久带边磨损	机架和滚筒水平未校正，物料偏载，托辊不正	重新校正位置，改进物料承载及卸载位置，清除表面煤泥
输送带打滑，不运行	滚筒与输送带间摩擦系数减小，拉紧力小，承载量大于设计能力	提高摩擦系数，调整重锤重量，减轻承载量
输送带上下层胶非正常磨损，覆盖胶磨损	输送带严重跑偏，覆盖胶强度低	更换或补修输送带
运行中托辊不转或转动不灵活	托辊质量差，密封不好进入污物，轴承缺油	加强托辊维修，经常给轴承注油，保持托辊清洁
无法启动，熔断保险丝或保护动作	过负荷运行	减轻货载
输送带接头处拉断	接头质量差，拉力太大	加强接头处保护，减小接头处拉力

2. 输送带跑偏的基本规律

（1）偏大不偏小，滚筒与托辊两侧直径大小不一，输送带运行过程中就会向大的一侧跑偏。

（2）偏高不偏低，支承装置造成输送带两侧不在同一个水平面上，输送带运行中便向高的一侧跑偏。

（3）偏紧不偏松，输送带两侧的松紧程度不一样，运行中则向紧的一侧跑偏。

（4）偏后不偏前，以输送带运行方向为准，托辊或滚筒不在运行方向的垂直截面上，一侧后一侧前，则输送带在运行中便会向后的一侧跑偏。

"大、高、紧、后"是输送带跑偏的方向和规律，但"紧"是跑偏的最终方向和最根本的规律。

3. 输送带跑偏的原因及危害

输送带跑偏通常由以下原因造成：

(1) 传动滚筒或尾部滚筒两头直径不等，一头大一头小。

(2) 滚筒或托辊表面有煤泥或其他附着物。

(3) 机头部传动滚筒与尾部滚筒不平行。

(4) 传动滚筒、尾部滚筒轴中心线与机身中心线不垂直。

(5) 滚筒轴中心线与机身中心线垂直，但滚筒中心不在机身中心线上。

(6) 槽形托辊或平形托辊不正。

(7) 输送带接头不正或输送带老化变质造成两侧松紧不一。

(8) 给料位置不正。

(9) 机身不正。

输送带跑偏不仅会影响生产，损坏输送带，当使用非阻燃输送带时，还会因跑偏增加输送带运行阻力，使输送带打滑；可能引起矿井火灾事故。

4. 现场调正输送带跑偏的方法

现场调偏的方法有以下几种：

(1) 自动托辊调偏，即当输送带跑偏范围不大时，可在输送带跑偏最大处，安装调心托辊。

(2) 单侧立辊调偏，即当输送带始终向一侧跑偏时，可在跑偏的一侧跑偏范围内加装若干立辊，使输送带复位。

(3) 适度拉紧调偏，即当输送带跑偏忽左忽右，方向不定时，说明输送带过松，可适当调整拉紧装置以消除跑偏。

(4) 调整滚筒跑偏，即当输送带在滚筒处跑偏时，检查滚筒是否异常或窜动，调整滚筒至水平位置正常转动，消除跑偏。

(5) 校正输送带接头调偏，即当输送带跑偏始终向一个方向，而且最大跑偏在接头处，可校正输送带接头与输送带中线垂直，消除跑偏。

(6) 垫高托辊调偏，即当输送带跑偏方向、距离一定，可在跑偏方向的对侧垫高托辊若干组，消除跑偏。

(7) 调整托辊调偏，即当输送带跑偏方向一定时，检查发现托辊中线与输送带中线不垂直，就可调整托辊，消除跑偏。

(8) 消除煤泥调偏，即当输送带跑偏点不变，发现托辊、滚筒粘着煤泥，就要消除煤泥调偏。

(9) 校正给料调偏，即当输送带轻载不跑偏，重载跑偏时，可调整给料重量及位置消除跑偏。

(10) 校正支架调偏，即当输送带跑偏方向、位置固定、跑偏严重时，可调整支架的水平和垂直度，消除跑偏。

消除输送带跑偏要先查明原因，一一"对症下药"，就能达到目的。

5. 输送带断带的原因及预防

输送带断带的主要原因有：

(1) 输送带张紧力过大。

（2）装载分布严重不均或严重超载。
（3）传动滚筒或机尾滚筒带入较大的异物。
（4）输送带接头质量不符合要求。
（5）输送带磨损超限、老化或输送带本身质量不合格。

预防输送带断带，应采取如下措施：
（1）加强输送机的检查和维护，使其经常处于完好状态。
（2）改善生产环境，使输送机有一个良好的工作环境。
（3）经常检查和调整张紧装置，使输送带张力适宜。
（4）装载时要均匀，防止集中超载。
（5）保持输送带运行不跑偏，托辊、滚筒转动灵活。
（6）做输送带接头时，要严格按标准施工，使用合格的输送带扣，并经常检查接头质量。
（7）及时更换磨损超限的输送带，使用合格的阻燃输送带。

6. 输送带在滚筒上打滑的原因及防护措施

通常输送带打滑的原因有以下几种：
（1）输送带张力不够。
（2）机头部淋水大或在输送带上拉水炭，造成驱动滚筒和输送带间的摩擦系数降低。
（3）输送带上装载过多。
（4）严重跑偏，输送带被卡住。
（5）清扫器失效，造成滚筒与输送带间有大块异物。

输送带打滑的主要危害是输送带在驱动滚筒上打滑，因摩擦生热，如使用普通输送带时，轻则将输送带磨损、烧焦，重则烧毁输送带，引起矿井火灾。

防止输送带打滑应从两个方面着手，一方面加强输送机的运行管理，教育司机增强岗位责任心，发现输送带打滑及时处理；另一方面应使用输送带打滑保护装置，当输送带打滑时，通过打滑传感器发出信号，自动停机。

八、液力偶合器的结构与工作原理

液力偶合器安装在电动机与减速器之间，主要由泵轮、透平轮、外壳、辅助室、轴承、密封圈、主轴、热保护易熔合金塞以及橡皮联轴装置等部分组成。其结构如图5-5所示。

液力偶合器的泵轮通过橡皮联轴装置与电动机轴连接，透平轮直接固定在减速器输入轴上。电动机带动泵轮搅动液体，造成液流在工作腔中循环流动，使机械能转化为液体动能；液流在泵轮中是离心运动，从泵轮冲入涡轮后改为向心运动，将液体动能释放给涡轮，推动涡轮带动负载，实现功率传递。

九、液力偶合器使用与维护

液力偶合器的工作介质的性质决定其出力大小。严格按照机器规定的额定功率和用量注入规定数量和规定品种的液体，并经常检查有无漏油。在使用中更换液体时，必须把液力偶合器内原有的油液完全倒空，否则注液量就不准，不能起到应有的作用。

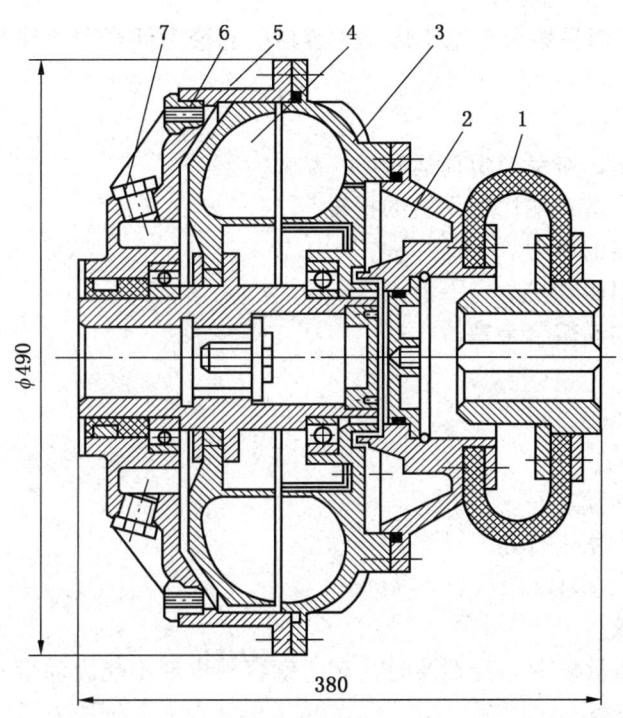

1—输送带联轴器；2—后辅助室；3—泵轮；4—透平轮；5—外壳；6—易熔塞；7—注油塞

图 5-5 液力偶合器

为液力偶合器创造良好的工作环境。转矩随着油温的升高而增大。在使用中应为液力偶合器创造良好的通风、散热条件，并经常清除液力偶合器上堆积的煤粉。

水介质液力偶合器的工作介质以选用软水最适合。在现场不易保证的情况下，也应使用经过沉淀或采用软化剂的过滤清水。

易熔合金塞必须符合标准，并设专人检查，清除塞内污物，严禁用不符合标准的物品替代。

十、液力偶合器的故障、危害及其处理方法

1. 超过规定温度易熔合金塞不熔化

原因是易熔合金塞材质不合格，危害是容易引起液力偶合器爆炸或烧毁电动机及损坏减速器，预防及处理方法是更换合格的易熔合金塞。

2. 温升过高

原因有以下几点：

（1）超负荷运转。

（2）带式输送机上下不转的托辊较多。

（3）清扫器压力大。

（4）刮板输送机或带式输送机在运转中有刮卡的地方。

（5）易熔合金塞失效。

危害是温升过高而易熔合金塞不熔化，容易引起液力偶合器爆炸或烧毁电动机及损坏减速器。

预防及处理方法有：
(1) 控制给煤量，避免超负荷运转。
(2) 检修或更换带式输送机不转的托辊。
(3) 调节清扫器的压力。
(4) 清除刮卡阻碍物。
(5) 更换合格的易熔合金塞。

3. 漏油

原因有以下几点：
(1) 油封损坏。
(2) 连接螺丝松动。
(3) 油塞或保护塞未拧紧。
(4) 垫片老化或损坏。
(5) 壳体有裂纹。

危害是漏油使油量减少，若不及时补充，就容易出现不能启动带式输送机的故障。

预防及处理方法有：
(1) 更换油封。
(2) 拧紧连接螺丝。
(3) 拧紧油塞或保护塞。
(4) 更换老化或损坏的垫片。
(5) 更换损坏的液力偶合器。

4. 打滑

原因是液量不足。

危害是不能启动带式输送机。

预防及处理方法是注足够液量。

十一、液力偶合器安全运行保护装置

液力偶合器安全保护装置是防止发生液力联轴节爆炸事故的安全措施。液力联轴节具有过载、过热、过压三重保护。

1. 过载保护装置

液力偶合器传递的力矩与转速同工作腔中充液率成正比。当过载时，泵轮与涡轮之间转差率增大，循环流速提高，使部分液流由工作腔冲入辅助腔。工作腔充液率下降而限制力矩增大，实现限矩型液力偶合器使电动机在轻负荷状态下启动时对电动机和工作机起保护作用。

2. 过热保护装置

过热保护装置最常用的是易熔合金塞，其结构如图 5-6 所示。它是在油塞上钻孔，铸入易熔合金。当温度达到某一数值时，易熔合金熔化，液体被喷出，泵轮空转，传动终止，从而实现过热保护。

易熔合金的选择,是控制温度的关键。确定温度的原则是:

(1) 不超过轴承和橡胶密封圈的工作温度。

(2) 低于工作液闪点。易熔合金熔化温度过低,容易发生喷液影响生产;温度过高则对轴承和橡胶密封圈的寿命有影响,一般取 100~140℃。

3. 过压保护装置

过压保护装置是一个金属防爆片(塞)安装在液力偶合器上,当过热保护失灵或其他原因引起腔内压力升至 0.2~0.25 MPa 时,防爆片(塞)开启,液流喷出,切断传动,防止壳体爆裂,实现过压保护。

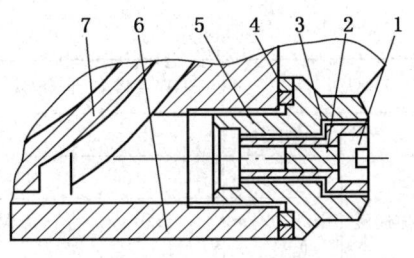

1—空心螺钉;2—易熔合金;3、4—垫圈;
5—油塞;6—外壳;7—透平轮

图 5-6 过热保护装置

第二节 刮板输送机

一、刮板输送机的结构和技术特征

(一) 型号含义

1. 原型号含义

例如 SGW-150B,S—"输"送机;G—"刮"板式;W—可"弯"曲;150—使用电动机总功率,kW;B—设计序号(用 A、B、C、D 表示)。

2. 现在的型号含义

目前生产的刮板输送机多为可弯曲式,所以型号中省略了表示可弯曲的字母,改为用表示链条形式的字母代替。

例如 SG***,SG:刮板输送机;*(第一个):该字母表示链条形式(D:单链;Z:中心双链;B:双边链);*(第二个):数字表示溜槽宽度;*(第三个):数字表示使用电动机总功率。

(二) 几种国产典型的刮板输送机主要技术特征

几种国产典型的刮板输送机主要技术特征见表 5-9。

表 5-9 几种国产刮板输送机主要技术特征

型 号		SGW-44A	SGW-40T	SGW-730/320	SGZ-250C	SGD-732/180	SGZ-730/320
运输能力/(t·h^{-1})		150	150	250	600	500	700
出厂长度/m		120	100	200	200	170	200
电动机	功率/kW	22	40	75	125	90	160
	数量/台	2	1	2	2	2	2
链速/(m·s^{-1})		0.8	0.86	0.868	0.937 (1.0625)	0.92	0.93

表 5-9（续）

型号		SGW-44A	SGW-40T	SGW-730/320	SGZ-250C	SGD-732/180	SGZ-730/320
刮板链	型式	B	B	B	B	D	Z
	节距/mm	φ18×64	φ18×64	φ18×64	φ24×86	φ26×92	φ26×92
	破断力/kN	350	350	350	720	850	850
	重量/(kg·m⁻¹)	18.8	18.8	18.8	52	36.26	—
减速器速比		29.5	24.564	24.43	30.667	39.86	57
液力联轴器	型号	YL-360	YL-400	YL-450	YL-500	YL-487	YL-560
	工作介质	22号汽轮机油	22号汽轮机油	22号汽轮机油	22号汽轮机油	22号汽轮机油	22号汽轮机油
	注液量/L	6.5	9	14	18	14.5	19
溜槽尺寸/(mm×mm×mm)		1500×620×180	1500×620×180	1500×630×190	1500×750×250	1500×732×220	1500×730×220
使用条件		0.75 m 以上薄煤层炮采和机采工作面	0.8 m 以上煤层炮采和机采工作面	0.9 m 以上煤层机采和综采工作面	1 m 以上煤层机采和综采工作面	缓倾斜中厚煤层综采	缓倾斜中厚煤层综采

（三）刮板输送机的结构

刮板输送机的类型很多，各组成部分的形式和布置方式不尽相同，但主要结构和基本组成部件是相同的。如图 5-7 所示，由机头部 I（包括机头架、电动机、液力偶合器、减速器、链轮组件、推移装置、棘轮紧链器等）、中间部 II（包括机头过渡槽、机尾过渡槽、规格溜槽、调节槽、连接槽、挡煤板、铲煤板、刮板链等）、机尾部 III（包括机尾架、链轮组件或换向滚筒等）组成。

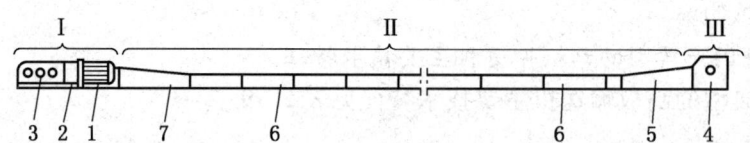

1—电动机；2—液力偶合器；3—减速器；4—机尾架；5—机尾过渡槽；6—溜槽；7—机头过渡槽

图 5-7 刮板输送机组成示意图

二、机械传动系统的组成和工作原理

刮板输送机的机械传动系统主要由电动机、液力偶合器、减速器、链轮和刮板链组成，如图 5-8 所示。

刮板输送机是煤炭的承载机构，其牵引推动机构是绕过机头链轮和机尾链轮（也有采用带有过链沟槽的滚筒）而进行循环运动的无极闭合的刮板链。启动电机，经液力联

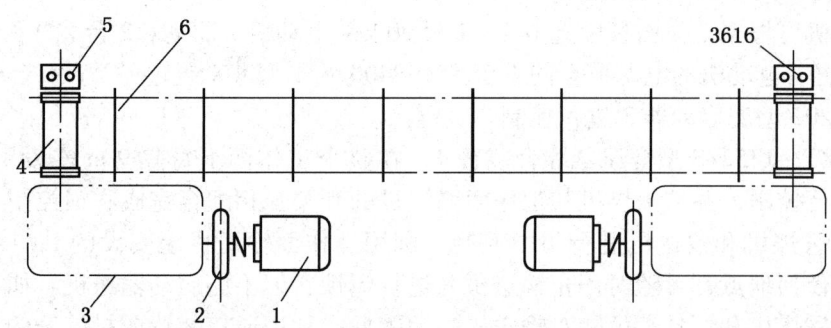

1—电动机；2—液力偶合器；3—减速器；4—链轮；5—盲轴；6—刮板链

图 5-8 传动系统示意图

轴器、减速器传动链轮而驱动刮板链连续运转，将煤炭沿溜槽推运到机头卸载转运。上部槽为输送机的重载工作槽，下部槽为刮板链的回空槽。

也可在输送机的头尾部均驱动，需要功率小的时候可以仅机头驱动，需要功率大的时候，可在机架两侧布置两台电机共同驱动一个链轮组件，这样一台刮板输送机最多可在机头机尾用 4 台电机驱动。

三、刮板输送机的电气控制

刮板输送机适用于连续生产，是煤矿井下主要运输机械之一。随着我国采煤机械的迅速发展，产量的不断提高，要求具有连续的、高强度和大运输量的输送机，以满足生产需要。下面以锐布尼克-73 型工作面刮板输送机为例介绍刮板输送机的电气控制。

锐布尼克-73 型工作面刮板输送机的设备布置如图 5-9 所示。

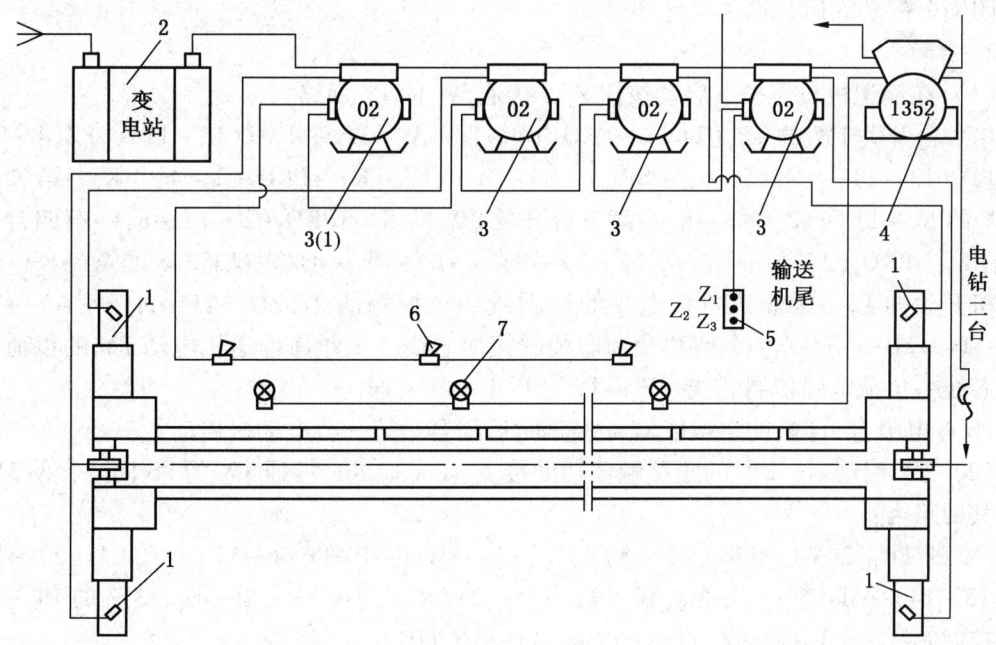

图 5-9 工作面输送机电气设备布置图

该输送机可根据工作面长度选取 3~4 台 90 kW 电动机 1 驱动，2 台装在机头，另 1~2 台装在机尾。电动机的电源取自同 1 台 JT3SB400/6/1 型移动变电站 2。每台电动机各由 1 台 OW-1202 型磁启动器 3 进行控制。

通过 OZT-1352/S 型变压器综合装置 4，在整个工作面上每隔 9 m 安设 1 台 Lu-40 型灯具 7 进行控制，并与采煤机和工作面输送机的开关互相配合完成联锁控制。联锁控制按钮 5 可对采煤机和输送机进行集中控制。利用工作面输送机上安设的 Lu-40 型灯具，在工作面上任何地点都可随时停止输送机并进行闭锁，但不能启动输送机。如需开动输送机，必须在采煤机和灯具都解除对输送机的闭锁后，利用通信装置或打信号的方法通知输送机尾部的司机，由司机按下启动按钮后才能开动工作面输送机。

输送机在启动前要发出启动警报信号。一般沿工作面全长每隔 50 m 处设 1 台信号笛 6。信号笛电源可取自输送机第一台电动机的开关中辅助回路 42V 电压。

输送机电气控制的接线方法较多，大体上分为普通接法和交叉连接法。下面介绍一种普通连接法的控制过程。波兰 RYBN1G-73 型输送机的电气控制原理如图 5-10 所示，波兰 OZT-1352 变压器及照明信号原理如图 5-11 所示。

1. 准备

将 4 台启动器的 Ma、SP、SP_1 分别置于图 5-10 所示的位置；

将 4 台启动器的隔离换向开关 PKO 手把扳到正转位置；

合上 OZT-1352/S 型变压器综合装置电源开关 "t"；

将采煤机上电控箱的控制方式转换开关 "ts" 置于 "LOK" 位置；

急停开关 WB 解锁复位；

将所有 Lu-40 型灯具上的闭锁按钮 "ZBL" 置于不闭锁位置，指示灯 "LB" 点亮，如图 5-11 所示。

闭锁全部解除后，输送机允许启动。

2. 启动

（1）在输送机机尾按下启动按钮 Z_1，接通 W_1 的 PS 回路：

第一台开关 1W 的 $TR_1(24V) \to PKO(1) \to T_1 \to A_1 \to Wyt \to PMT(12-11) \to PZ(4-2) \to PS \to PD_2(13-14) \to Ma(5-6) \to SP(5-8) \to A_2 \to K_4 \to K_2 \to PKO_2(2-4) \to K_1 \to$ 第二台开关 2W 的 $K_1 \to PKO_2(2-4) \to K_2 \to$ 第三台开关 3W 的 $K_2 \to PKO_2(2-4) \to K_1 \to$ 第四台开关 4W 的 $K_2 \to PKO_2(2-4) \to K_1 \to Z_1(1-2) \to Z_3(5-6) \to W_3 \to OZT-1352/S$ 的 $W \to 1St \to V \to$ 采煤机开关的 $P_2 \to$ 采煤机负荷电缆的控制线 $\to$ 电控箱的 $2/1ZO \to 11 \to ts(3-4) \to 13 \to WB_2 \to 14 \to 2D \to 1S \to Z_1 \to$ 采煤机负荷电缆的接地芯线 $\to$ 工作面输送机电动 1M 的负荷电缆接地芯线 $\to$ 负荷电缆控制芯线 $\to P_1 \to T_2 \to SP(1-4) \to TP_1(04)$。

PS 有电吸合，1W 的主接触器 st 经延时后闭合，第一台电动机启动。

（2）2W 启动后，2W 的主接触器辅助接点 ST（3-4）接通 3W 的 PS 回路，使 3W 起动，其回路为：

3W 的 $TR_1(24V) \to PKO_1(3-5) \to T_1 \to A_1 \to Wyt \to PMT(12-11) \to PZ(4-2) \to PS \to PD_2(13-14) \to Ma(5-6) \to Ma(10-9) \to A_3 \to 2W$ 的 $S_2 \to st(3-4) \to S_1 \to 3W$ 的 $P1 \to$ 负荷电缆控制芯线 $\to 3M \to$ 地 $\to Z \to T_2 \to SP(1-4) \to TR_1(04)$。

（3）3W 启动后，3W 的主接触辅助接点 ST（3-4）接通 4W 的 PS 回路，使 4W 启

第五章 专业知识

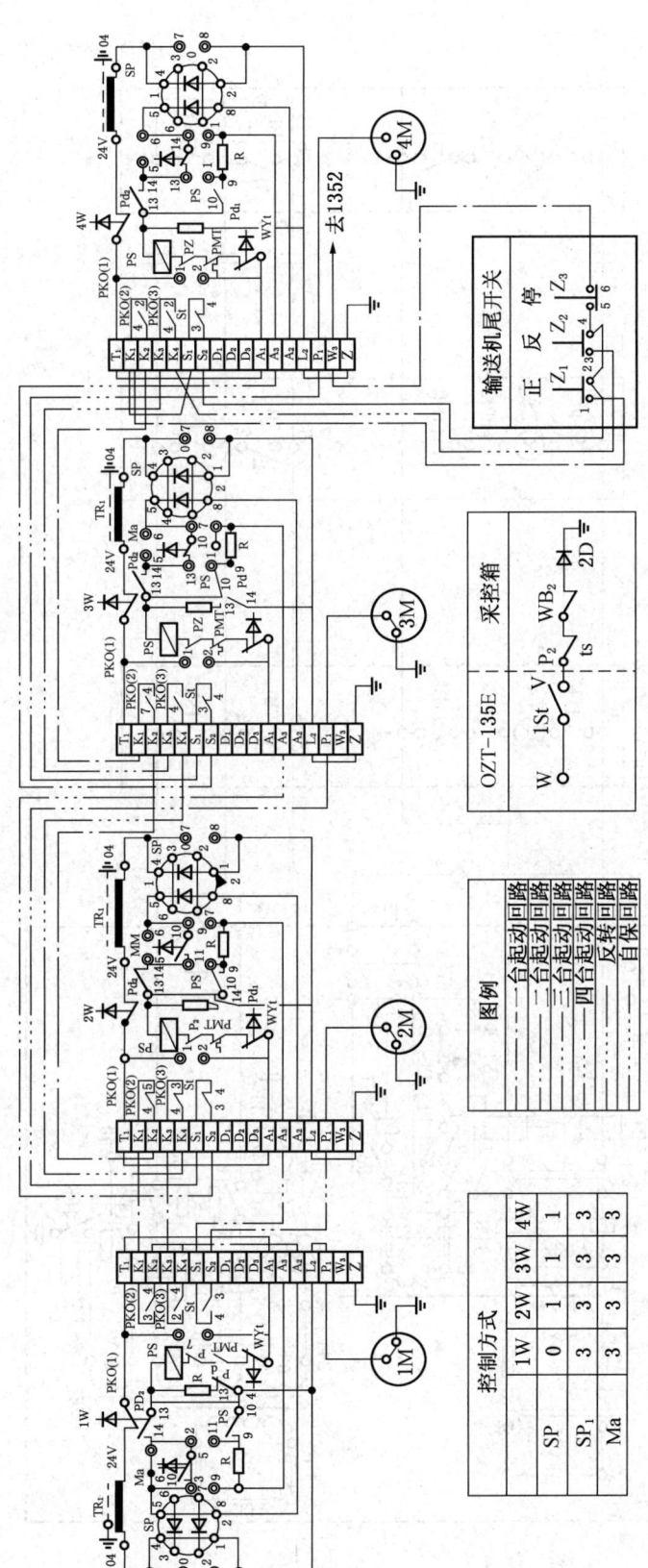

图 5-10 波兰 RYBNIG-73 型输送机电气控制原理图

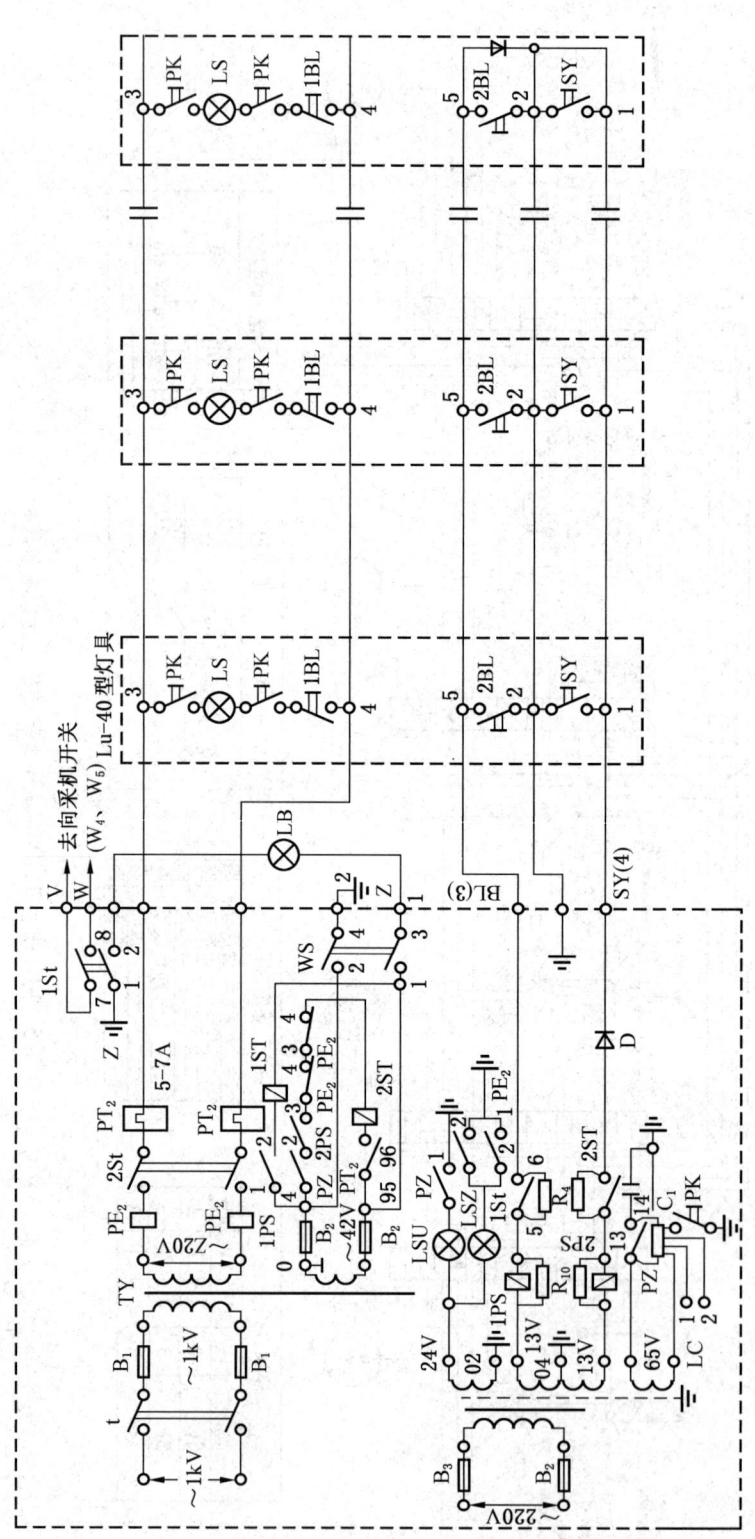

图5-11 波兰OZT-1352变压器及照明信号原理图

动,其回路如下:

4W 的 $TR_1(24V) \to PKO_1(3-5) \to T_1 \to A_1 \to Wyt \to PMT(12-11) \to PZ(4-2) \to PS \to PD_2(13-14) \to Ma(5-6) \to Ma(10-9) \to A_3 \to 3W$ 的 $S_2 \to ST(3-4) \to S_1 \to 4W$ 的 $P_1 \to$ 负荷电缆控制芯线 $\to 4M \to$ 地 $\to 4W$ 的 $Z \to T_2 \to SP(1-4) \to TR_1(04)$。

(4) 4W 启动后,4W 的主接触辅助接点 St (3-4) 接通 1W 的控制回路,使 1W 自保,其回路如下:

1W 的 $TR_1(24V) \to PKO_1(3-4) \to T_1 \to A_1 \to Wyt \to PMT(12-11) \to P_2(4-2) \to PS(10-9) \to R \to Ma(9-10) \to SP(5-8) \to A_2 \to K_4 \to K_2 \to PKO_2(4-2) \to K_1 \to 2W$ 的 $K_1 \to PKO_2(2-4) \to K_2 \to 3W$ 的 $K_2 \to PKO_2(2-4) \to K_1 \to 4W$ 的 $K_2 \to PKO_2(2-4) \to K_1 \to S_1 \to st(4-3) \to S_2 \to Z_1(2) \to Z_3(5-6) \to 4W$ 的 $W_3 \to OZT-1352/S$ 的 $W \to 1st \to V \to P_2 \to ts(3-4) \to WB2 \to 2D \to Z_1 \to 1M \to$ 负荷线接地芯线 $\to$ 负荷电缆控制芯线 $\to 1W$ 的 $P_1 \to T_2 \to SP(1-4) \to TR_1(04)$。

这样,4 台电动机启动后即正常运转。

(5) 工作面输送有时闷车或紧链以及其他原因需要反运转时,要把 4 台开关的换向隔离开关 PKO 均打到反转位置,将 1W 的 SP_1 置于"3"位(无启动延时)。按下反转按钮"Z_2"时,控制回路接通情况基本和正转时相同,只是在 $PKO_3(2-4)$ 触电和按钮 Z_2 回路不同。反转时设有自保回路。

3. 停车

(1) 按下停止按钮 Z_3,则 1W 断电,2W~4W 也相继断电实现停车。

(2) 利用 Lu-40 型灯具上的闭锁按钮 2BL 停车并能闭锁。重新启动时,必须人工复位,解除闭锁。

(3) 用采煤机的 ts 和 WB_1,也可以使输送机停车。

交叉连接法常用的有两种:一种是开关 1W、2W 间和 3W、4W 间的控制回路用普通连接法,而机头、机尾距离较远,1W 与 3W 之间用交叉连接法。这种连接法不但要注意整流插件 SP 二极管的极性,尤其要找好 1W 和 3W 2 个辅助变压器 TR_1 极性;另一种是输送机由 3 台电动机驱动,开关 1W 可采用启动带延时,利用远方二极管在输送机机尾通过控制按钮进行控制;2W 与 3W 之间采用变相的交叉连接,即 2W 的控制回路电源供给 3W 的 PS,而 3W 的控制电源供给 2W 的 PS。这种连接法的优点是控制回路电源不必找相序,只要整流插件 SP 的二极管极性正确即可,但增多了控制芯线。

4. 工作面输送机的电气故障

工作面输送机的常见故障包括输送机不能启动和顶电(刚一启动就停电)两种。

工作面输送机不能启动的原因可能是输送机尾控制按钮接触不良;各台开关的 PKO 转动方向不一致,或某台 PKO 隔离开关的手把没有出来;工作面上某处(灯具或电控箱)有闭锁,闭锁回路有断线或接地;电控箱内的 TS (3-4) 或 WB_2 接触不良;电控箱内输送机控制回路的远方二极管击穿;OZT-1352/s 中的 IST (7-8) 接触不良;短路故障后,PMT 插件没有复位;负荷电缆绝缘值低于 50 kΩ,PZ 不动作;Ma 或 SP 的位置不对。

工作面输送机顶电的原因可能是电动机定子接地;负荷电缆绝缘损坏;电动机过负荷或电压低;电动机受潮或其接线柱绝缘套管受潮。

四、刮板输送机的主要部件

1. 刮板链

刮板链由圆环链、刮板和连接环等组成。

圆环链是刮板输送机受拉力最大的部件,工作中要经受冲击和脉冲负荷,所以既要有强度要求,又要有抗疲劳的要求,并由高强度焊接封闭圆环连接而成,为了安装时调节链条的长度,还备有单环的调节链条。

刮板是用非对称的专用型钢制作,刮板与溜槽接触的一面带有斜度,使其与槽底面线接触,这样容易带走槽底上的煤粉,有利于正常运行,如安错方向则不能带载运行。

连接环采用铸造结构开口方式,连接方便。

2. 溜槽

溜槽既是刮板输送机机身的主体,作为货载和刮板链的支承机构,又是采煤机的运行轨道,煤和刮板链子在溜槽中滑行,不仅工作阻力大,而且对溜槽的磨损很严重,同时溜槽承受采煤机的全部重量,采煤机在槽帮上是滑行,对槽帮产生磨损。因此,要求溜槽要有足够的强度和刚度以及较高的耐磨性能。

溜槽分为中部溜槽(也称标准溜槽)、过渡溜槽、调节溜槽。中部溜槽占绝大部分,且每节长度为1.5 m,用来调整输送机的铺设长度的调节溜槽有0.5 m和1 m两种。因为机身较矮,机头机尾较高,故机身两端与机头和机尾连接时需用1~2节过渡溜槽进行过渡,过渡溜槽的每节长度为0.5 m。另外,为了便于从中部拆卸溜槽,SGW-80T型输送机还使用了一种特有的三角溜槽。

3. 紧链装置

紧链装置的性能要求:能张紧刮板链并加上所需的初张力,具有结构简单,操作方便,维修工作量小的特点。

目前使用的紧链装置有棘轮紧链器、抱闸式紧链器、手摇紧链器、液压千斤顶紧链器、液压马达紧链器、盘闸紧链器等。

4. 挡煤板

挡煤板装在工作面刮板输送机靠采空区的一侧,它除了增加溜槽的装煤量、加大运输能力、防止煤炭溢出之外,在挡煤板上还设有导向管和电缆叠伸槽,如图5-12所示。导向管在挡煤板紧靠溜槽的一侧,供采煤机导向用;电缆叠伸槽在采煤机的另一侧,供采煤机工作时自动叠伸电缆用。挡煤板上还设有长板,用来与液压支架的推溜千斤顶连接,用以推移输送机。

5. 铲煤板

在刮板输送机靠煤壁的一侧装有铲煤板,当输送机向前推移时,靠它将底板上的浮煤推向煤壁挤入溜槽,这样,就将采煤机采过之后的浮煤清理干净了,同时也减轻了输送机前移的阻力。

6. 《煤矿安全规程》关于刮板输送机的规定

使用刮板输送机运输时,必须遵守下列规定:

(1) 采煤工作面刮板输送机必须安设能发出停止、启动信号和通讯的装置,发出信号点的间距不得超过15 m。

第五章 专业知识

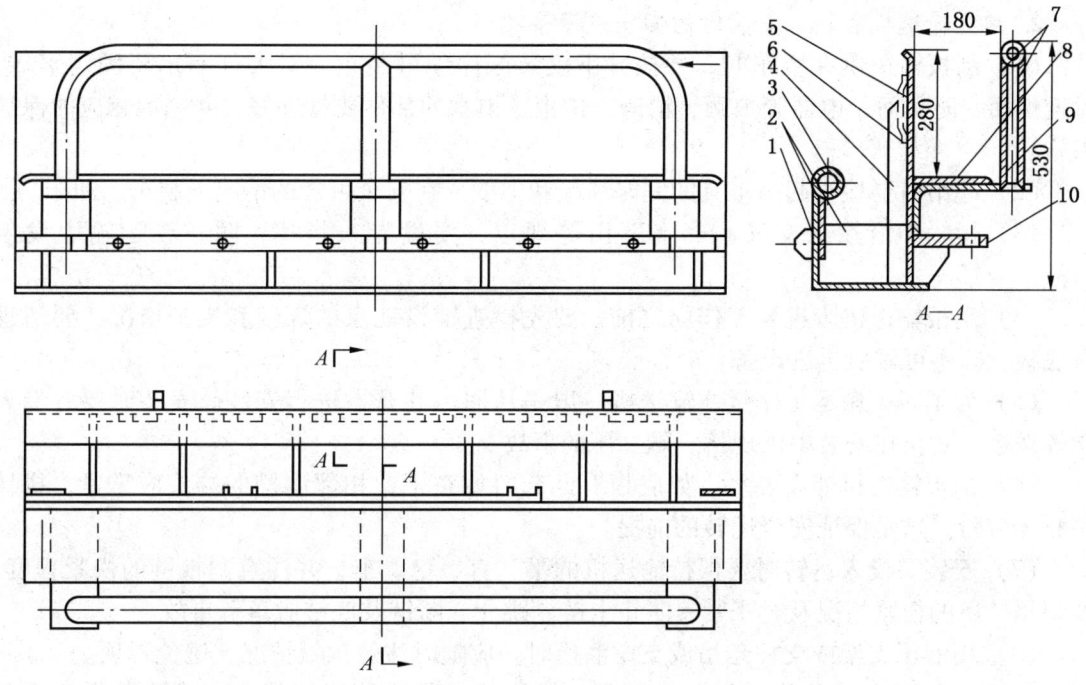

1—定位块；2—筋板；3—导向管；4—槽钢；5—耳板；6—立板；7—钢管；8—垫板；9—弯板；10—长板

图 5-12 挡煤板

(2) 刮板输送机使用的液力偶合器，必须按所传递的功率大小，注入规定量的难燃液，并经常检查有无漏失。易熔合金塞必须符合标准，并设专人检查、清除塞内污物；严禁使用不符合标准的物品代替。

(3) 刮板输送机严禁乘人。

(4) 用刮板输送机运送物料时，必须有防止顶人和顶倒支架的安全措施。

(5) 移动刮板输送机时，必须有防止冒顶、顶伤人员和损坏设备的安全措施。

五、刮板输送机的安装质量标准

1. 刮板输送机安装的基本要求

(1) 机头铺设的位置必须有设计图纸，特别是综采工作面，应考虑机头与支架的联络关系。

(2) 采煤工作面的刮板输送机必须沿机身全长装设能发出停止或开动的信号装置，发出信号点的间距不得超过 12 m，并做到平、直、稳。

(3) 顺槽运输巷安装的机头，与巷道边至少要有 0.7 m 的人行道。两台刮板输送机成直线搭接时，后台机头要高于前台机尾 0.3 m，前后要交错 0.5 m。两台刮板输送机呈垂直搭接时，卸载中心高度应保持 0.3 m，大于 0.5 m 时要加溜煤板。

(4) 安装时，连接件、紧固件应齐全，连接牢固可靠。机头、机尾架要打压柱，防止机头上翘发生挤人事故和损坏设备。

(5) 安装后要进行认真检查和试运转。

2. 刮板输送机搬运、安装时的安全注意事项

(1) 刮板输送机在装车时，要按井下安装顺序编号装车。对大件一定要固定牢靠，对连接面、防爆面、电器等怕砸、怕碰、怕尘、怕水的部件要管理好，并采取相应的保护措施。

(2) 起吊时要检查起吊工具的完好情况和强度，在安全可靠的情况下装车、卸车。

(3) 运输中沿途各交叉点、上下山等地点，要设专人指挥，防止在运输中发生事故。

(4) 刮板输送机未进入工作面之前，要先检查铺设地点的煤壁和支护情况，要清理好底板，确实可靠后再进设备。

(5) 为了减少搬运工作量，输送机一般是从回风巷开始进行安装。安装时要有专人指挥调运，防止在安装中出现挤、砸、压的事故。

(6) 刮板输送机铺设要平。如底板有凸起时要整平，相邻溜槽的端头应靠紧，搭接平整无台阶，这是保证安全运转的前提。

(7) 安装及投入运转时要保持输送机的平、直、稳、牢，并注意刮板链的松紧程度。要根据链条的松紧情况及时张紧，防止卡链、跳牙、断链及底链脱落等事故。

(8) 用液压支架或支柱悬吊或支撑溜槽时，应随时注意顶板情况，避免冒顶。

(9) 工作面安装使用的绳扣、链环、吊钩等必须进行详细检查，确认可靠后方可使用。

六、刮板输送机的维护

刮板输送机在井下的工作环境和使用情况非常恶劣，虽然设计、制造者从提高刮板输送机质量，改善其工作条件，减轻损坏因素入手，提供了高强度的设备。但在实际工作中，刮板输送机的磨损和外界因素引起的损坏是无法避免的。从安全的角度讲，设备刚投入运行时，其安全可靠性是很高的，但使用一定时期后，设备因疲劳、腐蚀、磨损等，安全可靠程度会下降。当推移刮板输送机次数达到一定值时，溜槽的接口因磨损会影响槽与槽之间的连接，甚至在推移溜槽会发生脱节和翻转。再者，刮板链与链轮之间的磨损，会加大圆环链的节距，当遇到杂物嵌入时，会使刮板链在机头、机尾处出槽，如果某处卡住，会发生机头、机尾翘起的事故。上述这些情况不仅仅是设备本身问题，更主要的是潜伏着危及刮板输送机周围工作人员人身安全的隐患。为消除这些隐患，延长设备的使用寿命，保证设备的正常运行，提高设备的安全可靠性，所以必须注意日常维护和对刮板输送机定期进行检修。

(一) 刮板输送机运转前的准备工作

为了保证刮板输送机的安全运转，在其运转前必须进行详细全面的检查。检查分为一般检查和重点检查。

1. 一般检查

首先检查工作环境，如工作地点的支架、顶板和巷道的支护情况，检查输送机上有无人员作业，有无其他障碍物，压柱打得是否牢固。然后检查电缆吊挂是否合格，电动机、开关、按钮等各处接线是否良好，如果检查没有发现问题，可将输送机稍加启动，看看输

送机是否运转正常，接着再开始重点检查。

2. 重点检查

首先，检查中间部，对中间槽、刮板链从头到尾进行一次详细检查。从机头链轮开始，往后逐级检查刮板链、刮板、连接环以及连接环上的螺栓。检查 4～5 m 后，在刮板链上用铅丝绑一个记号，然后开动电动机把带记号的刮板链运行到机头链轮处，再从此记号向后检查，一直到机尾，在机尾的刮板链上再用铅丝绑一个记号，然后从机尾往回检查中部槽对口有无戗茬或搭接不平、磨环、压环、上槽陷入下槽等情况。回到机头处，开动电动机把机尾记号运转到机头链轮处，再往后重复以上检查，至此检查了一个循环，发现问题及时处理。

其次，检查机头，要注意以下方面：

（1）有传动小链的刮板输送机，要检查传动小链的链板、销子磨损变形程度、链轮上的保险销是否正确，必须使用规定的保险销，不得用其他物品代替。

（2）弹性联轴器的间隙是否正确（一般 3～5 mm），液力偶合器是否完好。

（3）减速箱油量是否适当（油面接触大齿轮高度的 1/3 为宜）。

（4）机头座连接螺栓、地脚压板螺栓、机头轴承座螺栓等是否齐全坚固。

（5）链轮、托叉、护板是否完整紧固。

（6）弹性联轴器和紧链器的防护罩是否齐全。

最后，检查机尾，机尾有动力驱动时检查内容与检查机头相同，无动力驱动时要做以下检查：

（1）机尾滚筒的磨损与轴承情况（转动灵活）。

（2）调节机尾轴的装置是否灵活。

（3）机尾环境是否良好，如有积水，要挖沟疏通。

经以上检查，确认一切良好，即可开动电动机正式运转。

（二）操作刮板输送机时的注意事项

（1）启动前要发出信号，先断续启动，隔几秒钟再正式启动。其目的，一是看刮板输送机运行是正转还是反转；二是如果有人在刮板输送机附近工作或行走，断续启动代替警戒信号。

（2）防止强行带负荷启动。一般情况下都要先启动刮板输送机后再往里装煤，机采工作面也要先启动输送机后才能开动采煤机。如果连续两次不能启动或切断保险销，必须找出原因并处理好后再启动。

（3）无论有否集中控制，都要由外向里（由放煤眼至工作面）沿逆煤流方向依次启动。

（4）刮板输送机停止运转时，不要向输送机内装煤，机采时应停止采煤机割煤。

（5）炮采工作面要采取措施防止炮崩中部槽，并应采用分段爆破的办法，防止因满载压住输送机无法启动。

（6）不要向中部槽里装大块煤炭，防止大块煤炭卡刮中部槽造成事故。

（7）工作面停止出煤前，应将中部槽中煤输送干净，然后由里向外沿顺煤流方向依次停止运转。

（8）无煤时禁止刮板输送机长时间空转。

（三）刮板输送机司机要做到"四勤"

刮板输送机运转时，司机要做到"四勤"，即勤检查、勤修理、勤注油、勤清理。

1. 勤检查

（1）检查刮板链运行情况。正常运转时，刮板链应当平稳滑行。如果发现跳动，那就是刮板链在中部槽内或链轮有刮卡现象。刮板链运转时，如果稍一停又继续运转，可能是传动链跳牙、刮板链过长，要及时处理，并检查连接环、螺栓、刮板有无松动损伤，发现松动及时拧紧。

（2）经常注意机头电动机、减速箱运转声音是否正常。如听到"咯噔、咯噔"的声音，要立即停止运转，进行详细检查处理，避免事故发生。

（3）运转中要勤摸电动机、减速箱及各轴承，注意其温度是否正常，一般温度不得超过 65~75 ℃。

（4）当闻到焦煳油烟味时，说明电动机、减速箱或有关轴承温度过高，应该停止运转，进行详细检查和处理。

2. 勤修理

如发现问题或事故隐患时，一般都要停止运转，立即进行修理。为此，刮板输送机司机或机电维修工下井时，都应携带工具和足够的小配件（或在工作面巷道配备工具箱），如保险销、开口销、易熔塞等。

3. 勤注油

经常注意减速箱、机头、机尾、轴承的油量是否适当，如发现油量不足，应通知维修工注油。有传动链的刮板输送机，由司机负责经常注油。

4. 勤清理

（1）经常清理机头、机尾附近堆积的煤粉或其他杂物，特别是矸石、木料，否则如被带进下槽，会增大运行阻力，造成其他事故。

（2）经常清理电动机外壳、液力偶合器外壳、减速箱等上面的煤粉，以保持良好的散热条件。

（四）润滑注油的作用及注意事项

润滑注油是对刮板输送机进行维修的重要内容。良好的润滑可以减轻机械的磨损，对部件起冷却、密封、减振、防腐蚀等作用。在注油时应特别注意防止粉尘、杂物进入减速箱等部件内。

七、刮板输送机的检修

刮板输送机的检修分为日检、周检、季检、半年检和大修。

日检的主要内容有：

（1）检查各转动部分是否有异常声响、剧烈振动或发热等异常现象，如果发现，应及时排除。

（2）检查减速箱、液力偶合器、液压缸以及推进系统软管是否漏损，漏损严重者应及时处理，并补充油液。

（3）检查减速箱、盲轴、链轮、挡煤板、铲煤板和刮板链螺栓是否松动，如发现松动应及时更换。

（4）检查刮板、连接环及圆环链是否损坏，如发现损坏应及时更换。

（5）检查刮板链松紧是否适度，有无跳牙现象。如果刮板链过松，应及时张紧。

（6）检查中部槽有无掉销和错口现象，一经发现应及时更换。

周检的主要内容有：

（1）检查减速箱、液力偶合器、盲轴等部位润滑油是否充足，有无变质，检查乳化液液量是否充足、变质。

（2）检查挡煤板和铲煤板连接螺栓是否松动或掉落。

（3）检查机头（机尾）架损坏变形情况。

（4）检查机头（机尾）各连接螺栓的紧固情况。

（5）检查拨链器、刮板的磨损情况。

（6）检查电动机的引线损坏情况。

（7）检查中部槽挡煤板和铲煤板损坏变形情况。

（8）检查液压缸和软管损坏情况。

八、刮板输送机的常见故障及处理方法

刮板输送机的常见故障及处理方法见表5-10。

表5-10 刮板输送机的常见故障及处理方法

故　障	原　因	处 理 方 法
电动机不启动	1. 负荷过大 2. 电器线路损坏	1. 减轻负荷，从中部槽中除去一些煤 2. 检查电器线路，更换损坏零件
电动机过度发热	1. 超负荷运转时间太长 2. 通风散热情况不好	1. 减轻负荷，缩短超负荷运行时间 2. 清除电动机周围浮煤
电动机声音不正常	1. 单相运转 2. 接线头不牢	1. 检查并排除单相运转原因 2. 检查接线头
液力联轴器严重打滑	1. 液力联轴器注油不足 2. 溜槽内堆煤太多 3. 刮板链被卡住 4. 紧链器处于紧链状态	1. 按规定补充注油量 2. 将中部槽中的煤除去一部分 3. 处理被卡刮板链 4. 紧链器手把扳到"运行位置"
其中一个液力联轴器温度过高	1. 两个液力联轴器注油量不等 2. 液力联轴器罩内被卡住或透平轮被卡住	1. 检查调整注油量 2. 清除杂物，消除被卡原因
液力联轴器漏油	1. 注油塞或热保护塞松动 2. 密封圈或垫圈损坏	1. 拧紧注油塞或热保护塞 2. 更换密封圈或垫圈
液力联轴器打滑，温度超过120℃，但易熔合金不熔化	易熔合金配方不准	更换准确熔化温度的易熔合金保护塞

表 5-10（续）

故　障	原　因	处 理 方 法
减速器运转声音不正常	1. 齿轮啮合不好 2. 齿轮或轴承过度磨损或破坏 3. 润滑油中有金属等杂物 4. 轴承游隙量过大	1. 检查调整齿轮啮合情况 2. 更换被损坏齿轮或轴承 3. 清除油中杂物 4. 调整轴承游隙量
减速器油量过高	1. 润滑油不合格或润滑油不干净 2. 润滑油过多 3. 散热冷却条件差	1. 按规定更换新润滑油 2. 放出多余的润滑油 3. 清除减速器周围煤粉及杂物，对 SGW-250 型还应检查冷却水流动情况
减速器漏油	1. 密封圈损坏 2. 减速器箱体结合面不严，轴承盖螺栓松动	1. 更换坏的密封圈 2. 拧紧箱体结合面和各轴承盖螺栓
盲轴轴承温度过高	1. 密封被破坏，润滑油不干净 2. 轴承损坏 3. 润滑油量不足	1. 更换密封圈，清洗轴承，换新润滑油 2. 更换被损轴承 3. 加注润滑油
刮板链在链轮处跳牙	1. 圆环链拧麻花或接链环安装不正确 2. 刮板接手装反了 3. 链轮轮齿过度磨损 4. 刮板链过度松弛	1. 纠正圆环链，重新安装接链环 2. 更正刮板接手安装状况 3. 更换新链轮 4. 重新紧链
链子卡在链轮上	拨链器松动、损坏或脱落	拧紧螺栓、更换拨链器
刮板链掉道	1. 刮板链过松 2. 刮板弯曲严重 3. 工作面不直、刮板链条受力不均、使刮板倾斜 4. 输送机过度弯曲	1. 重新紧链 2. 换新链板 3. 使工作面保持直线 4. 推移中部槽距离不要太大，不要有急弯
刮板链过度震动	1. 刮板链运行中受刮卡 2. 中部槽脱开或搭接不平	1. 处理刮卡部位 2. 对接好中部槽、调平接口
刮板接手从链条上撕断	1. 刮板链过松 2. 两条链段差超过规定 3. 中部槽搭接不平或脱开 4. 链轮严重磨损 5. 弹性销脱落	1. 重新紧链 2. 更换超差刮板链段 3. 修理中部槽、接牢调平接口 4. 更换新链轮 5. 安装新弹性销
中部槽接头弯曲或损坏、折断	1. 一次推移距离过大 2. 弯曲段长度小，偏转角大，转急弯	1. 推移距离不超过 600 mm 2. 弯曲段中部槽不小于 3 节长，偏转角不超过 3°
电缆夹与电缆槽刮卡	1. 挡煤板连接螺栓松动 2. 导向管或电缆槽连接管变形，或双锥销变形	1. 拧紧挡煤板连接螺栓 2. 修理或更换挡煤板及导向管、双锥销等，或整修变形处

第三节 转 载 机

一、转载机安装的一般知识

1. 安装前的准备工作

首先安装好可伸缩带式输送机机尾（包括转载机的机头小车的行走轨道），然后将转载机各部件搬运到相应的安装位置，并准备好起吊的设备和支撑材料。

2. 安装注意事项

要将传动装置安装到人行道的一侧，以便检查维护。

（1）刮板链的连接螺栓头应朝运行方向，以增加连接的牢固性。

（2）链条不许有拧麻花的现象，以提高机械强度和安全可靠性。

（3）刮板链在上槽时，连接环的突起部分应向上，立链环的焊口应向上，平链环的焊口应向中部槽中心线，以减少链环的磨损，延长使用寿命。

二、转载机的维护

（1）经常保持转载机及其他设备、管线路的整洁完好，以便运转、维修和移动。

（2）经常检查刮板链的张紧程度，发现松弛时应立即调整。

（3）经常检查链轮和刮板链的紧固情况，应及时拧紧松动的螺栓。有损坏或变形的，应及时修理和更换。

（4）经常检查悬拱部分和爬坡段有无异常现象，中部槽两侧挡板和封底板的连接螺栓有无松动，如发现上述情况应立即处理。

（5）经常检查机头小车、导料槽的移动是否灵活可靠，带式输送机机尾两侧的轨道是否平直稳妥，严防机头小车和导料槽发生卡碰和掉道。

（6）用钢丝绳牵引移动转载机时，应使作用力对中，不准把钢丝绳挂钩挂在机头小车的横梁上，一定要挂在机头架两侧板上的孔内。

（7）转载机的水平段应与工作面刮板输送机的卸载位置配合适当，保证煤能准确地装入转载机的水平装载段之内，以防抛撒堆积。

（8）停机前要将中部槽中的煤运完，以避免下次满载启动。

（9）经常检查机头部和机尾部的运转情况，并按规定注油。

三、转载机的检修标准

1. 周检

（1）重复日检内容（周检、日检在初级工的专业知识中已介绍）。

（2）检查传动装置是否安全，有无损坏；检查各紧固件有无松动，松动的要拧紧。

（3）检查链轮轴组内的润滑油是否充足，有无漏油。

（4）检查联轴节的充液量是否充足，不足时应充足。

2. 月检

（1）重复周检内容。

（2）检查两条刮板链的伸长量是否一致，如果伸长量达到或超过原始长度的2.5%时，则需要更换。更换时要成对更换。

3. 半年检

（1）重复月检内容。

（2）更换减速器的润滑油；将齿轮等部件清洗干净；目测检查齿轮及轴承有无损坏，并更换磨损件；拆装时注意确保结合面清洁、密封良好；更换联轴节的润滑油。

（3）更换减速器及联轴节密封件。检修时应在地面检修车间进行。

（4）检查电动机轴承处有无损坏。

四、转载机的一般故障处理

1. 机尾发生异响或转动不正常

桥式转载机机尾的工作环境恶劣，特别是巷道底板有倾角时，由于煤炭外溢，巷道淤塞，积水增多，机尾常常在煤水中运行，因此油封较易损坏。煤水容易浸入机尾，造成轴承损坏。

轴承损坏后的主要表现是发热。当温度超过65℃时，有异响和转动不正常，甚至机尾滚筒不转。

预防和处理方法是加强机尾轴承的注油润滑，改善机尾作业环境。一旦发现轴承损坏，应立即更换机尾轴组件。

2. 中间悬拱部分有明显下垂

造成中间悬拱部分明显下垂的主要原因，一是连接螺栓松动或脱落；二是连接挡板焊缝断裂。

预防和处理方法是经常检查，发现连接螺栓松动及时拧紧；有脱落的及时补上；发现故障及时检修。

第四部分
中级输送机操作工技能要求

第六章 操作技能

第一节 输送机装配图识读

一、带式输送机装配图识读

（一）SPJ-800型绳架吊挂式带式输送机钢丝绳机架图

SPJ-800型绳架吊挂式带式输送机的钢丝绳机架图如图6-1所示。

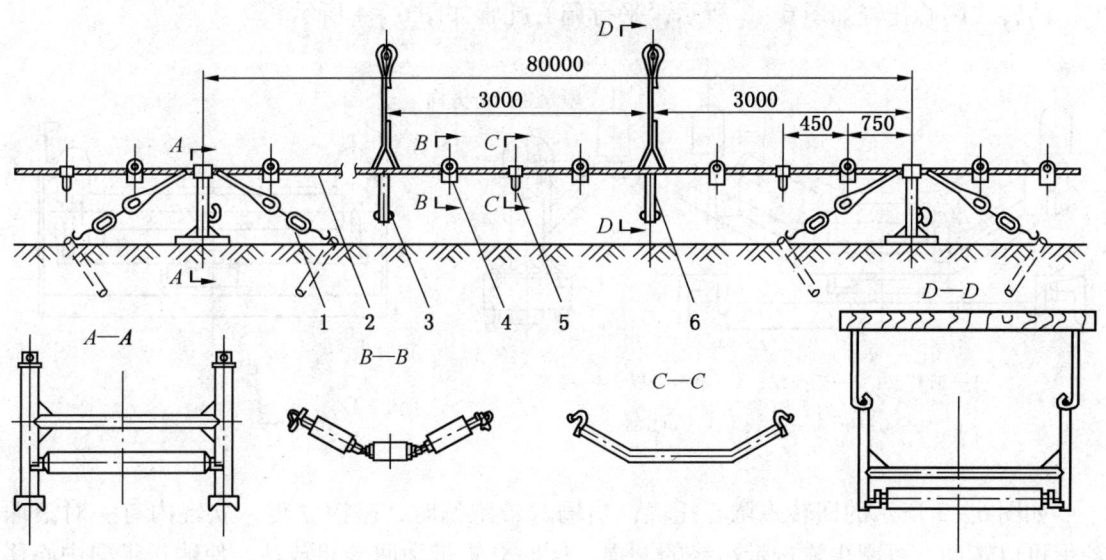

1—紧绳装置；2—钢丝绳；3—下托辊；4—铰接托辊；5—分绳架；6—中间吊架

图6-1 SPJ-800型绳架吊柱式带式输送机的钢丝绳机架图

（二）托辊

托辊由中心轴、轴承、密封圈、管体等部分组成。

1. 槽形托辊

槽形托辊如图6-2所示，一般由三个托辊铰接组成，其槽形角一般为30°，以便于运输散装货物和增加运输能力。

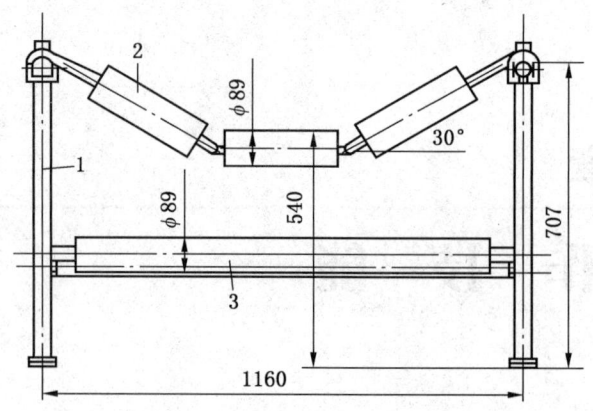

1—H形机架；2—槽形托辊；3—平形托辊
图6-2 落地式托辊和机架

2. 调心托辊

它的作用是调整输送带使其正常运行而不跑偏，煤矿中这种托辊多用于主要运输巷道或地面设置的固定式带式输送机上，输送机的重载段每隔10组托辊可设一组回转式调心托辊，空载段每隔6~10组托辊设一组平行调心托辊。

回转式调心托辊如图6-3所示，平行调心托辊如图6-4所示。

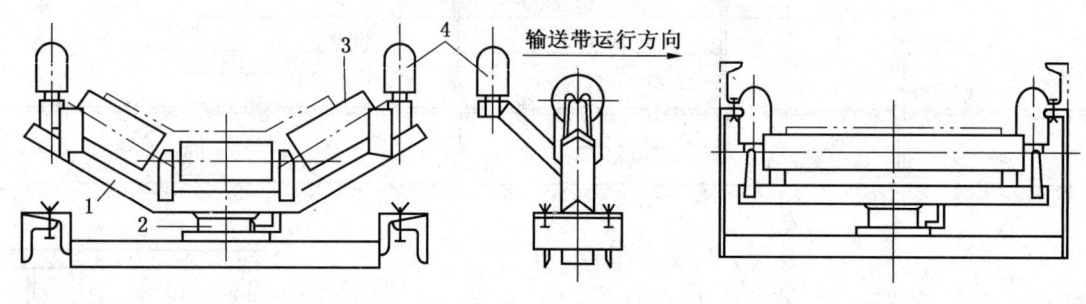

1—回转架；2—竖轴颈；3—槽形托辊；4—立辊
图6-3 回转式调心托辊　　　　图6-4 平行调心托辊

如图6-3所示的回转式调心托辊，当输送带跑偏时，碰撞立辊，立辊内有一对滚珠轴承可以转动，可减少输送带边缘的磨损，同时立辊带动回转架转动，使输送带向中心移动，以实现自动调偏。

二、刮板输送机装配图识读

1. SGW-150B型刮板输送机总装图

SGW-150B型刮板输送机总装图如图6-5所示。

可弯曲刮板输送机主要由机头部（包括机头架、电动机、液力联轴器、减速器、链轮组件等）；机尾部（包括机尾架、电动机、液力联轴器、减速器、链轮组件等）；中间部（包括中部槽，连接槽，调节槽，刮板链子）以及附属装置（紧链器、铲煤板、挡煤

第六章 操作技能

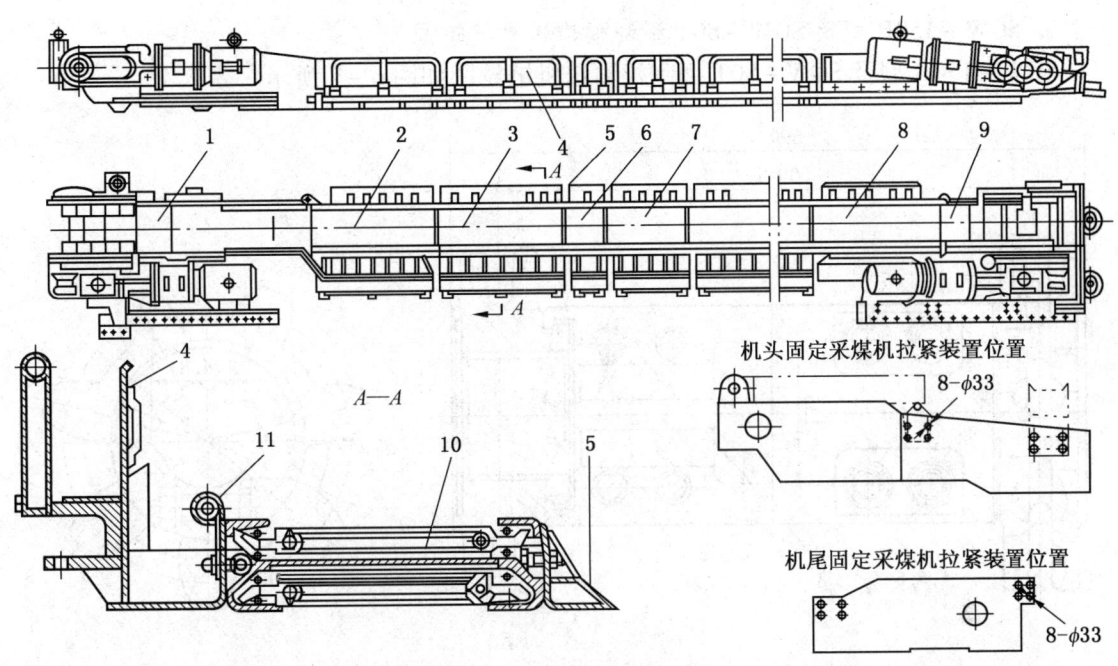

1—机头部；2—机头连接槽；3—中部槽；4—挡煤板；5—铲煤板；6—半米调节槽；7—1 m 调节槽；
8—机尾连接槽；9—机尾部；10—刮板链；11—导向管

图 6-5 SGW-150B 型刮板输送机总图

板、防滑锚固装置），还有供移动输送机用的装置等组成。

2. SGW-44A 型刮板输送机总装图

SGW-44A 型刮板输送机总装图如图 6-6 所示。

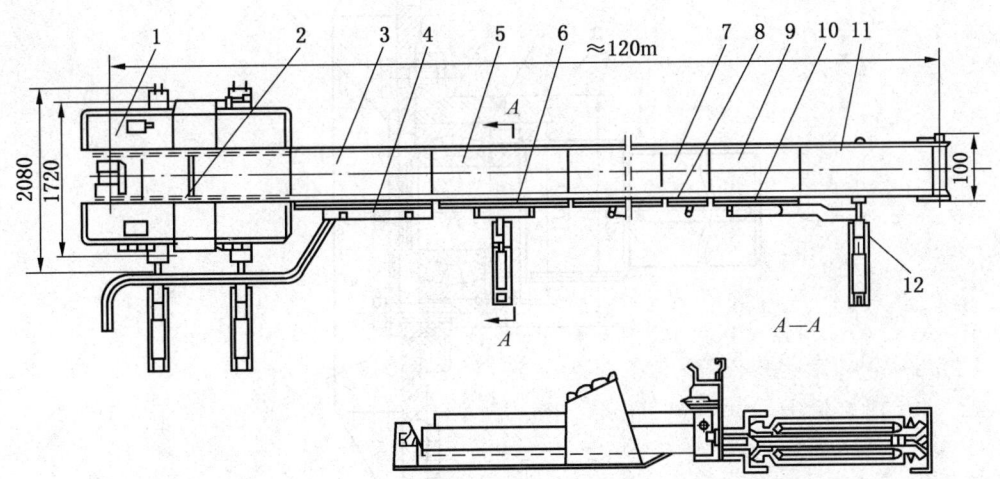

1—机头部；2—刮板链；3—过渡槽；4—左右挡板；5—中部槽；6—挡煤板；7—半米调节槽；
8—半米挡板；9—1 m 调节槽；10—1m 挡板；11—机尾部；12—液压推移装置

图 6-6 SGW-44A 型可弯曲刮板输送机总装图

3. SGW-150B型及SGW-80T型刮板输送机链轮图

SGW-150B型及SGW-80T型刮板输送机链轮图如图6-7所示。

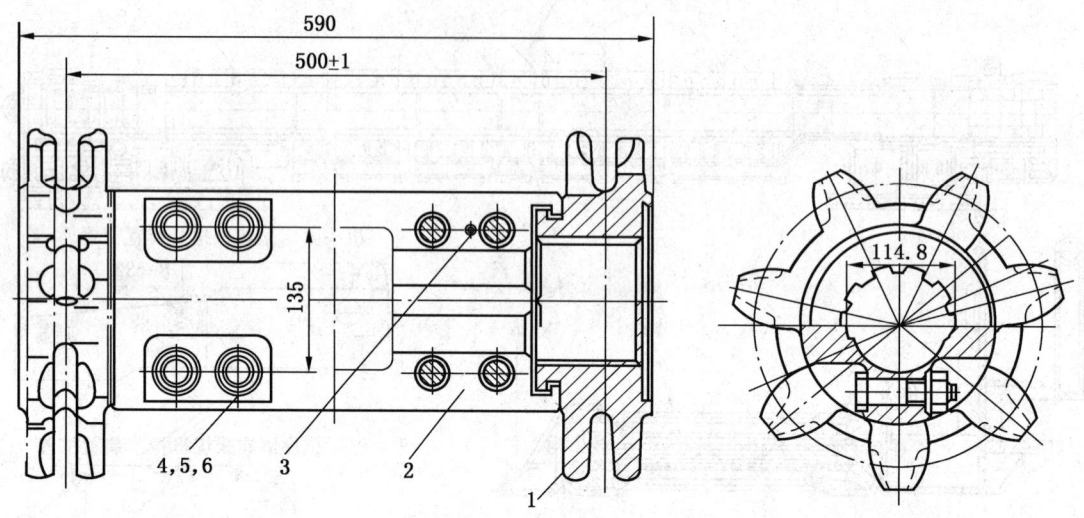

1—链轮；2—剖分式滚筒；3—定位销；4—螺栓；5—螺母；6—垫圈

图6-7　SGW-150B型及SGW-80T型刮板输送机链轮

SGW-150B型及SGW-80T型刮板输送机链轮组件是由两个整体七齿链轮和一个剖分式滚筒组成。链轮一端支承在减速器的输出轴上，另一端通过花键和平键支承在盲轴上，盲轴组件如图6-8所示。安装时，先把减速器和盲轴组件在机头架两侧装好，使减

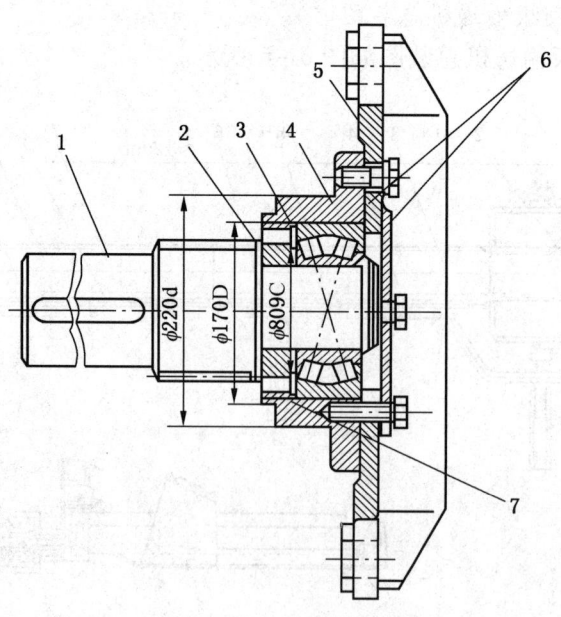

1—轴；2—轴套；3—滚动轴承；4—轴承座；5—轴承托架；6—纸垫；7—密封

图6-8　盲轴组件

速器的输出轴和盲轴都伸入到机头架内,再将两个链轮分别装在减速器输出轴和盲轴的花键部位上,然后将剖分滚筒的两半,扣合在两个轴的平键部位上,最后用八个螺栓紧紧连在一起,这种结构,简单紧凑,容易拆装。

4. 中部槽

开底中部槽,结构简单,维修方便。缺点是遇到软底板时,机体因支撑面小,压强太大,而使槽帮下沉陷入底板,造成回空链子不能正常运行。这种软底板如用封底中部槽则可避免该缺陷,但封底中部槽对维修、处理废链、断链又比较困难,为解决这个问题,于是制造和使用了封底式中间带检修窗的中部槽,如图6-9所示。

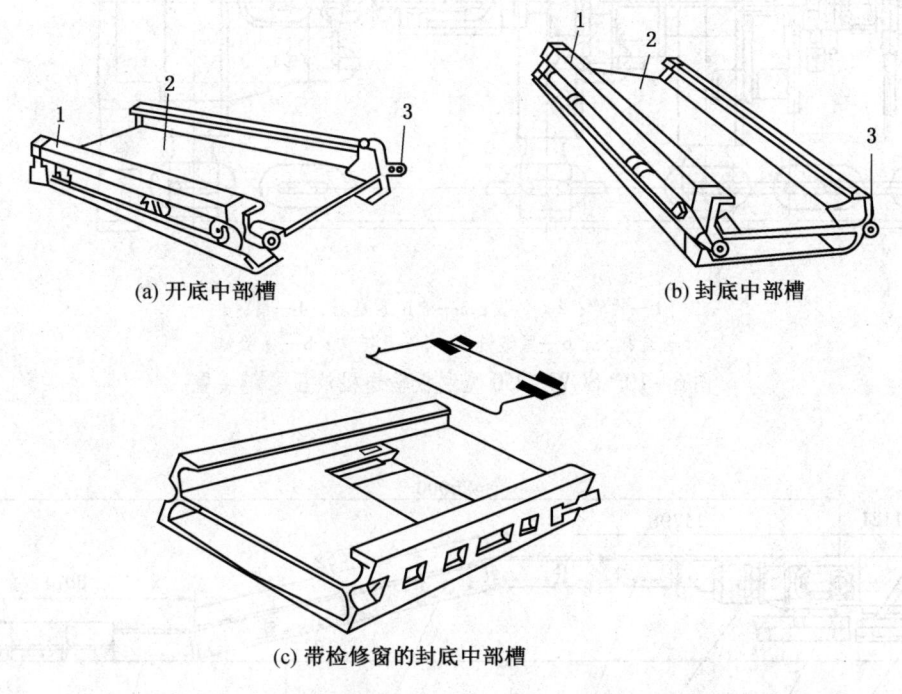

(a) 开底中部槽　　(b) 封底中部槽

(c) 带检修窗的封底中部槽

1—槽帮；2—中板；3—连接头

图6-9　中部槽

5. SGW-250型刮板输送机液压紧链装置

SGW-250型刮板输送机液压紧链装置主要由软管、液压紧链器、紧链链条、紧链钩、连接头、销、钩板以及保险链等部件组成,如图6-10所示。

三、转载机装配图的识读

SZQ-40型转载机如图6-11所示。

四、带式输送机传动系统图的绘制

1. SPJ-800型绳架吊挂式带式输送机传动系统图

SPJ-800型绳架吊挂式带式输送机传动系统如图6-12所示。

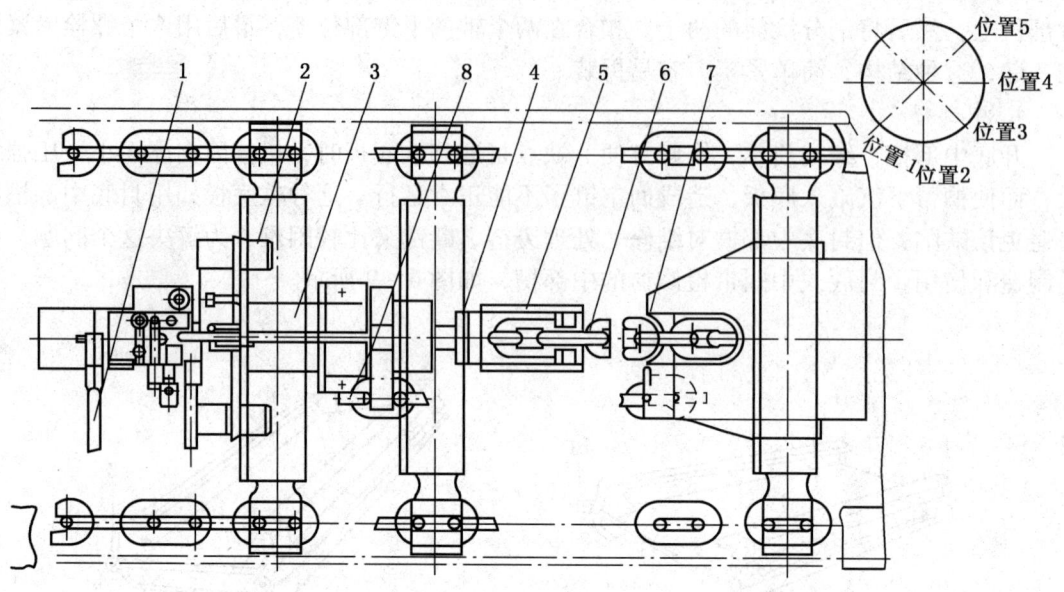

1—软管；2—钩板；3—液压紧链器；4—销；
5—连接头；6—紧链链条；7—紧链钩；8—保险链

图6-10　SGW-250型刮板输送机液压紧链装置

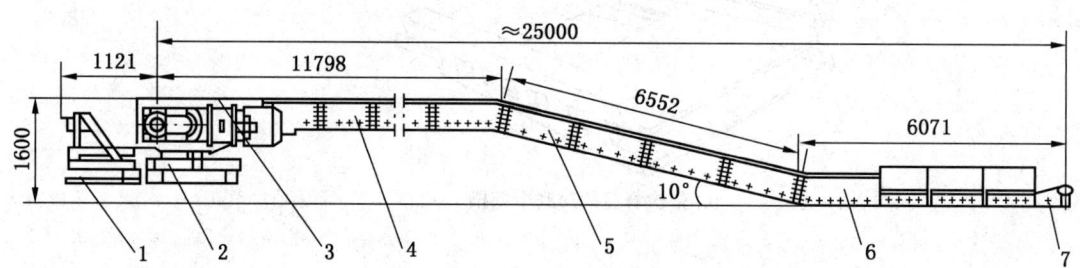

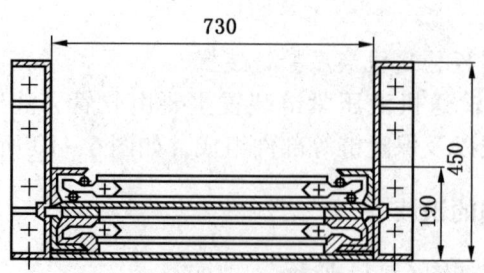

1—导料槽；2—支承小车；3—机头；4—中间悬拱部分；5—爬坡段；
6—水平装载段；7—机尾

图6-11　SZQ-40型转载机

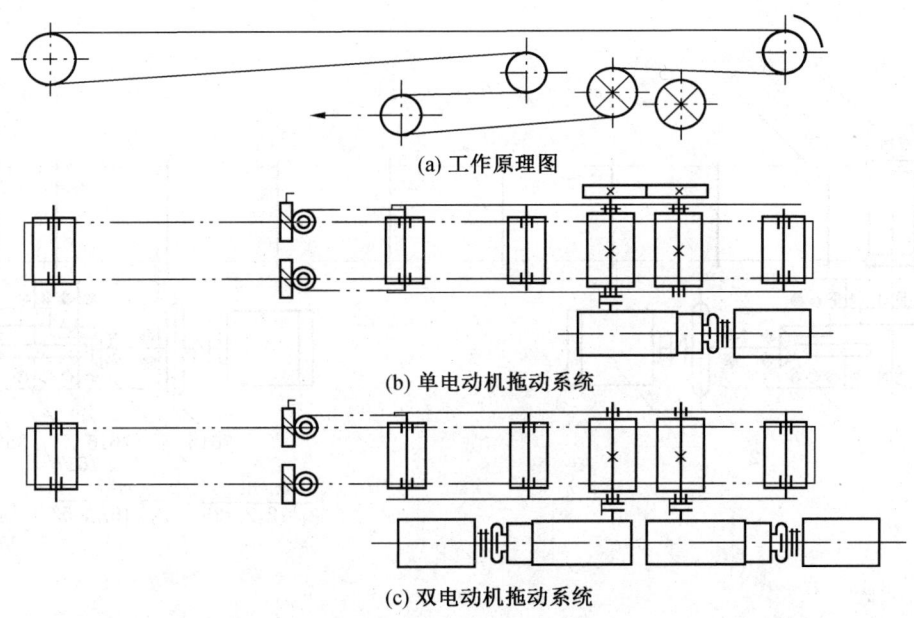

图 6-12 SPJ-800 型绳架吊挂式带式输送机传动系统

2. 多点驱动传动系统

所谓中间多级驱动带式输送机,实质上是一种直线摩擦驱动形式的长距离带式输送机。即在一台长距离带式输送机中间装设若干台短的带式输送机,如图 6-13 所示,借助于各台短的带式输送机上直线工作段输送带与长距离带式输送机的输送带间相互紧贴所产生的摩擦力,驱动长距离带式输送机。这些短带式输送机即为中间多级直线摩擦驱动装置,长带式输送机的输送带则为承载和牵引结构。

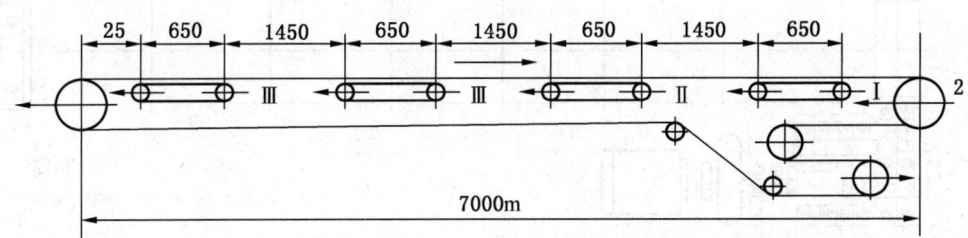

图 6-13 多点驱动传动系统

五、刮板输送机传动系统图的绘制

1. SGW-150B 型刮板输送机传动系统图

SGW-150B 型刮板输送机传动系统如图 6-14 所示。

2. SGW-44A 型刮板输送机传动系统图

SGW-44A 型刮板输送机传动系统如图 6-15 所示。

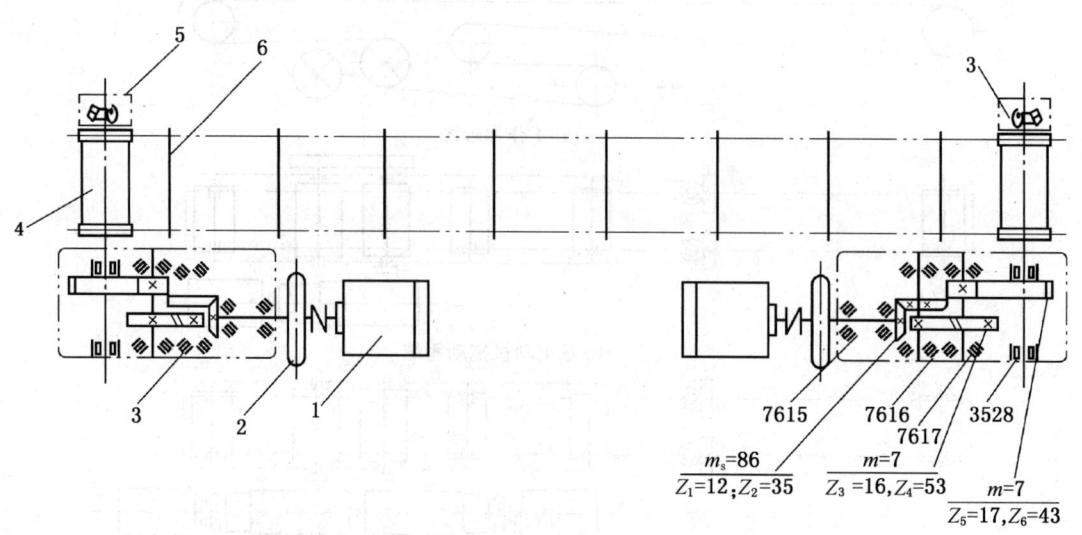

1—电动机；2—液力联轴器；3—减速器；4—链轮；5—盲轴；6—刮板链

图 6-14 SGW-150B 型刮板输送机传动系统图

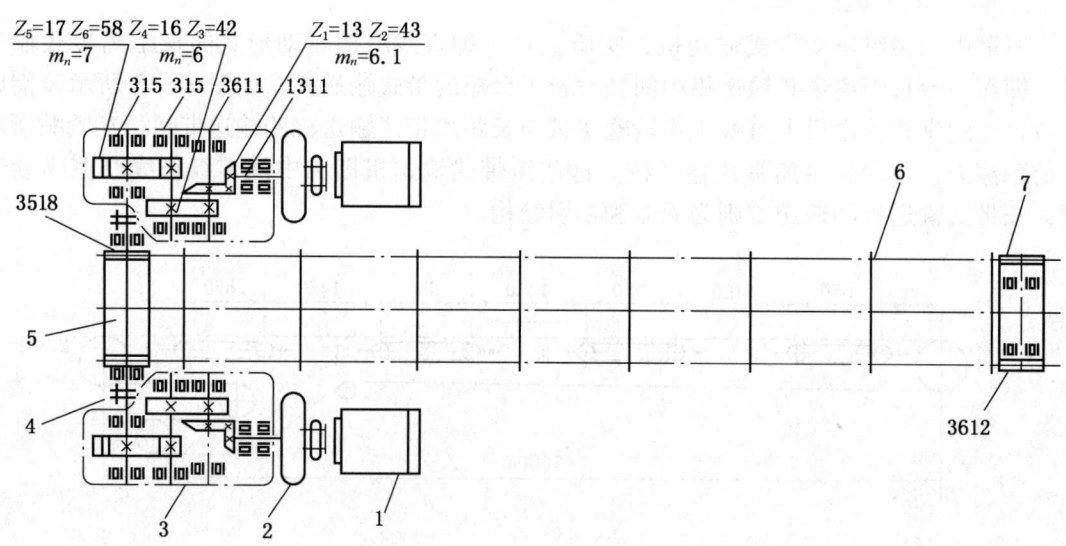

1—电动机；2—液力联轴器；3—减速器；4—牙嵌联轴器；
5—机头链轮；6—刮板链；7—机尾滚筒

图 6-15 SGW-44A 型刮板输送机传动系统

六、转载机传动系统图

SZQ-40 型转载机传动系统如图 6-16 所示。

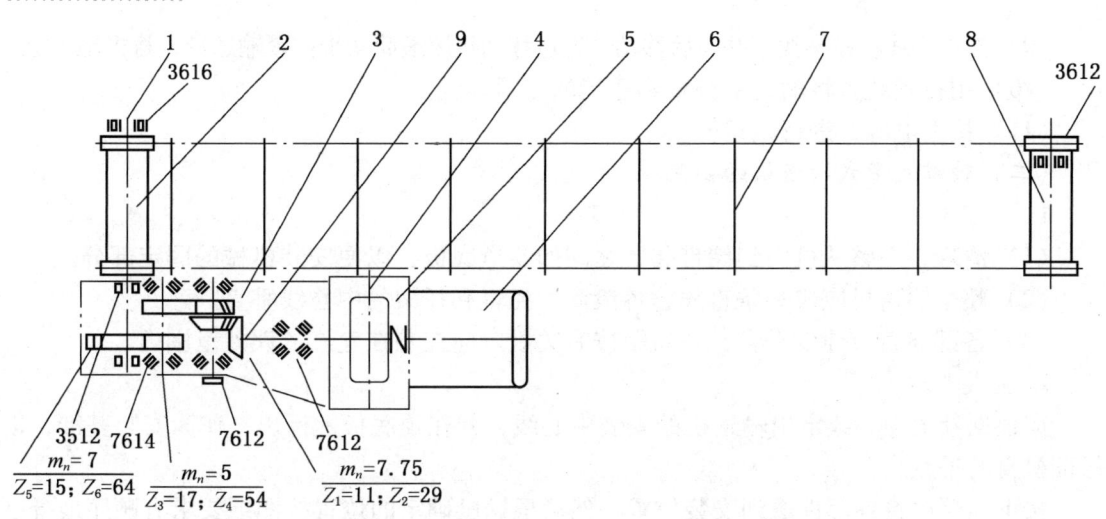

1—盲轴；2—链轮；3—减速器；4—联轴器；5—连接罩；6—电动机；7—刮板链；8—滚筒；9—紧链器

图 6-16 SZQ-40型转载机传动系统

第二节 输送机的安装与拆除

一、带式输送机的安装与拆除

(一) 绳架式带式输送机的安装

1. 安装要求

(1) 机头部要安装在牢固的基础上，机身钢丝绳两端的固定要牢固，两根钢丝绳的高度要一致，张紧程度要相同。

(2) 机头、机身和机尾的中心线应成一条直线。

(3) 机头与机尾的各滚筒、托辊、吊架的轴线必须与输送机的中心线相垂直。

2. 安装步骤

带式输送机在安装前，应在巷道支架上标出输送机的安装中心线，在支柱上应标出机身吊挂的高度，作为安装的基准，以保证机身平直。其安装步骤如下：

(1) 按安装中心线固定机头部，并将拉紧滚筒移到轨道的最前端。

(2) 把机尾运到安装地点，并将机尾滚筒移到后端。

(3) 将输送带按铺设长度铺设到巷道底板上，并将各段输送带连接起来，只留两个端头。按铺设中心线安装钢丝绳，初步拉紧钢丝绳。

(4) 按 3 m 的间距安装中心吊架，并将吊架挂在支架的顶梁上，然后安装下托辊。

(5) 按 1.5 m 的间距安装铰接槽形托辊，在每两个中间吊架的中间装一个分绳架。

(6) 重新拉紧钢丝绳，按基准高度调整吊架高度。

(7) 调整托辊和吊架的位置，使它们的轴线与机身的中心线垂直。

(8) 铺设上边输送带，连接接头。

（9）按中心线将机尾找正并向后移动，通过移动机尾滚筒初步拉紧输送带，将机尾固定。

（10）用拉紧装置将输送带调整到适当的张紧程度。

（11）接上电源，进行试运转。

（二）伸缩式带式输送机的安装

1. 安装要求

（1）清理、平整从机头到储带装置之间的巷道底板，以便安装机械的固定部分。

（2）整个输送机应成一条直线，各滚筒、托辊和托架的中心线垂直。

（3）各部导轨应铺设平直，各轨距按有关规定应控制在允许的误差范围内。

2. 安装步骤

应根据巷道中心线定出输送机的安装中心线，并在顶底板上标出，作为安装基准，以保证机身的平直。

按下列顺序将各部件送到安装位置，然后根据已确定的位置按图纸要求有顺序地分别进行安装。

（1）安装机头部、储带装置、拉紧装置及收放输送带装置。

（2）安装托架、托辊和输送带（应注意国产的 SD－80 型伸缩式带式输送机，因收放输送带装置与中间有 680 mm 的高差，所以在安装时应根据现场的具体情况，可适当地用几个 H 形托架实现过渡）。

（3）安装机尾后，用拉紧装置将输送带调整到适当的张紧程度。

（4）接上电源，进行试运转。

二、刮板输送机的安装

在铺设安装刮板输送机时，应结合井下条件和工作面特点，制定出切实可行的安装程序，按规定要求把好质量关。

1. 安装前的准备和要求

（1）参加安装、试运转的工作人员应熟悉刮板输送机的结构、工作原理、安装程序和注意事项，并始终严格遵守安全操作规程，注意人身和设备的安全。

（2）按制造厂的发货说明书，对各零部件、附件、备件以及专用工具等进行核对检查，要完整无缺。

（3）安装时应对各部件进行检查，如有碰伤、变形，应予以修复。

（4）准备好安装工具和润滑油脂。

（5）为了检验刮板输送机的机械性能，应在地面进行安装和试运转，确定无问题后方可下井安装。

（6）各零部件下井前，应清楚地标明运送地点（如下顺槽或上顺槽）。当矿井条件允许时，应将电动机、液力偶合器和减速器装成一体下井。

（7）清除障碍，确保工作面安装位置平直。机头和机尾的压柱要打牢。

2. 工作面的铺设安装

根据各矿井运输条件和工作面特点，从实际出发，决定工作面刮板输送机的铺设安装方法。一般先将机尾部和机尾传动装置运到上顺槽，将机头架、机头过渡槽与全部里槽和刮板链组件运到下顺槽，然后运到工作面进行组装。挡煤板、铲煤板以及其他附件，应在输送机安装调整试运转后，开动输送机由上顺槽运往安装地点。其组装程序是：

(1) 安装机头，将机头和过渡槽在指定的位置上安装好。

(2) 安装中部槽和刮板链的步骤如下：

① 运进中间槽与刮板链到工作面，在预定地点，将其临时竖立在煤帮，但要将第一节中部槽放到指定位置上。

② 将带有刮板的链子穿过机头。

③ 把链子穿进第一节中间槽下边的导料槽内。

④ 将链子拉直，使中间槽沿刮板链下滑，并与前节中部槽相连接。

⑤ 按上述方法继续接长底链，并穿过中间槽，逐节把中间槽接上，直至机尾。

(3) 铺上链，把机尾下部的刮板链绕过机尾导向滚筒放在中部槽的中板上，继续接下一节刮板链，再将接好刮板链的刮板歪斜，使链环都进入中部槽槽帮内，然后拉直。依此法把上刮板链一直接到机头传动部。

(4) 紧链，根据需要调整好刮板链的长度，按下列方法紧链：

① 先把两条紧链钩的一端分别插入机头架左、右两侧的圆孔里，另一端分别插入刮板链的立环中。

② 把机头下边的刮板链翻上来，与机头链轮啮合。

③ 用扳手将棘爪扳到紧链位置。

④ 反向断续开动电动机，直至使链子张紧程度达到要求为止。

⑤ 拆下多余刮板链，再重新接好。

⑥ 用扳手将棘爪扳到运行位置。

⑦ 正向点动一下电动机，取下紧链钩。

安装后的检查要点有以下几点：

(1) 检查所有的紧固件是否松动。

(2) 检查减速器、液力偶合器等润滑部位的油量是否充足。

(3) 检查控制系统和信号系统是否符合要求。

(4) 进行空载试验。先检查刮板链是否有连接错误、扭绕不正的情况，然后断续启动，使刮板链运转半周后停车，再检查已翻到上槽的刮板链，当刮板链转过一个循环后再正式启动。同时检查刮板链的松紧程度，是否有跳动、刮底、跑偏、漂链等情况。各部位检查正常后做一次紧链工作，然后带负荷运转 10~15 min。必要时再紧一次刮板链，最后按规定验收合格后交付使用。

三、液力偶合器的安装与拆除

(1) 拆装液力偶合器时，应注意泵轮、外壳和辅助室外壳的位置不要错动。更换螺栓、螺母时，应使其规格不变，以保持其动、静平衡性能。

(2) 对于重新组装的液力偶合器，应进行整体静平衡和密封性试验。

(3) 组装后，泵轮和涡轮应相对转动灵活。

(4) 拆卸液力偶合器的注油塞、易熔塞、防爆片时，脸部应躲开喷油方向，戴手套拧松几扣，放气后停一段时间，再慢慢拧下。禁止使用不合格的易熔塞、防爆片或代用品。

四、转载机的安装与移动

1. 转载机的安装

（1）将机头小车的车架和横梁连接好，然后把小车安装在带式输送机的机尾轨道上，并装好定位板。

（2）吊起机头部，使其坐落在行走小车上，将机头架下部固定梁上的销轴孔对准小车横梁上的孔，然后插上销轴，拧紧螺母，并用开口销锁牢。

（3）搭临时木垛，先将中间槽的封底板摆好，铺上刮板链，安上中部槽，将刮板链拉入链道，再装两侧挡板，并用螺栓将其与中部槽及封底板固定，相邻侧板间也均用螺栓连接好。依次逐节安装，以保证桥式转载机的刚度。

（4）安装转折处凸、凹中部槽及倾斜段中部槽时，应调整好位置及角度，然后再拧紧螺栓。

（5）水平段是安装方向与悬拱部分相同。不同之处是在巷道底板上安装不需要设临时木垛。应注意在装煤的一侧要安装低挡板，以便装煤。

（6）两侧挡板由于允许有制造公差，所以连接挡板的端面存在着间隙，因此在安装时可根据实际情况将平垫片插入挡板端面间隙中，进行调整。

（7）水平段中间槽逐节装好后，接上机尾，将中部槽、封底板和两侧挡板用螺栓固定好。

（8）全部结构安装好后，即可将临时木垛拆除。

（9）将底链挂到机头链轮上，插上紧链钩，利用紧链器紧链。紧好后将刮板链子的首尾连接好，然后拆掉紧链钩。刮板链的松紧程度以运煤时在机头链轮下面稍有下垂为宜。

（10）将导料槽安装到带式输送机机尾的轨道上，置于转载机的机头前面，插上导料槽与机头小车的连接销轴。

2. 转载机的移动

（1）清理机尾、机身两侧及过桥下的浮煤、浮矸。

（2）保护好电缆、水管、油管，并吊挂整齐。

（3）检查巷道支护，在确保安全的情况下推移转载机。

（4）行走小车与带式输送机机尾架要接触良好，不跑偏，移设后搭接良好。防止大块煤、矸砸伤输送带，保证煤流畅通。

（5）移完转载机后，机头、机尾要保持平、直、稳，千斤顶活塞杆要收回。

五、斗式提升机的安装

1. 脱水式斗式提升机安装前的准备工作

（1）按照图纸校对提升机机尾部基础标高和螺栓位置。机尾部中心应与跳汰机相应排料口中心一致。

（2）按提升机倾角检查各层楼板孔位和机头传动架基础螺栓的分布位置。

（3）为了便于安装，应将各节箱体编号，并将其运到各楼层安装地点。

2. 脱水式斗式提升机的安装步骤

(1) 脱水式斗式提升机的安装应从机尾部开始。先把机尾架安装在基础上，找正后，其中心应与跳汰机排料口中心一致，然后与基础固定。

(2) 安装箱体和机尾轮。先安装尾部箱体和机尾轮，连接稳定后，再装第二节箱体。各箱体的连接法兰均应加橡胶密封圈，以防漏水。在每装完一节箱体时，必须校正中心，并在楼板两侧用木块临时楔紧，之后再进行后一节箱体安装，直至装完。整个箱体连接完后，再按图纸校对并调整其倾角。最后固定各层楼板支撑箱体的托架。

(3) 将拉紧装置固定于头部机架上，再安装机头轮。

(4) 安装传动机架。根据图纸要求先装上传动机架，经水平找正后，中心应与机头轮中心基本一致，并用螺栓与楼板固定。

(5) 安装减速器和电动机。安装减速器使其出轴链轮与机头链轮平行，其误差不应超过 1 mm，电动机与加速器之间联轴器的间隙与同心度等均应符合规定。

(6) 安装斗链。安装前必须将机头部拉紧装置下移至极位。杓斗和链板接成若干段，并将其成捆运至提升机安装地点。在机头部安装一个临时正反开关箱，以便使机头轮正反转。将斗链移至箱体正面，将其放开。用钢丝绳拴住第一个斗链，牵引使其绕机头轴 4～5 圈，间歇正转电动机，逐渐地把斗链通过上层轨道牵引至机头轮附近。正转电动机将上层斗链引至 A 点与 B 点之间，如图 4-2 所示。

反转电动机，使回空部斗链引至箱体上层轨道的 A 点，将 A、B 段的斗链用钢丝绳锁紧在箱体轨道内角铁架的横担上，脱开 B 点的短链。用上述方法吊挂连接斗链，直至把所有杓斗装满为止。把 A、B 段的杓斗在 B 点与上层轨道的杓斗连接起来，卸掉锁紧钢丝绳，连接机尾 A 点处的斗链，通过拉紧装置调整斗链松紧度。

3. 脱水式斗式提升机安装后的检查工作

(1) 安装完毕后，应进行连续 8 h 的空负荷运转。

(2) 在试转过程中，应做以下检查：①设备运转平稳，无卡滞与撞击现象；②链板与链轮两侧距离应基本一致，链条不应超出轨面的边口；③各箱体连接处不得有漏水现象。

第三节　输送机常见故障处理

一、带式输送机维护保养及故障处理

(一) 维护与保养

1. 日检

(1) 检查通过传动装置的输送带运行是否正常，有无卡、磨、偏等现象。
(2) 检查减速器、液力偶合器、电动机及所有的滚筒轴承的温度是否正常。
(3) 检查清扫装置与输送带接触是否正常。
(4) 检查减速器和液力偶合器是否漏油，油位是否正常。
(5) 检查输送带接头是否良好，其张紧程度是否适当，需要时应进行调整。

2. 周检

除包括日检内容外，还应检查：

(1) 减速器的油量，及时补充润滑油。

(2) 各连接部位是否正常，以及钢丝绳的磨损情况，滑托组的转动情况，并清理脏物。

(3) 清理和检查机道。

3. 月检

除包括周检内容外，还应检查：

(1) 整个输送机的结构是否完好。

(2) 上、下托辊的转动情况及连接情况。

(3) 张紧装置及滑轮的润滑情况，钢丝绳的损坏情况与连接情况。

4. 年检

年检项目取决于输送机的工作条件。如果工作条件差，对机头部、机尾部、拉紧绞车及张紧绞车等部件，在运转半年后可送到地面检查并做必要的修理；当工作条件好时，上述部件及滚筒等，在运转1年后可送到地面进行年检。

(二) 带式输送机的故障及其处理方法

带式输送机的故障及其处理方法见表6-1。

表6-1 带式输送机的常见故障及处理方法

故障	原因	处理方法
不能启动	1. 电源发生故障 2. 液力偶合器漏油或易燃塞掉了 3. 输送带严重松弛	1. 检查电源和开关 2. 减少负载并加油 3. 检查调整，拉紧输送带
输送带断开	1. 输送带拉力过大 2. 接头质量不合格	1. 减少张力 2. 按要求重新换接头
电动机液力偶合器的温度过高	1. 单相运转 2. 线路电压过低 3. 输送带负载太大	1. 检修 2. 检修 3. 减轻负载
减速器温升过高	1. 油量过多 2. 散热性差	1. 放油 2. 清除减速器周围杂物
减速器声音不正常	1. 轴承和齿轮过度磨损 2. 齿轮装配不当或位移	1. 更换 2. 重新装配或调整
减速器漏油	1. 密封圈损坏 2. 减速器箱体结合不严 3. 各轴承盖螺钉不紧	1. 更换 2. 拧紧和调整 3. 拧紧或换垫
液力偶合器打滑	1. 油量不足 2. 输送带负载过大	1. 补油 2. 减轻负载

表6-1（续）

故障	原因	处理方法
输送带边缘磨损或扯坏	1. 输送带严重跑偏与机架摩擦 2. 硬物挤压在输送带边缘上	1. 调偏 2. 检查消除或更换修补
输送带承载面划伤	1. 有固定金属物刮割输送带 2. 机头和机尾的浮煤中有矸石等硬物	1. 检查处理 2. 清除浮煤及硬物

二、刮板输送机的维护及故障处理

（一）刮板输送机的维护

刮板输送机应实行有计划的定期维检，并掌握其运行规律，及时消灭事故隐患，保证安全生产。

1. 日检

检查传动装置的运转情况，减速器的油温和油位，是否有漏油现象以及液力联轴器是否有漏油现象。刮板链的紧松程度，中部槽及挡煤板和电缆叠伸槽的磨损变形情况，出现问题及时修理。

2. 周检

除日检外，还应检查各传动装置的螺栓紧固情况，发现问题及时处理。机头架、机尾架的工作状况有无损坏或变形。检查舌板和拨链器的磨损情况、铲煤板的磨损情况、连接螺栓的紧固情况。用钳形电流表检查传动装置启动是否平稳，各台电机负荷分配是否均衡，必要时可调整液力联轴器的注油量，检查减速器的润滑情况及轴承齿轮的润滑啮合情况，检查电器的绝缘和电路情况。

3. 季检和半年检

每个季度应对橡胶联轴节、液力联轴器、过渡中部槽、链轮、拨链器等进行一次轮换检修，半年应对电动机和减速器进行一次全面检修。

4. 大修

当采完一个工作面后，将设备升井，进行全面检修。

（二）刮板输送机的润滑注油

为了保证刮板输送机的正常运转，对传动装置各润滑点及时注入规定的润滑剂，这是设备维护工作的重要一环。

液力联轴器的轴承是靠液力联轴器的工作油进行润滑的，其工作油采用22号汽轮机油。

减速器润滑油的品种及注油量应按设计要求从上箱体注孔注入，运转一个月以后，将减速器内的油倒净并清洗，再注入新油，以后每6个月换一次油。

SGW-250型刮板输送机减速器一轴轴承由减速箱内的润滑油泵供油润滑，其他型号可弯曲刮板输送机减速器的一轴轴承在组装时在两轴承间空隙处加注2/3空间容积的润滑脂进行润滑，所有各型号可弯曲刮板输送机减速器的二、三、四轴轴承均由齿轮运转时飞溅油液进行润滑。

各型号可弯曲刮板输送机所用的润滑油脂不同，电动机轴承、盲轴轴承、减速器一轴轴承（WBG-250型轴承除外）以钙钠基润滑脂ZGN-2润滑，减速器齿轮及二、三、四轴轴承（包括SGW-250型一轴轴承）以汽缸油HG11润滑。盲轴轴承每月注油一次，其余均为检修时注油。

（三）刮板输送机的故障处理

1. 刮板输送机保险销切断的征兆及处理

（1）征兆：刮板输送机的保险销设在减速箱大轴上或设在机头轴上，当保险销切断后，离合器分开，电动机仍然转动，而机头轴和刮板链停止转动。

（2）原因：造成保险销切断的主要原因是压煤过多，其他原因如矸石、木棒及金属杂物被回空链从机头带进下槽，卡住刮板链，阻力过大，或保险销磨损、中部槽磨损卡住刮板等都可能造成保险销切断。

（3）预防方法：开动刮板输送机前将刮板链调节好，使其松紧适当。掏清机头、机尾的煤粉。如有矸石、木棒或其他杂物及时清出。输送机运煤时，不要装得太多。中部槽要搭接严密，如有坏槽要及时更换。保险销需用低碳钢制造，并要勤检查，磨损超限要及时更换，保证销子与销轴的间隙不大于1 mm。

（4）处理方法：保险销切断后，剩余长度如果大于20 mm时，可将原保险销向里插一下继续使用。若长度小于20 mm时，就要更换新的。换上新的保险销后，如果启动后又被切断，就要进行分析，如第一次被切断，可能是因保险销磨损过限造成，第二次又被切断，就不是保险销的问题，必须进行认真检查，找出原因。如果是压煤或石块太多，飘链或刮板链太长，都要逐一进行处理。如果下槽回煤过多，应先将上槽煤清理出，使刮板链反向运转。如果是矸石或木棒等杂物卡住下链，就必须掏清。

2. 刮板链在链轮上掉链的征兆及处理

（1）征兆：刮板链在正常运行时，突然加快，链速不均，这就是刮板链脱离了链轮，在非正常状态下运转。

（2）原因：机头不正；机头第二节中部槽或底座不平，链轮磨损超限或咬进杂物，使刮板链脱出轮齿；边双链的刮板链两条链的松紧不一致；刮板严重歪斜；刮板太稀或过度弯曲。

（3）预防方法：保持机头平、直，垫平机身，使机头、机尾和中间部成一直线。对无动力传动的机尾可把机尾链轮改为带沟槽的滚筒。防止链轮咬进杂物，如发现刮板链下有矸石或金属杂物，应立即取出。边双链的刮板链长短不一致，过度弯曲的刮板要及时更换，缺少的刮板要补齐。

（4）处理方法：因链轮咬进杂物而造成掉链，可以反方向断续开动或用撬棍撬一下，刮板链就可上轮。如果掉链时链轮咬不着链条，即链轮能转而链条不动时，可用紧链装置松开刮板链，然后使刮板链上轮。

当边双链的刮板输送机的一条刮板链掉链（里侧），可在两条刮板链相对称的两个内环之间支撑一根硬木，然后开动刮板输送机，掉下的一侧就可上轮，开动刮板链时，人要离远点，防止木棍崩出伤人。当一条刮板链在链轮外侧落辙掉链时，可在机头槽帮和落辙刮板链之间塞一木块，开动输送机将刮板链挤上链轮。

3. 刮板链在底槽出槽的征兆与原因

(1) 征兆：电动机发出十分沉重的响声，刮板链运转逐渐缓慢，甚至停止运转。如果不是负荷过大，被煤埋住，就是底链出了槽。边双链刮板输送机易发生这种事故。

(2) 原因：输送机本身不平不直，上鼓下凹，过度弯曲；中部槽严重磨损；两根链条长短不一，造成刮板歪斜或因刮板过度弯曲使两条链距缩短。

4. 刮板链漂链的征兆及处理

(1) 征兆：电动机发出尖锐且十分费劲的响声，而刮板又刮煤太少，2~3 min 仍不见大量的煤过来，就证明输送机的刮板已漂链。

(2) 原因：输送机不平不直或刮板链太紧，把煤挤到中部槽一边，使刮板链在煤上运行；刮板缺少、弯曲太多；刮板链下面塞有矸石等原因都会造成漂链现象。

(3) 预防方法：经常保持刮板输送机平直，刮板链要松紧适当，煤要装在中部槽中间，弯曲的刮板要及时更换，缺少的刮板要及时补上。如果煤质不好或拉上坡时，还可以加密刮板。在缩短刮板输送机向前移机尾时，一定要把机尾放平。在铺设时最好使机头、机尾低于中间部，呈"桥"形。

(4) 处理方法：发现刮板链飘出之后，首先停止装煤，然后对刮板输送机的中间部进行检查。如果不平应将中间部垫起。放煤时如果冲力太大，常靠一边时，可在放煤口的中部槽帮上垫上一块木板，或铺一块搪瓷中部槽，使煤经过木板或搪瓷中部槽减小冲力，使煤流到中部槽中间。

5. 刮板输送机断链的处理

(1) 征兆：刮板输送机在运转时，刮板链在机头底下突然下垂或堆积；边双链刮板输送机一侧刮板突然歪斜。

(2) 原因：装煤过多，超过负荷，压住刮板链；工作面不平不直，刮板卡刮；链环随井下水腐蚀生锈，强度降低；链条严重磨损，强度降低；受冲击载荷的反复作用造成链条疲劳破坏，节距增长；链条本身制造质量差；刮板链过紧，机头链轮过度磨损或机头、机尾不正造成经常落辙（掉链）等。

(3) 预防方法：刮板输送机运转之前，适当调节刮板链，使它不过紧或过松。装煤要适当，不能过满，特别是停机后不要装煤。保持机头与下一台刮板输送机有不小于 0.3 m 的高度，防止底刮板链带回煤粉或杂物。随时清除机尾的煤粉、矸石与杂物，最好将机尾前一节中部槽下部掏空，使底刮板链带回的煤粉能漏下去。损坏变形的中部槽要更换，消除中部槽的戗茬现象。磨损过度和弯曲、折断的刮板都要进行更换。连接环的螺栓要坚固，最好使用尼龙螺帽，防止松扣。

一般刮板输送机正常运转时发出沙沙的摩擦声音，如果听到"咯噔咯噔"或突然发出"咯崩"一响，或者刮板链稍一停顿又继续运转，都是刮板链快要折断的预兆。此时应马上停止装煤，检查原因，及时处理，严禁强行启动。

(4) 处理方法：首先停止运转，找出刮板链折断的地方。底链经常断在机头或机尾附近。断底链的处理方法可以参照掉底链的处理方法，将卡紧的刮板拆掉，返回上槽处理。

6. 减速器过热、响声不正常的处理方法

(1) 征兆：发出油烟气味和"吐噜吐噜"的响声。

(2) 原因：主要原因是齿轮磨损过度，啮合不好，修理组装不当，轴承损坏或串轴，油量过少或过多，油质不干净等。此外，液力偶合器安装不正，地脚螺栓松动，超负荷也是造成减速箱响声不正常的原因。

（3）预防方法：坚持定期检修制度，经常检查齿轮和轴承磨损情况，可打开减速箱检查孔，用木棒卡住齿轮，使它固定，再转动液力偶合器，如果活动过大，就是固定键活动或齿轮磨损。另外注意各处螺栓是否松动，要保持油量适当，偶合器间隙要合适。

（4）处理方法：拧紧各处螺栓，补充润滑油，轴伞齿轮轴承损坏时，可以连同轴承一起更换，更换轴伞齿轮要注意调整好间隙。

7. 熔断器熔丝（片）熔断的一般原因、预防与处理方法

（1）原因：在一般情况下，即使短时间超过负荷，也不容易熔断熔丝（片）。只有压煤过多，负荷过大，连续强制启动，启动器、电动机、电缆因严重潮湿漏电或短路时才会熔断熔丝（片）。有时因熔丝（片）选择不当（容量过小），线头、熔丝的两端螺栓或夹子松动，起动器内部接触器接触不良，刮消弧罩或因机械部分刮卡等也常使熔丝（片）熔断。

（2）预防方法：煤要装均匀，不要压煤过多，输送机停止运转时不要装煤。如果机械部分或电动机发生故障应及时处理，不要强制启动。定期检修启动器，安装合格的熔丝（片），并注意在更换熔丝（片）时，不要拧得过松或过紧。一般情况下，熔丝（片）在中间熔断是正常现象，若在两端熔断，多半是熔丝（片）上得过紧或过松的原因。

（3）处理方法：首先切断电源，在用瓦斯便携仪检查周围瓦斯不超过规定值后再打开隔爆起动器，用验电笔检验无电后，放电，再换上合格的备用熔丝（片）。

8. 刮板输送机不能停止转动的原因、预防和处理方法

（1）原因：主要是 QC83－80（120、225）型磁力起动器中线路接触器因失修被烧结在一块或被消弧卡住。也可能是"停止"按钮失效；1、2号线柱短路或接错，误将2号接于1号线柱上；磁力起动器位置过于向后倾斜，已超过15°；按"停止"按钮，线路接触器线头掉不下来，以及使用联锁控制的前面一部刮板输送机的起动器接点打不开、小线短路、过分潮湿、接线靠近金属壳、接地等。

（2）预防方法：定期检修磁力起动器，锉平线路接触器触头，三个触头必须同时接触。消弧罩两头锥形螺母一定不可缺少，不可用普通螺母代替，否则消弧罩容易歪斜卡住线路接触器头。经常检查联锁控制部分，开工前试好前机线和本身控制盘的触头。磁力起动器位置要安放适当。

（3）处理方法：首先按"停止"按钮，将磁力起动器中间手把打到中间分开位置，拧紧闭锁，打开磁力起动器大盖，用验电笔检验确实无电后，检查衔铁是否灵活，动触头是否刮碰消弧罩，如果卡住就要把消弧罩安正，将触头两旁锉平。若无上述毛病，再检查小线是否断线或接错。当按磁力起动器"停止"按钮后输送机就停止运转，一松手就启动时，就是小线短路或接错，这就要修好短路部分或改正小线。

9. 电动机不能启动的原因、预防和处理

（1）原因：主要是电源不通，熔断丝（片）熔断或电源接头松动所致。磁力起动器位置不当，使线路接触器触头合不上或36 V变压器、磁力线圈烧毁等也能影响电动机的启动。有时电压低、负荷大，磁力起动器操作手把未合上，"停止"按钮没有弹起来也能造成电动机不能启动。

（2）预防方法：定期检修磁力起动器或电气设备，保证各部件转动灵活，线头螺栓紧固。检查输送机各部有无卡塞情况。输送机停止运转时一般不要装煤，清理机道时装煤不要太多，以免负荷过大不能启动。另外要保持均衡电压。

（3）处理方法：首先把起动器手把用力合上，一方面可以让"停止"按钮弹回原位，另一方面使线路接触器接触良好。用远方控制按钮，也要检查"停止"按钮，是否弹回原位。检查联锁控制线是否折断或松动。上述检查一切良好后，就应该检查是否断电还是熔断器熔丝（片）熔断。首先了解附近其他电气设备是否正常运转，如果也停止运转，就是因为断电，应通知采区变电所查明原因，处理后送电。如果附近设备运转正常，则是熔丝（片）熔断，必须更换熔丝（片）。合闸后，磁力起动器有响声，但线路接触器合不上，可能是电压低或磁力起动器安装不当，此时就须找出毛病分别处理。

10. 造成电动机过热的原因、预防和处理方法

（1）原因：

① 主要是负荷过大，电动机被煤埋住，通风不良，连续启动，用联锁控制时继电器动作频繁，轴承损坏。有时三相电源接触不良，地脚螺栓松动振动大，机头不稳也会使电动机过热。

② 启动频繁，启动电流大，熔丝（片）选用得过大；电动机较长时间在启动电流下工作。

③ 运行后的热电动机停止工作较长时间后，周围环境湿度大，绝缘能力降低，不采取措施，启动电动机时易烧坏电动机。

④ 电动机散热片断掉（打风叶），通风不良，散热条件差。

⑤ 电动机单机运转、电压过高或过低都会造成烧坏电动机。

（2）预防方法：适当装煤，保持负荷均匀，不要频繁启动，电动机轴承做到定期注换油，紧好机头各处螺栓，随时清理煤粉，严禁强行启动。

（3）处理方法：电动机过热后，停下输送机，临时取下保险销，使电动机空转，借风扇转动，使电动机自行冷却，然后再根据故障原因分别处理。

11. 造成液力偶合器发热的原因

（1）刮板输送机长时间满负荷运行。这种情况都发生在对拉工作面的中间巷道。

（2）液力偶合器的散热条件差。这种情况都发生在刮板输送机道，机头架两侧由于大块煤、矸、杂物堆满，影响空气流通或液力偶合器散热。

（3）频繁的正、反向启动。这种情况都发生在推移输送机和紧链操作过程中。

（4）过载或传动系统被卡住。

12. 刮板输送机发生断链事故的原因和预防

刮板输送机断链是刮板输送机事故中最严重的一种。它不仅能引起伤人事故，而且严重影响生产。据某矿统计，断链事故影响的产量占全矿机电事故影响产量的36%。所以在实际工作中，应采取一些防范措施。

（1）引起刮板链断裂的主要原因有以下几点：

① 链条在运行中突然被卡住。如中部槽对口错位，挂住了刮板或链环；在运行中某刚性物件的一端在中部槽中，另一端被卡在煤帮或输送机槽帮或输送机旁的其他固定物上，此时会对刮板链产生很大的冲击力，致使其断裂。还有因巷道顶板不够高，机头较

高，当大块煤或矸石被运到机头处时，卡在输送机与顶板之间，对刮板链产生冲击而断链。

② 链条过紧，不但增大了链条的初张力，缩短其使用寿命，而且当链条被卡刮时，没有缓冲的余地，增大了链环的张力负荷。

③ 由于链条过松或磨损严重，或者两根链条长短不一，当运行到链轮处时，发生跳牙，使链环受到牙齿的冲击，造成链环变形、断裂和刮板弯曲。

④ 当装煤过多时，在超载情况下启动电动机，增大了链条承受的动张力，致使链条断裂。

⑤ 两条链的链环节距不一样（一条链的磨损程度比另一条链严重），使全部负荷均集中在一条链条上，以致断裂。

⑥ 圆环链的连接环螺栓丢失，因链条脱节而造成断链。

⑦ 变形链环多，在运转过程中啮合不好，受力不均，引起断链事故。

⑧ 工作面底板不平，工作面不直造成输送机刮板链受力不均、刮卡、脱轨等现象，易发生断链。

⑨ 刮板输送机回煤过多，造成底链过载而断链。

除上述原因引起刮板链断裂以外，正常运行动载荷的作用，矿井水的腐蚀以及磨损也是引起刮板链断裂的原因。因此在实际工作中要加强对刮板链的检查维护，并采取一些相应的管理措施。

(2) 预防措施：

① 坚持使用液力偶合器，以减轻链条所受的动载荷和冲击载荷，延长链条的使用寿命。

② 刮板链使用一个时期后，将链条拆下翻转90°继续使用，调换水平链环与垂直链环的位置，利用改变其磨损部位的办法延长链条的使用寿命。

③ 当中部槽内压煤过多时，要人工清理，不能强行开动机器。

④ 及时调整链条的松紧，既不能过松，也不能过紧，对变形的刮板、链环、连接环应及时更换。

(3) 为了减少断链事故造成的危害，可采用以下几种断链保护装置：

① 水银触点式。利用刮板链正常运行过程中刮板刮动水银触点杠杆，使水银触点不断地闭合和断开，而使充电电容不断地充电和放电，但达不到饱和程度。一旦刮板链在任何地点断开，刮动水银触点的杠杆停止动作，水银触点则处于闭合状态，使充电电容很快达到饱和状态，中间继电器动作，线路断电，使刮板输送机电动机停止转动。

② 接近开关式。其传感元件是无触点开关，安装在刮板链下方。它实际上是一个振荡器，当刮板链经过开关时，破坏谐振器的振荡条件，振荡器停振，当刮板离开时则恢复振荡。所以当刮板链正常运行时，则不停地破坏和恢复振荡，不断地输出信号电压，这种信号能保持继电器吸合，一旦发生断链事故，则继电器释放，输送机停止运转。

③ 磁感应式。将磁感应发生器安装在刮板链下，其中一个线圈安装在一个有缺口的磁芯上，缺口朝向刮板链，当链条正常运行时，则刮板不停地闭合或断开磁路，因而线圈就能感应出一定的信号电压，一旦刮板链断开，磁感应发生器就不能发出信号电压，继电器动作，输送机立即停止运行。

13. 刮板输送机电动机过热和烧坏的主要原因

（1）电动机启动频繁，较长时间在启动电流下工作，而所选用熔断丝的熔断电流过大。

（2）较长时间不运行的电动机，因周围环境湿度大，绝缘能力降低，如不采取措施，启动电动机时易烧坏电动机。

（3）电动机被埋或散热片断掉（打风叶），通风不良，散热条件差易使电动机过热或烧坏。

（4）电动机单相运转或电压过高、过低。

14. 刮板输送机的液力偶合器的正确使用与管理

刮板输送机使用的液力偶合器，曾多次发生过喷油着火事故，酿成多人窒息死亡。

液力偶合器喷油着火是在刮板输送机过载，用油作传动介质，用不合格物品代替易熔合金塞，三个条件同时具备时才发生。

为了使液力偶合器起到安全保护作用，应从以下几个方面加强管理：

（1）液力偶合器一律采用难燃液或水作工作介质。

（2）液力偶合器必须安装过热或过压保护装置。过热及过压保护的易熔塞、易爆塞用于叶轮有效直径 500 mm 以下（含 500 mm）时，安装数量各不少于 1 个；安装 1 个易熔塞及一个易爆塞的液力偶合器，在其安装的对称位置上安装凸台。用于叶轮有效直径 500 mm 以上时，易熔塞及易爆塞要各安装两个，对称布置在液力偶合器内腔最大直径上，易熔塞及易爆塞都不允许安装在注油孔上。

（3）严禁用其他物品代替易熔合金塞和易爆合金塞。严禁提高易熔塞的熔化温度；严禁使用不合格的易爆塞。

参 考 文 献

[1] 郭世范. 电钳工艺学 [M]. 北京：煤炭工业出版社，1992.
[2] 刘德喜. 采掘机械 [M]. 北京：煤炭工业出版社，1997.
[3] 陈海魁. 机械基础 [M]. 北京：中国劳动社会保障出版社，2001.
[4] 钱可强. 机械制图 [M]. 北京：中国劳动社会保障出版社，2001.
[5] 宋密科. 采区电气设备 [M]. 北京：煤炭工业出版社，1993.
[6] 徐荣，等. 输送机司机 [M]. 北京：煤炭工业出版社，1997.
[7] 袁河津，亓延宝. 输送机司机 [M]. 徐州：中国矿业大学出版社，2002.

图书在版编目（CIP）数据

输送机操作工：初级、中级 / 煤炭工业职业技能鉴定指导中心组织编写. -- 3版. -- 北京：应急管理出版社，2024. -- （煤炭行业特有工种职业技能鉴定培训教材）. -- ISBN 978-7-5237-0654-1

Ⅰ. TD5

中国国家版本馆CIP数据核字第20249MB372号

输送机操作工（初级、中级） 第3版

（煤炭行业特有工种职业技能鉴定培训教材）

组织编写	煤炭工业职业技能鉴定指导中心
责任编辑	尹燕华
责任校对	张艳蕾
封面设计	于春颖
出版发行	应急管理出版社（北京市朝阳区芍药居35号　100029）
电　话	010-84657898（总编室）　010-84657880（读者服务部）
网　址	www.cciph.com.cn
印　刷	河北鹏远艺兴科技有限公司
经　销	全国新华书店
开　本	787mm×1092mm $\frac{1}{16}$　印张 $12\frac{1}{4}$　插页 2　字数 287千字
版　次	2024年8月第3版　2024年8月第1次印刷
社内编号	20240601　　　　　　定价 39.00元

版权所有　违者必究

本书如有缺页、倒页、脱页等质量问题，本社负责调换，电话：010-84657880